EDA 工程技术丛书

Altium Designer 电子设计

原理图、PCB设计、
电路仿真与信号完整性分析

微课视频版

杨记鑫　徐灵飞◎编著

清华大学出版社
北京

内 容 简 介

作者参照高等学校电子、电气信息类专业教学的基本要求,深入研究标准,突出选材,不断完善教材质量,注重教材实践的应用,在多年教学实践与科研项目的基础上编写了本书。

本书以 Altium Designer 22 为基础,以基础教学与实验相结合的方式讲解文件的操作、元件与封装的绘制、原理图的设计、PCB设计基础、PCB设计进阶、电路仿真、信号完整性分析等模块,从易到难,由浅入深,循序渐进,几乎对每个操作命令进行了讲解与演示,使读者逐步掌握软件的操作。进阶内容也可供有一定基础的读者直接阅读,避免了必须学完前面内容才能学习后面内容的操作。本书建立起了Altium Designer 与 OrCAD 或 Protel 等软件的联系。

本书适合高等学校电子信息类、机械设计类专业的学生和硬件工程师等人员阅读和使用。

图书在版编目(CIP)数据

Altium Designer 电子设计:原理图、PCB 设计、电路仿真与信号完整性分析:微课视频版 / 杨记鑫,徐灵飞编著. -- 北京:清华大学出版社,2025. 3. -- (EDA 工程技术丛书). -- ISBN 978-7-302-68326-1

Ⅰ. TN410.2

中国国家版本馆 CIP 数据核字第 20258U0Z23 号

责任编辑:曾　珊
封面设计:李召霞
责任校对:申晓焕
责任印制:刘海龙

出版发行:清华大学出版社
    网　　　址:https://www.tup.com.cn,https://www.wqxuetang.com
    地　　　址:北京清华大学学研大厦 A 座　　　邮　　编:100084
    社 总 机:010-83470000　　　邮　　购:010-62786544
    投稿与读者服务:010-62776969,c-service@tup.tsinghua.edu.cn
    质量反馈:010-62772015,zhiliang@tup.tsinghua.edu.cn
    课件下载:https://www.tup.com.cn,010-83470236
印 装 者:三河市龙大印装有限公司
经　　销:全国新华书店
开　　本:185mm×260mm 印　张:20.5   字　　数:486 千字
版　　次:2025 年 5 月第 1 版   印　　次:2025 年 5 月第 1 次印刷
印　　数:1~1500
定　　价:79.00 元

产品编号:099076-01

前言

随着电子技术的不断发展和产品的不断进步,PCB 设计变得越来越复杂。高密度布线、高速信号完整性和抗干扰性能等要求对设计师提出了更高的要求,使用 PCB 软件可以帮助设计师降低重复工作。Altium Designer 是一款专业的电子设计自动化软件,用于设计和开发电子产品的原理图、PCB 布局和制造。它提供了一个集成的设计环境,使工程师能够在单个平台上完成从原理图设计到 PCB 布局和制造文件生成的整个设计流程。Altium Designer 具有强大的功能和易于使用的界面,适用于从小型电子设备到复杂的工业控制系统等各种规模的项目。它还提供了丰富的元件库、仿真工具和制造文件生成功能,以帮助工程师在设计过程中提高效率和准确性。无论对于初学者还是经验丰富的专业人士,Altium Designer 都是一个强大而全面的设计工具。

本书由多位高校教师合力编写。在编写过程中,遵循"保持特色、与时俱进、精选内容、突出应用、便于教学"的原则。作为一线教学人员,编者具有丰富的教学实践经验与教材编写经验,多年的教学与工作经验能够准确地把握读者的学习心理与实际需求。根据 PCB 课程的性质和教学特点,在总结多年教学实践经验的基础上,结合学生的认知特点,将主要操作和命令的使用与工程实例相结合,以学会使用软件为目标,从简单元件的绘制、封装的绘制,到原理图、PCB 图、电路仿真、信号完整性分析,由易到难,引导和激发学习者的兴趣。每章后面附有多种图样的习题,充实了应用实例,供读者选择和练习。

本书是基于 Altium Designer 22 版本编写的从入门到提高的教材,通过理论与实例结合的方式,深入浅出地介绍其使用方法和技巧。本书在编写过程中力求精益求精、浅显易懂、工程实用性强,通过实例细致地讲述了具体的应用技巧及操作方法。

本书适合电子信息、机械设计等不同专业的读者使用,为了便于快速掌握相关知识,重要内容和实验都有相关配套文件与视频,读者可到清华大学出版社网站下载。

在编写本书的过程中,曾参考了相关文献资料和工程案例,在此,向其作者及设计人员致谢,也感谢清华大学出版社编辑对本书编写和出版的帮助与支持,尽管编者在编写过程中竭尽全力,但是由于水平有限,书中难免存在不足之处,恳请广大读者批评指正。

编　者
2024 年 12 月

目录

目录

目录

目录

目录

视频目录
Video Contents

视 频 名 称	时长	位置	内 容 简 介
第 01 集 文件管理	9'31"	实验 1	概述 Altium Designer 22,讲解软件主窗口和文件的操作功能,以及实验 1 的操作
第 02 集 原理图库的绘制	18'20"	实验 2	讲述原理图库的功能,并逐步绘制实验 2 中的多个元件
第 03 集 封装的绘制	15'51"	实验 3	讲述封装的功能,并逐步绘制本章实验中的不同的封装
第 04 集 电源设计电路图的绘制	20'32"	实验 7	讲述如何绘制原理图,采用多种方式讲解元件、导线、电源、网络标签等的设置,并以电源电路为例,逐步完成电路图的绘制
第 05 集 驱动设计电路图的绘制	17'32"	实验 8	进一步讲解原理图的绘制,以驱动电路为例,讲述分模块绘制方式以及如何对电路整体替换。
第 06 集 习题 4	5'43"	习题 4	讲述习题 4 中的四个电路中较难绘制的部分,进一步讲述电路原理图的绘制
第 07 集 自动布局与布线	22'42"	实验 10	讲述 PCB 文件的绘制方式,元件添加封装后,导入 PCB 文件,PCB 规则设置,完成自动布局与布线
第 08 集 手动布局与布线	34'13"	实验 11	元件如何更换封装,如何进行手动布线,以电源电路为例,逐步完成手动布局与布线
第 09 集 PCB 设计进阶	19'01"	6.1 节	从基于单片机 STM32 的电路板设计、四层板的设计、高速电路板的设计三个案例,进一步重点学习工程设计中 PCB 高级设计的技巧
第 10 集 电路仿真	14'34"	实验 12	讲述电路仿真的步骤,并对实验 12 中四个例子进行电路仿真
第 11 集 信号完整性分析	6'01"	实验 13	信号完整性的概念,正确使用信号完整性分析器,并详细讲解实验 13

1.1 初识 Altium Designer 22

1.1.1 Altium Designer 简介

几乎所有电子产品都包含一个或多个 PCB,PCB 是所有电子元件、微型集成电路芯片、FPGA 芯片、机电部件以及嵌入式软件的载体。PCB 上元件之间的电气连接是通过导电走线、焊盘和其他特性对象实现的(基本上都是铜皮层的叠加,每个铜皮层包含成千上万的复杂的铜皮走线),如图 1-1 所示。

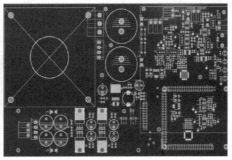

图 1-1　PCB 实物图和电路示意图

随着元件和产品的小型化、电子技术的不断革新和芯片生产工艺的不断提高,PCB 设计越来越复杂,从最早的单面板到常用的双面板再到复杂的多层板,电路板上的布线密度越来越高,同时随着 DSP、ARM、FPGA 和 DDR 等高速逻辑元件的应用,PCB 的信号完整性和抗干扰性能显得尤为重要,需要更复杂的电子自动化设计软件来支持。Altium Designer 是 Altium 公司研发的一体化电子产品开发系统,集成了原理图设计、电路仿真、PCB 设计、拓扑逻辑自动布线、FPGA 设计、信号完整性分析和设计输出等主流功能,为设计者提供了全新的解决方案,可以满足绝大多数硬件开发者的需求。操作界面简单直观,能够轻松创建多通道和分层设计,将复杂的设计简化成视觉上令人愉悦且易于遵循的东西,熟练掌握这一软件,使电路设计的质量和效率大大提高。

Altium Designer 从 1985 年的 DOS 版 Protel 发展到今天,一直是众多原理图和 PCB 设计者的首选软件。从最早的 Protel 99SE(2000 年)到后续的 Protel DXP(2002 年),从 2006 年 Altium Designer 6.0 推出,再到最新版本的 Altium Designer 22(2022 年),功能变得越来越强大,越来越完善。

Altium Designer 22 主要运行于 Windows 操作系统,安装简便,占用内存小,用户可以登录官网 https://www.altium.com.cn/products/downloads,在右侧选择版本下载,本书所用的版本号为 22.6.1。

1. 推荐系统配置要求

(1) Windows 10(仅限 64 位)英特尔®酷睿™i7 处理器或等同产品,尽管不推荐使用但是仍支持 Windows 7 SP1(仅限 64 位)和 Windows 8(仅限 64 位)。

(2) 16GB 随机存储内存。

(3) 10GB 硬盘空间(安装+用户文件)。

(4) 固态硬盘。

(5) 高性能显卡(支持 DirectX 10 或以上版本),如 GeForce GTX 1060、Radeon RX 470。

(6) 分辨率为 2 560 像素×1 440 像素(或更好)的双显示器。

(7) 用于 3D PCB 设计的 3D 鼠标,如 Space Navigator。

(8) Adobe® Reader®(用于 3D PDF 查看Ⅺ或以上版本)。

2. 最低系统配置要求

(1) Windows 8(仅限 64 位)或 Windows 10(仅限 64 位)英特尔®酷睿™i5 处理器或等同产品,尽管不推荐使用但是仍支持 Windows 7 SP1(仅限 64 位)。

(2) 4GB 随机存储内存。

(3) 10GB 硬盘空间(安装+用户文件)。

(4) 显卡(支持 DirectX 10 或以上版本),如 GeForce 200 系列、Radeon HD 5000 系列、Intel HD Graphics 4600。

(5) 最低分辨率为 1 680 像素×1 050 像素(宽屏)或 1 600 像素×1 200 像素(4∶3)的显示器。

(6) Adobe® Reader®(用于 3D PDF 查看Ⅺ或以上版本)。

1.1.2 Altium Designer 22 的安装

Altium Designer 22 的安装步骤如下:

(1) 从官方网站下载好文件后,选中下载的压缩包,然后右击并选择解压到 Altium Designer 22 文件夹。

(2) 打开刚刚解压的文件夹,双击 Altium Designer 22.6.1 文件夹,右击 Altium Designer Setup_22_6_1.exe 或者 Install.exe 文件,选择"以管理员身份运行"。

(3) 单击 Next 按钮,系统弹出 Altium Designer 22 系统的安装协议对话框。可以选择语言类型,如 Chinese,默认为 English,选择 I accept the agreement(同意以上协议)选项,单击左下角的 Advanced 按钮,系统弹出 Advanced Settings(高级设置)对话框,可以选择文件安装路径。通过网上下载的试用版本,弹出的 Advanced Settings(高级设置)对话框如图 1-2 所示。单击 OK 按钮,退出该对话框。

图 1-2　Advanced Settings 对话框

（4）单击 Next 按钮进入选择设计功能对话框,如图 1-3 所示。通过选中安装类型信息的选项,可以多功能地使用 Altium Designer 软件,如果只做 PCB 设计,可以只选第一个,即 PCB Design 复选框。

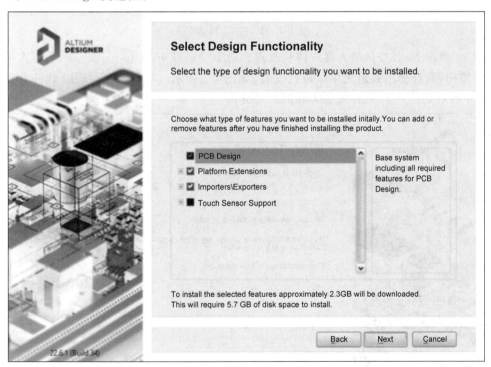

图 1-3　选择设计功能对话框

（5）单击 Next 按钮进入安装路径对话框,如图 1-4 所示。在该对话框中,系统程序默认的安装路径为 C:\Program Files\Altium\AD22,系统程序文档默认的安装路径为 C:\Users\Public\Documents\Altium\AD22,用户也可以通过 Default 按钮来自定义其安装路径。

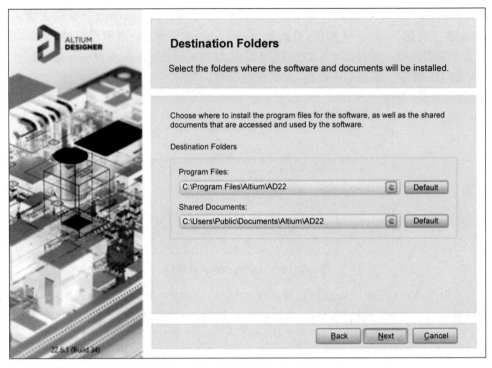

图 1-4　安装路径对话框

（6）单击 Next 按钮进入客户体验改善。选中"Yes，I want to participate"，再次单击 Next 按钮，系统弹出确定选项以进行安装，如图 1-5 所示。单击 Next 按钮，软件会自动安装并显示安装进度，软件安装大约需要几分钟。

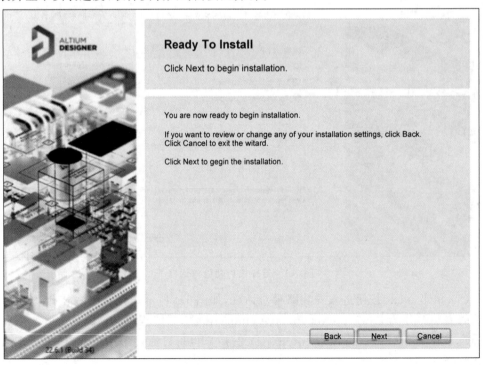

图 1-5　选择安装功能

（7）安装结束后会出现一个 Installation Complete 对话框，单击 Finish 按钮即可完成 Altium Designer 22 的安装工作。

（8）激活软件。首先运行 Altium Designer 22 软件，进入 Home 主界面，单击 Admin（管理）选项，出现 License Management 对话框，然后单击 Add standalone license file，如图 1-6 所示，在安装文件夹里找到 Altium Designer License 文件，单击"打开"按钮即完成软件激活。

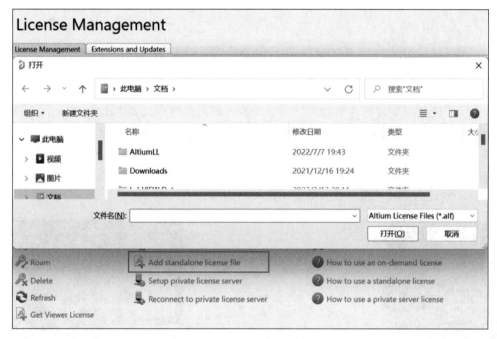

图 1-6　添加许可证文件

在安装过程中，单击 Cancel 按钮可以随时终止安装过程。安装完成以后，会在 Windows 的"开始"→"所有程序"菜单中自动创建一个 Altium Designer 22 菜单，用户可在安装路径中选择 X2.exe 文件创建桌面快捷启动方式。

1.1.3　Altium Designer 22 的新功能

Altium Designer 22 进行了功能升级，显著地提高了用户体验和效率，同时实现了前所未有的性能优化。它使用 64 位体系结构和多线程的结合，实现了在 PCB 设计中更好的稳定性、更快的速度和更强的功能。

它的新功能主要体现在原理图设计改进、PCB 设计改进、电路仿真改进和数据管理改进等几个方面。

1. 原理图设计改进

（1）将多个元件标记为装配/不装配。在原理图图纸已编译标签上选择多个元件并使用 Active Bar 中的图标，或者按鼠标右键，从弹出的快捷菜单中选择 Part Actions→Toggle Fitted/Not Fitted 命令切换其 Fitted/Not Fitted 变体状态的功能。如图 1-7 所示,其中显示多个处于 Fitted 状态的选中元件(C32～C35)。将光标悬停在图片上,可以看到在选择 Toggle Fitted/Not Fitted 命令后,其状态改为 Not Fitted。

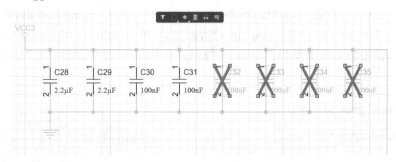

图 1-7　将多个元件标记为不装配

(2) 将复用模块或原理图片段作为图纸符号进行放置。选择 Place→Place as Sheet Symbol 命令,可以将复用模块或原理图片段作为图纸符号放置在原理图图纸上,并将该复用模块或原理图片段的内容放置在自动创建的子原理图图纸上,如图 1-8 所示,从 Design Reuse 面板访问 Place as Sheet Symbol 命令。将光标悬停在图片上,可以看到放置在自动创建的子原理图图纸上的复用模块的内容。

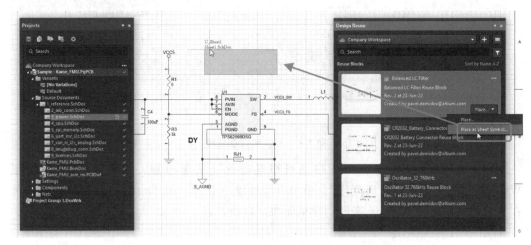

图 1-8　将复用模块或原理图片段作为图纸符号进行放置

(3) 原理图捕获改进。图纸入口和 PDF 输出的交叉选择为项目添加交叉引用后,可以轻松地跟踪项目原理图之间的网络连接流,同时也扩展了"图纸入口"对象交叉引用的自动创建和更新支持。

选择工程文件后按鼠标右键,从弹出的快捷菜单中选择 Projects Options 命令,在 Options 选项卡中选中 Automatic Cross References(自动交叉引用)和 New Indexing of Sheet Symbols(图纸符号的新索引)复选框,Sheet Entries(图纸入口)将在子原理图上以图纸和相应端口对象的位置坐标为标记,如图 1-9 所示。

在项目选项中启用自动交叉引用和图纸入口选项,以交叉引用值来标记图纸入口,交叉引用值也显示在 Properties 面板的图纸入口模式中,这简化了用于选定图纸入口的交叉引用识别功能,如图 1-10 所示。

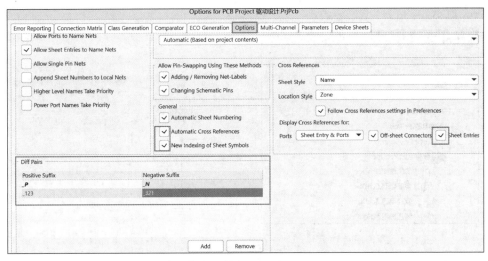

图 1-9 启用自动交叉引用和图纸入口

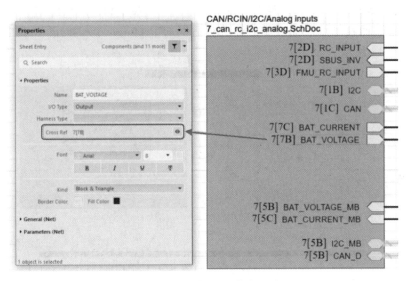

图 1-10 属性面板中浏览交叉引用

（4）自定义差分对后缀。之前版本中，差分对通过添加特定的后缀来定义，即"_P"（正）和"_N"（负），但是预定义的后缀对用户有限。为了提供更多的灵活性，Altium Designer 22 可使用 Option 的 Diff Pairs 区域中的自定义后缀来定义差分对，如图 1-9 中方框所示。如果仅定义了某对差分对中的一个后缀，或者在另一对自定义后缀中已经使用了后缀，则无法再添加自定义后缀，后缀不能包含空格或下画线。

（5）原理图自动标号。Altium Designer 22 新增了原理图自动添加序号的功能，支持对同一工程下所有的原理图添加序号，如图 1-11 所示。

（6）电源端口取反。可以对电源端口对象、端口、网络标签和工作表条目取反（包括顶部的栏）。使用该功能，需要在 Preference→Schematic→Graphical Editing 栏中选中 Single '\' Negation，在 Properties 面板中电源端口模式的 Name 项各字段中的每个字符后添加"\"字符，如"V\C\C\3\"，或者在网络名称的开头添加"\"字符，如"\VCC3"，如

图 1-12 所示。

图 1-11　原理图自动标号

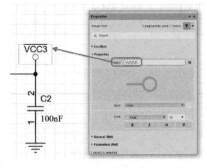

图 1-12　电源端口取反

(7) 查找文本增强。在原理图文档中选择 Edit→Find Text 命令,从弹出的查找文本对话框中选中 Mask Matching(遮蔽匹配)和 Jump to Results(跳转到结果),所有找到的元素都将缩放,而其他元素将根据首选项对话框的 Preference→Navigation 中上的设置变暗,如图 1-13 所示。

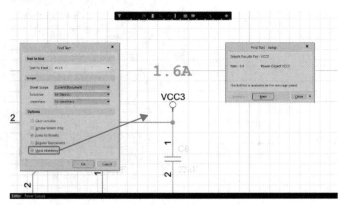

图 1-13　查找文本

(8) 多功能引脚自定义名称。通过原理图库文档中 Properties 面板的 Pin 模式下新的 Functions 字段,输入所需的自定义名称。按 Enter 键后,自定义(可替换)名称将显示于图 1-14 所示字段的下方。该字段没有限制,可使用数字和特殊字符(如 &、*、%等)。自定义名称的所有字体设置与原始引脚名称相同,如图 1-14 所示。

自定义名称将显示于原理图文档中 Properties 面板下 Component 模式中的 Pins 选项卡上,如图 1-15 所示。

在使用 Symbol Wizard 创建原理图符号时,当在 Symbol Wizard 的 Display Names 列中输入的引脚名称包含斜线"/"时,这些名称将作为自定义引脚名称添加到生成的符号引脚上,如图 1-16 所示。

还可通过单击带自定义名称的引脚名称,来管理原理图符号上的引脚名称显示。在打开的弹出窗口中,选中要显示于原理图符号上的函数名,如果未选择列表中的自定义引脚名称,则将显示默认名称,如图 1-17 所示。

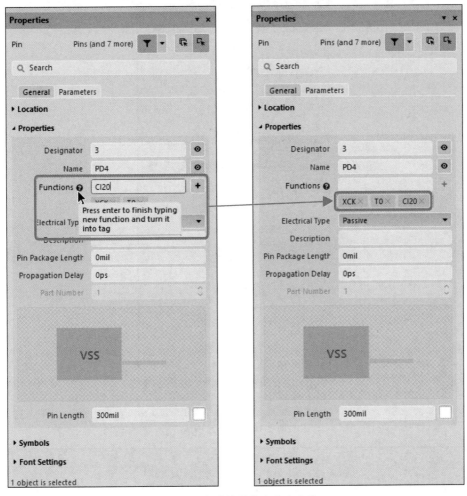

图 1-14　多功能引脚自定义名称

注意：带自定义名称的引脚名称采用不同于元件体色的背景色，以便在设计空间中区分此类引脚（这不会影响到原理图的打印输出）。

2. PCB 设计改进

（1）自定义焊盘形状。该功能可以在 PCB 设计和 PCB 封装中创建自定义形状焊盘，如图 1-18 所示。

通过转换放置的区域或闭合轮廓，或者直接通过从 Properties 面板的 Pad 模式的 Shape 下拉菜单中选择新的 Custom Shape 入口，创建自定义形状焊盘。

使用 Properties 面板中的 Outline Vertices 表、Properties 面板中的 Edit Shape 按钮，或使用焊盘右键菜单中的 Pad Actions Modify Custom Pad shape 命令，编辑放置的自定义形状焊盘。软件支持实心和阴影多边形覆铜与自定义形状焊盘的热风连接。可以选择使用焊盘区域每一侧的导体或使用一定数量的导体，以便它们以指定角度与焊盘原点相交。

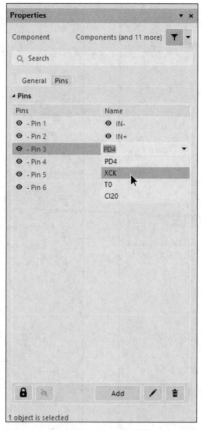

图 1-15　Pins 选项卡

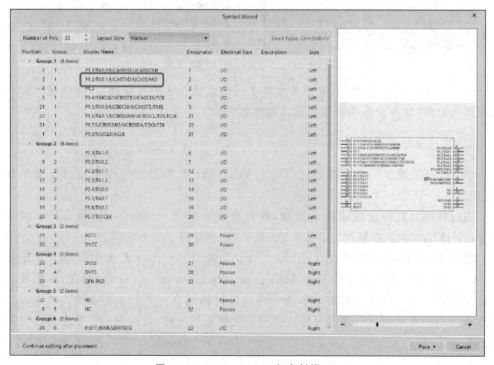

图 1-16　Display Names 包含斜线(1)

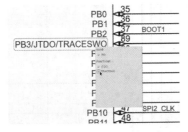

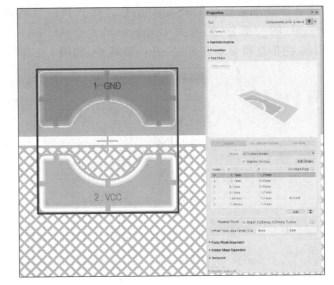

图 1-17　Display Names 包含斜线（2）　　　　图 1-18　自定义形状焊盘

借助查询语言 IsCustomPadShape 和 IsCustomPadShapeOnLayer 关键词，更好地选择自定义形状焊盘、限定设计规则的适用范围等。还可以将 PadShape_AllLayers、PadShape_TopLayer、PadShape_BottomLayer 和 PadShape_MidLayer < n >关键词与 Custom Shape 字符串一起使用，以获取特定层上的自定义形状焊盘。

PCB Pad Via Templates 面板支持自定义形状焊盘模板。自定义形状焊盘的模板名称以字母"u"开头。在生成制造输出（Gerber、ODB＋＋）时，自定义形状焊盘将作为带圆弧的闭合轮廓输出。

在以 ASCII 格式保存或者加载 PCB 时，软件支持自定义形状焊盘。

Mentor Expedition® Importer 支持自定义形状焊盘。在 Altium Designer 中导入时，此类焊盘将作为自定义形状类型焊盘导入。

（2）为线路、圆弧和过孔添加最大电流和电阻值。Properties 面板的 Net Information 区域提供用于选定 Track、Arc 或 Via 对象的 Max Current 和 Resistance 计算值，如图 1-19 所示。

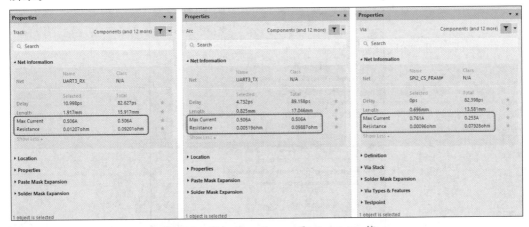

图 1-19　添加 Max Current 和 Resistance 值

（3）添加差分对和 xSignal 信息。对于 PCB 上的铜对象，如果所选对象是差分对或 xSignal 的一部分，则有关 Differential Pair、Differential Pair Class、xSignal 和 xSignal Class 的信息将显示在 Properties 面板中，如图 1-20 所示。

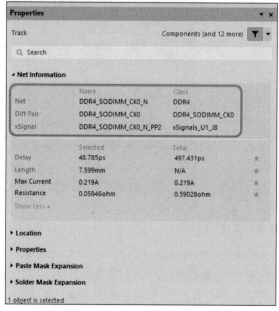

图 1-20　差分信号 Properties 面板

（4）PCB 健康检查监测。PCB 设计的最终目标是获得一组正确可靠的组装和制造输出，健康检查能发现 PCB 设计中的常见问题并将其修复，避免在设计和制造过程的下一阶段出现问题。可用的 PCB 健康检查列表将继续增加。

在 Properties 面板的 Board 栏新增的 Healthy Check 选项卡，可用于配置、执行和浏览 PCB 健康检查的结果，如图 1-21 所示。可在面板的该选项卡上找到修复特定类型问题的建议。

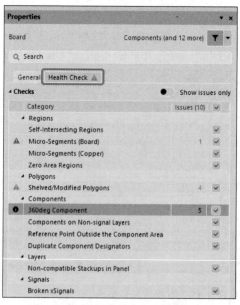

图 1-21　健康监测 Properties 面板

(5) 改进单行和多行文本对象的操作方式。可以使用 Properties 面板中的 String 和 Frame 按钮,在选定 Text 对象的单行和多行编辑模式之间切换。使用单行 String 模式时,可使用 Text 字段输入值或使用下拉菜单选择特殊字符串。在多行 Frame 模式下,文本对象属性将按原来的方式工作,如图 1-22 所示。

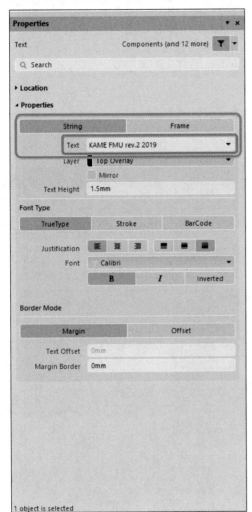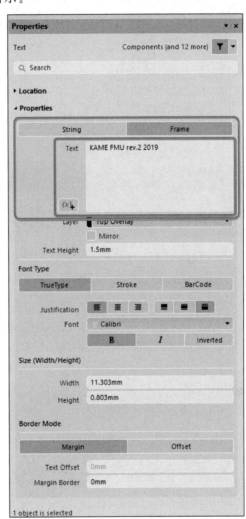

图 1-22　文本操作方式

3. 电路仿真改进

主要对计算和查看仿真测量结果进行了改进,重点是在分析仿真测量结果方面做出了多项改进。

(1) 多项基于测量的新功能,如下。

- 新增测量类型:新的测量类型已添加到可用测量列表中。
- 测量统计:自动进行测量统计,并将结果显示在"仿真数据"面板的下部区域。
- 在表格中显示测量结果:单击"展开"表格链接可在 SDF 主窗口中显示完整的测量结果表格。可以选择表格中的数据并将其复制到电子表格中。

- 显示直方图：直接从测量结果生成直方图，使数据分布可视化。将光标悬停在图 1-23 即可显示蒙特卡洛分析结果的直方图。

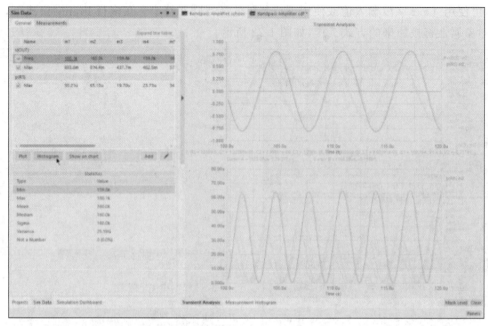

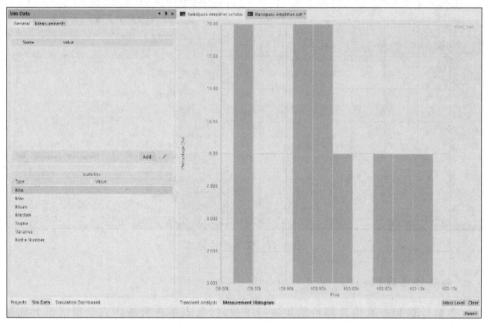

图 1-23　电路仿真

- 从测量中导出图：生成变量对比图。例如，如果在执行参数化扫描时扫描了两个分量值，则可以绘制出对比图。
- 在图表上显示：单击"模拟数据"面板"测量"选项卡中的按钮，测量光标将显示在图表上，突出显示已计算测量值的图表区域，如图 1-23 所示。
- 添加新测量：单击"仿真数据"面板中的"添加"按钮即可打开"在图中添加波形"

对话框,在对话框中可定义新的测量。

- 编辑现有测量:单击"编辑"按钮可编辑当前选择的测量;无须返回到"仿真仪表盘"面板。

图表上的"显示"功能可显示已计算测量值的测量光标。将光标悬停在图像上即可显示测量结果的直方图。

(2)敏感性分析。敏感性分析提供了一种确定对电路输出特性影响最大的具体电路元器件或因素的方法。有了这些信息,可以减少消极特性的影响,或者基于积极特性提高电路性能。敏感性分析将敏感性作为与电路元器件相关给定测量值/电路元器件模型参数的数值,以及对温度/全局参数的灵敏度计算。分析结果是每个测量类型的敏感性数值范围表。敏感性分析功能的设置如图1-24所示。

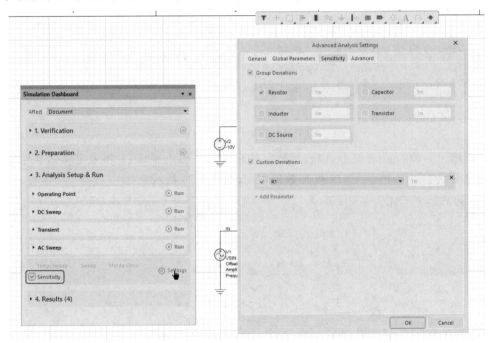

图1-24 敏感性分析功能的设置

(3)为无模型元件自动分配仿真模型。该功能自动将仿真模型分配给无模型元件。可在仿真控制面板Verification段下的Components without Models区域中单击Assign Automatically。搜索将在以下来源依次执行。

- 本地:本地存储的模型,位于Preferences→Simulation→General页面Model path定义的路径中。
- 库:Available File-based Libraries对话框的Installed选项卡上列出的已安装库。
- 服务器:来自连接工作区的仿真模型。
- Octopart:云库中提供的仿真模型。

找到的模型将分配给元件,并在元件和仿真模型之间自动映射引脚,结果显示在仿真控制面板中,如图1-25所示。

(4)对数字节点的支持。数字节点是仅连接到具有数字模型的元件引脚的电路节

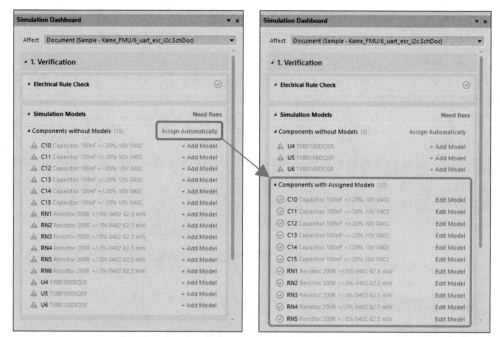

图 1-25　自动分配仿真模型

点。新增了一种 Digital 波形,以表示数字输出波的逻辑电平(0、1 和未定义),数字信号的未定义状态用图中的二重线和 X 数值表示,如图 1-26 所示。

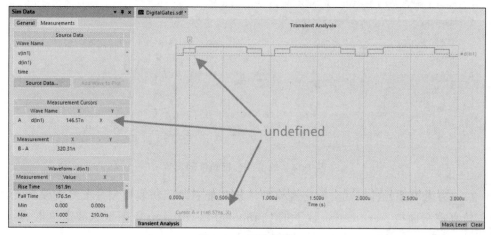

图 1-26　逻辑电平

4. 数据管理改进

为项目添加了虚拟 BOM 条目。如果项目中有至少一个元件,可在"项目"面板中将"虚拟"BOM 条目添加到项目中。可以打开、保存或删除 BOM 条目。BOM 生成的基本流程不会受到虚拟 BOM 条目的影响。单击面板上的+Add Active BOM 可在预览模式下打开虚拟 BOM 条目。保存新的 * . BomDoc 后,它将成为标准项目文档。如果无须虚拟 BOM 条目,则在 Projects 面板中右击,从弹出的快捷菜单中选择 Remove from Projects 命令,如图 1-27 所示。

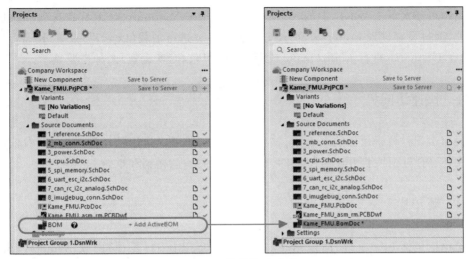

图 1-27　数据管理改进

Altium Designer 22 软件的版本随着时间在不断地更新,功能较多,也更加方便,更多资料可参考官方网页。(注:该网页随着版本的不断更新,内容逐渐增加)

1.2　Altium Designer 22 主窗口

打开 Altium Designer 22 软件后进入 Home Page,关闭该页面后即为主窗口,如图 1-28 所示。主窗口主要包括快速访问栏、工具栏、菜单栏、工作区面板、工作区和面板标签 6 个部分。

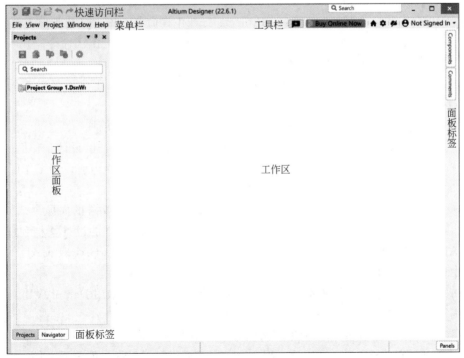

图 1-28　Altium Designer 22 窗口界面

用户可依次单击菜单栏中的 View→Toolbars→Customize 对工具栏选项和顺序进行调整,通过设置进入 Preferences→System→View 进行加载(Load)与重置(Reset)显示样式,在 UI theme 进行 Light(白色)或者 Dark(黑色,默认设置)两种主题显示。

1.2.1 快速访问栏

快速访问栏位于软件的左上角,该栏中主要包括用户常用的功能,从左至右依次是保存文件、打开文件、打开已有的文件、打开已有的工程、撤销和重做。

1.2.2 菜单栏

菜单栏包括 File(文件)面板、View(视图)面板、Project(工程)面板、Window(窗口)和 Help(帮助)面板。

1. File(文件)面板

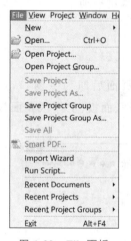

图 1-29 File 面板

File 面板的主要功能是提供给用户基本操作的快捷界面,主要用于文件的新建、打开、保存等,如图 1-29 所示。

(1) New:新建命令。用于新建文件,子菜单包括 Project(工程)、Schematic(原理图)、PCB、Draftsman Document(起草人文件)、Library(库文件)、Design Project Group(工作区)。

(2) Open:打开命令。用于打开已有的 Altium Designer 22 可以识别的各种文件。

(3) Open Project:打开工程命令。用于打开各种工程文件。

(4) Open Project Group:打开设计工作区命令。用于打开设计工作区。

(5) Save Project:保存工程命令。用于保存当前的工程文件。

(6) Save Project As:另存工程命令。用于另存当前的工程文件。

(7) Save Project Group:保存设计工作区命令。用于保存当前的设计工作区。

(8) Save Project Group As:另存设计工作区命令。用于另存当前设计工作区。

(9) Save All:全部保存命令。用于保存所有文件。

(10) Smart PDF:智能 PDF 命令。用于生成 PDF 格式设计文件的向导。

(11) Import Wizard:导入向导命令。用于将其他 EDA 软件的设计文档和库文件导入 Altium Designer 的导入向导,如 Protel 99SE、CADSTAR、OrCAD、P-CAD 等设计软件生成的设计文件。

(12) Run Script:运行脚本命令。用于运行各种脚本文件,如用 Delphi、VB、Java 等语言编写的脚本文件。

(13) Recent Documents:最近的文档命令。用于列出最近打开过的文件。

(14) Recent Projects:最近的工程命令。用于列出最近打开过的工程文件。

（15）Recent Project Groups：最近的工作区命令。用于列出最近打开过的设计工作区。

（16）Exit：退出命令。用于退出软件。

2. View(视图)面板

View 面板主要包括 Toolbars（工具栏）、Panels（面板）、Status Bar（状态栏）、Command Status(命令状态)4 个部分。

（1）Toolbars 用于控制工具栏的显示和隐藏，单击一次开启工具栏、再单击则关闭工具栏。二级菜单有 Navigation(导航)、No Document Tools(非文档工具)、Customize(自定义)，如图 1-30 所示。

（2）Panels 用于控制面板的打开与关闭，如图 1-31 所示。常用的面板有 Navigator（导航）、Components(元件)、Projects(项目)等。

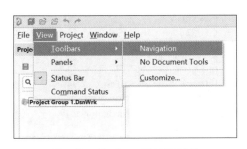

图 1-30　Toolbars 及二级菜单

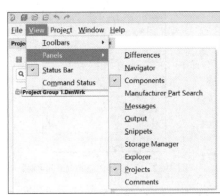

图 1-31　Panels 及二级菜单

在没有打开任何工程的情况下，Navigator 面板是空白的，如图 1-32 所示。

若打开一个工程的原理图，则 Navigator 面板中会出现相应的元件和网络信息，如图 1-33 所示。

选中 Show Signals 复选框，单击 Interactive Navigation 按钮后，若在 Navigator 面板中单击 signal(信号)或某个元件或网络，原理图也会高亮显示相应的信息，如图 1-34 所示。同理，在原理图中用"十"字符号单击某元件，Navigator 面板中会迅速定位显示该元件，如图 1-35 所示。

Components 面板主要用于访问、放置和查找原理图库中的元件，功能与低版本的 Libraries 面板相同。

安装的 Altium Designer 22 自带的元件集成库有两种：Miscellaneous Devices. IntLib 分立元件库和 Miscellaneous Connectors. IntLib 插件元件库，如图 1-36 所示。分别包括了常用的分立型元件和插件型元件，用户可以在搜索框查找所需的元件，前后皆可使用通配符"＊"代替，如搜索电容 Cap，可输入"C＊"挑选。

右上角 ▼ 符号可以交换面板的显示顺序；▣ 可以改变面板的显示方式，即水平或垂直；✖ 关闭当前面板。

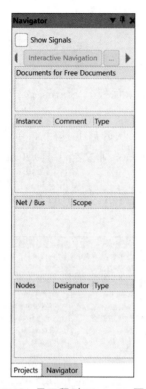

图 1-32 无工程时 Navigator 面板

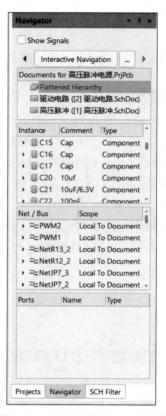

图 1-33 有工程时 Navigator 面板

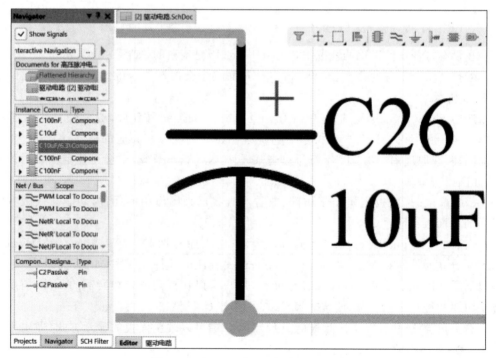

图 1-34 在 Navigator 面板中单击元件

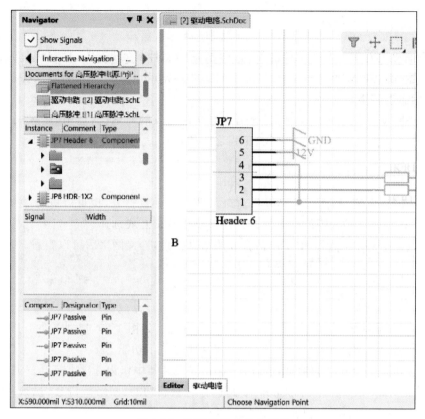

图 1-35　在原理图中单击元件

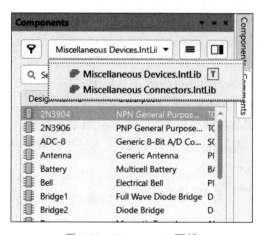

图 1-36　Components 面板

　　Projects 面板主要是用来显示工程相关的文件,其中后缀名为.DsnWrk 的文件表示工作区文件。

　　(3) Status Bar。单击一次该命令,在软件下面显示状态栏,再次单击则隐藏状态栏。

　　(4) Command Status。可以显示与隐藏命令行,单击一次显示命令行,再次单击则隐藏命令行。

3. Project(工程)面板

工程面板主要用于工程文件的管理,包括工程文件的 Compile(项目编译)、Add(添加)、Del(删除)、Show Differences(显示不同文件差异)和 Cross Probe(交叉探测上一条/下一条)信息等基本命令。

单击 Show Differences 命令,将弹出选择文档比较的对话框,选中"高级模式"选项,可以进行文件之间、文件与工程之间、工程之间的比较。

4. Window 面板与 Help 面板

(1) Window(窗口)面板。可以将窗口水平或者垂直打开,也可以进行关闭、隐藏窗口等操作,还可以将多张图纸同时打开方便阅读以及交互式选择。

(2) Help(帮助)面板。主要包括官方的帮助信息,连接网络后可以查看。

1.2.3　工具栏

工具栏分为两类,一类是可打开与关闭的工具栏,如图 1-29 中的文件工具栏;另一类是无法调整的系统工具栏,包括主页、设置和账号三个功能。

(1) 主页是一个独立的网页,可以在 Altium 设计器中作为选项卡打开。通过该页面可以查看 Altium Designer 的新闻和学习资料,包括新功能、网络研讨会、视频、博客和教程,此页面上的信息会不断更新,并添加视频。

启动软件时主页将自动打开,可以通过右击选项卡,然后从弹出的快捷菜单中选择 Close Home Page 命令来关闭主页选项卡,也可以在 System→General 选项卡中取消选中 Open Home page on start 复选框,主页将不会自动打开。

(2) 设置选项主要用来对软件进行个性化设置,包括 System(系统)、Data Management(文件管理)、Schematic(原理图)、PCB Editor(PCB 设计)和 Simulation(仿真)等多项设置。

(3) 注册登录账号可以使用 Altium Designer 的用户信息,License 项用于选择许可证文件,Extensions and Updates(扩展与更新)项用于检查软件更新,单击该命令可以更新软件,以及安装插件。

1.2.4　语言设置

Altium Designer 22 自带多种语言版本,默认显示的语言是英文,用户可使用本地资源设置语言环境。单击菜单栏中的 Tools→Preferences 打开所有选项设置对话框,单击左侧 System 栏目下的 General 后,在 Localization 处选中 Use localized resources(使用本地资源)复选框,再依次单击 Apply 按钮、OK 按钮,即可设置为本地语言环境,如图 1-37 所示。

关闭软件后再重新打开,软件语言显示为中文(由于软件限制,部分内容仍显示为英文)。同理,取消选中 Use localized resources 复选框后,又重新设置为英文。

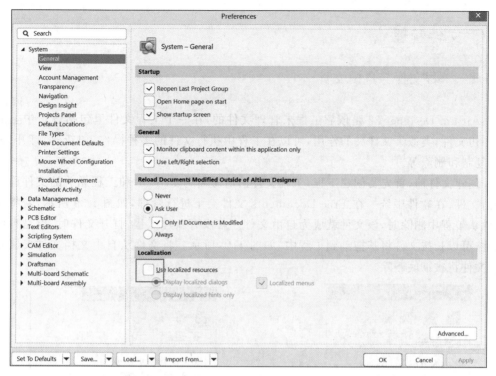

图 1-37　使用本地资源

　　本书以英文语言环境进行叙述,并在专有名词和重要内容后面加括号写出中文解释,希望加深读者的印象。此外,Altium Designer 22 给大多数命令的英文单词中的某个字母添加了下画线,通过输入对应的字母可打开该命令。熟练使用快捷键,可以提升绘图技巧。

1.2.5　文件位置

　　Altium Designer 22 新建的文件默认保存的路径为 C:\Users\Public\Documents\Altium,可在 System 栏目下 Default Locations 处进行修改,单击右侧的文件图标可以选择文件路径,如图 1-38 所示。

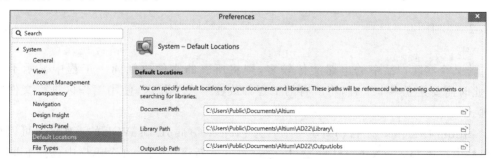

图 1-38　文件位置设置

1.3 文件管理

1.3.1 工程文件与自由文件

Altium Designer 22 是依靠工程来管理文件的,在一个工程文件里包括设计中生成的一切文件,类似于文件夹的作用,可以在工程中执行文件的多种操作,如新建、打开、关闭、复制和删除等。

创建文件前,首先要创建工程,工程文件的后缀名为 PrjPcb,和工程无关的文件称为自由文件,在软件中统一在 Free Documents 文件夹下进行管理,如图 1-39 所示,若将某文件从工程中删除时,该文件就成为自由文件。若没有新建工程,打开文件时,也是自由文件,可以长按文件将其拖动到工程中,如图 1-40 所示。将文件从自由文档文件夹删除时,文件将被彻底删除。

图 1-39　工程文件与自由文件

图 1-40　拖动自由文件

注意:项目文件只是起到管理的作用,在保存文件时,项目中的各个文件是以单个文件的形式保存的,这样的保存方式有利于进行大型电路的设计。

1.3.2 工作区

若某个实际产品中的电路文件较多,则将所有的文件放到同一工程中显示不方便,此时需要建立多个工程,将所有的工程都放在一个工作区,使用工作区进行文件的管理。

Altium Designer 22 自动新建一个名为 Project Group1.DsnWrk 的工作区。可以在菜单栏中选择 File →New →Design Project Group 新建工作区,在菜单栏中选择 File →Recent Project Groups 命令打开最近的工作区。

1.3.3 备份与版本控制

1. 文档备份

Altium Designer 提供自动保存选项,谨防在设计时软件崩溃造成设计文件损坏丢失。

(1) 单击设置图标进入 Preferences→Data Management →Backup 栏,如图 1-41 所示。

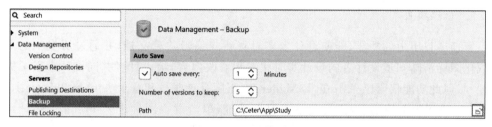

图 1-41 备份管理

(2) 选中 Auto save every 复选框,即可激活自动备份功能。系统会按照设定的时间间隔(默认 30 分钟,设置时间过短软件会频繁保存,设置时间过长文件崩溃时起不到备份的作用)自动备份文件。

(3) Number of versions to keep 项用于设置保存版本的个数,默认为 5。

(4) Path 项用于设置备份文件的保存路径。此外,也可以使用快捷键 Ctrl+S 手动保存。

2. 本地历史

每次保存文档时,系统自动将上次保存的版本进行一次备份,所有的备份将放在与工程文档相同目录下的 History 子目录下,并压缩为 Zip 文件格式。

(1) 单击设置图标进入 Preferences→Data Management→Local History 栏,如图 1-42 所示。

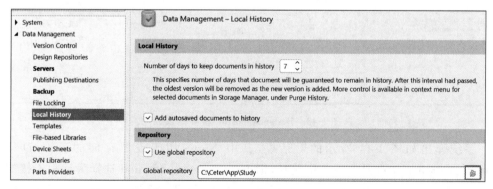

图 1-42 本地历史

(2) Number of days to keep documents in history 项用于设置历史文件的保存天数,默认为 7 天,超过该天数,当新版本被保存时,最旧的版本将被删除。

（3）选中 Add autosaved documents to history 复选框可以将自动保存的文档添加到本地历史存储库。但是，它们的保存期受到允许文档保留在本地历史存储库中的天数的限制。

（4）选中 Use global repository 复选框可以将不同项目中所有文档的所有本地历史存储在一个全局存储库中。

（5）Global repository 项用于编辑全局存储库的路径，或单击路径字段最右边的"文件夹"按钮可以打开一个对话框，然后选择要在其中存储全局存储库的文件夹。

3. 管理项目

管理项目历史的功能，能使设计者实时查看或编辑共享文档，并通过历史中的文件可视化图标清晰知道设计者的设计实时状态和修改内容，给设计者共同设计带来了极大的便利，但此功能仅限于 Altium Designer 22 正版登录账号和登录 Altium 365 可用。

（1）使用版本控制前，需要先建立存储地址，单击设置图标进入 Preferences→Data Management→Design Repositories 栏，选择 Create New→SVN，添加新的 SVN 路径，如图 1-43 所示。

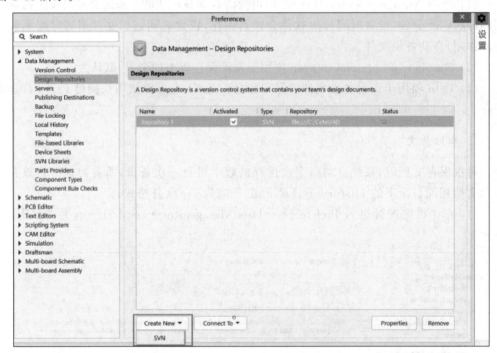

图 1-43　Design Repositories 参数设置

系统弹出如图 1-44 所示的对话框，其中 Name 用于设置存储的名称，Default Checkout Path 用于设置本地备份路径，把 Repository 中 Method 选择为远程连接的方式，可以选择 file、http、https、svn、svn＋ssh 的方式，用户可根据工作环境选择合适的方式。设置完成后，单击下方的 OK 按钮。

（2）选择工程文件后，右击，从弹出的快捷菜单中选择 Version Control→Add Project Folder to Version Control 命令，如图 1-45 所示。

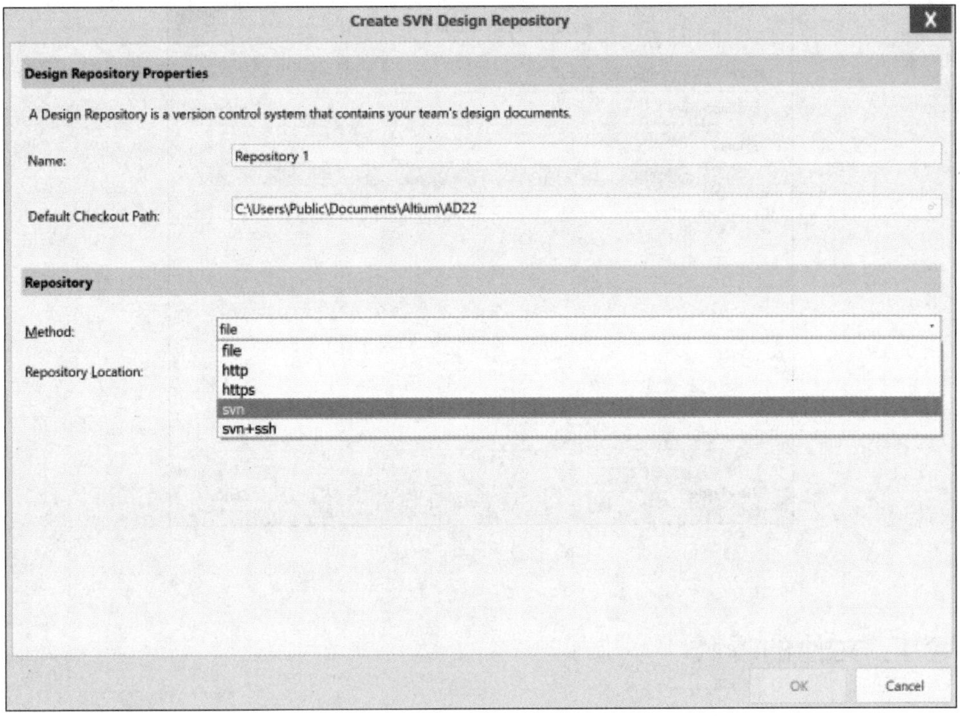

图 1-44 Create SVN Design Repository

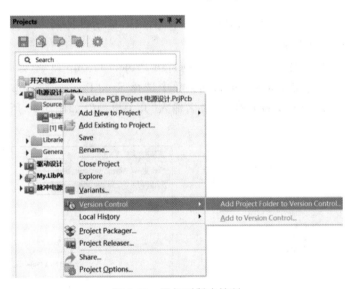

图 1-45 添加到版本控制

系统弹出添加版本控制的对话框,如图 1-46 所示,选择存储的地址后,单击 New Folder 按钮在存储空间中新建文件。

(3) 选择工程文件,右击,从弹出的快捷菜单中选择 Version Control→Commit Whole Project 命令,提交文件后,在弹出的窗口中输入"Updated battery module"。

(4) 选择工程文件,右击,从弹出的快捷菜单中选择 History 命令可查看项目历史文件。

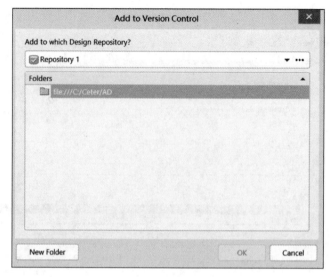

图 1-46　新建文件

实验 1：文件的操作

1. 新建工作区

新建一个"开关电源"工作区，其中包括电源设计、驱动设计两个工程，并向每个工程里面添加原理图和 PCB 文件。

（1）建立工作区。选择 File→New→Design Project Group 命令，如图 1-47 所示。

（2）在工作区中右击，从弹出的快捷菜单中选择 Save Project Group 命令进行保存，如图 1-48 所示，可以修改文件路径，文件名输入"开关电源"，如图 1-49 所示，单击右下角的"保存"按钮。

图 1-47　　新建工作区

图 1-48　保存工作区

图 1-49　工作区命名

（3）建立工程。选择 File→New→Project 命令，打开新建工程对话框，在 Project Name（文件名）文本框中输入"电源设计"，如图 1-50 所示。

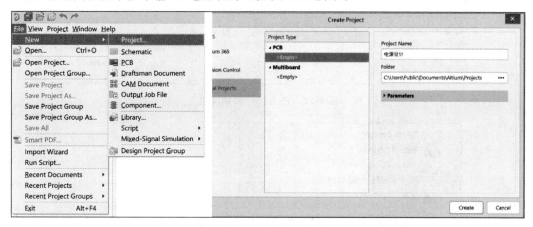

图 1-50　新建工程

也可以在选中工作区右击，添加一个工程，如图 1-51 所示，推荐使用第二种方法。

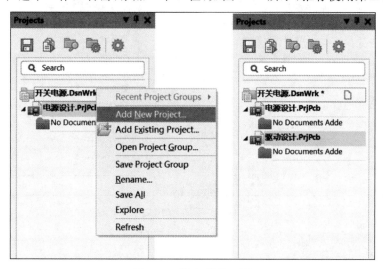

图 1-51　添加新的工程

（4）在工程中添加文件。选中电源设计工程，右击，从弹出的快捷菜单中选择 Add New to Project→Schematic 命令。保存时设置文件名，如图 1-52 所示。

同理，选中驱动设计工程，添加新的 PCB 文件，如图 1-53 所示。实验结果最终如图 1-54 所示，单击左上角的"保存"按钮（或按快捷键 Ctrl＋S）。

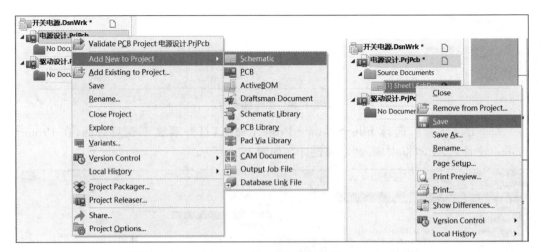

图 1-52　在工程中添加文件

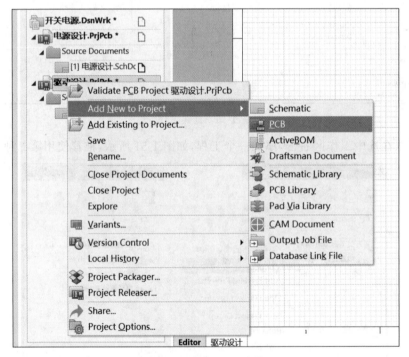

图 1-53　添加 PCB 文件

2. 关闭工程

关闭驱动设计工程,并修改电源设计工程中的原理图文件名,删除电源设计的 PCB 文件,再添加驱动设计工程。

(1) 选中驱动工程,右击,从弹出的快捷菜单中选择 Close Project 命令,如图 1-55 所示。

(2) 选中电源设计 PCB 文件,右击,从弹出的快捷菜单中选择 Rename 命令,如图 1-56 所示。

图 1-54　实验结果

图 1-55　关闭工程

（3）选中电源设计的 PCB 文件，右击，从弹出的快捷菜单中选择 Remove from Project 命令，如图 1-57 所示，此时文件成为自由文件，再选择该文件，右击，从弹出的快捷菜单中选择 Close 命令，即可删除该文件，如图 1-58 所示。

图 1-56　修改文件名

图 1-57　将文件移出工程

（4）选中开关电源工作区，右击，从弹出的快捷菜单中选择 Add Existing Project 命令，如图 1-59 所示，在文件路径中找到驱动设计工程，单击"打开"按钮即可。

图 1-58　删除文件

图 1-59　添加已有工程

习题 1

（1）用什么方法可以打开、新建、关闭、保存文件？哪种方法速度最快？

（2）自由文件和工程文件有什么区别？两者如何相互转换？

（3）工作区、工程、文件有什么区别？

（4）查阅相关资料，了解 Altium Designer 22 还有哪些更新。

（5）Altium Designer 22 总共有多少个面板？这些面板有什么特点和功能？请熟练掌握各个面板的功能与使用方法。

第2章 原理图库

电路板是由各个元件相连组成的，元件是电路板最基本的元素，在绘制原理图时，首先需要绘制元件。Altium Designer 22 的 Components 库中包含常用的插件和贴片元件，满足大部分需求，当没有用户所需要的元件时，就需要画元件符号。

2.1 创建原理图库

在 Altium Designer 22 中，元件符号是在原理图库文件下进行管理的，绘制元件时首先需要新建原理图库。在菜单栏中选择 File→New→Library→Schematic Library 命令，如图 2-1 所示，也可以向工程中添加新的原理图库，如图 2-2 所示。主要区别：前者建立的是自由文件，后者建立的是工程文件。

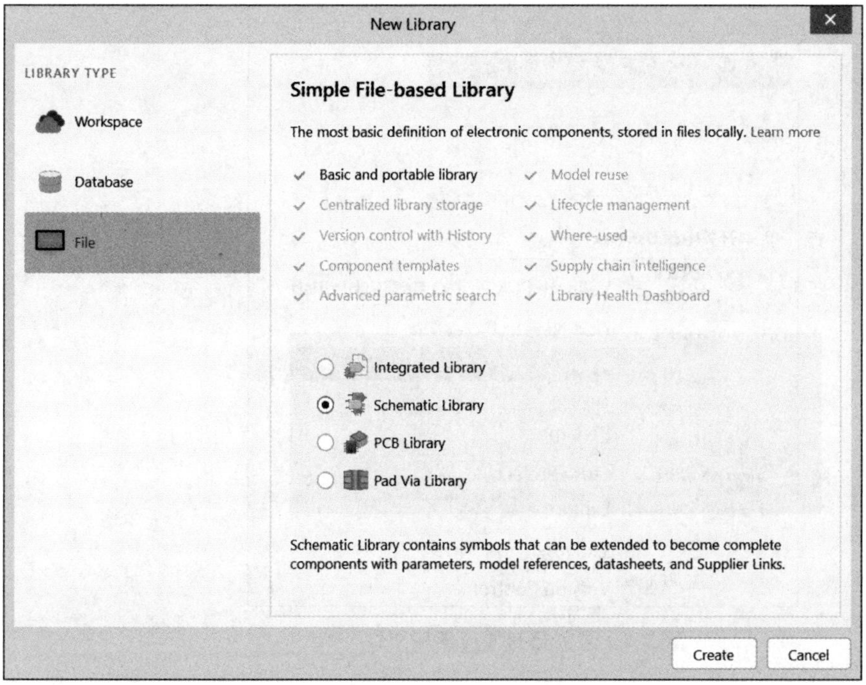

图 2-1　新建原理图库

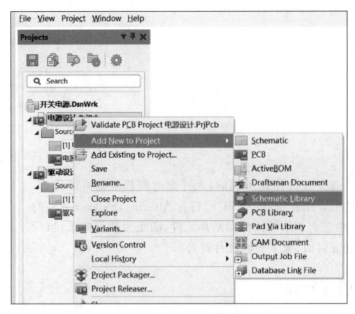

图 2-2　在工程中添加原理图库

新建原理图库后,进行保存。原理图库的后缀名为.SchLib,默认名称为 Schlib1.SchLib,保存时可以设置文件的名称。

若当前已有用户自定义的原理图库,则可以打开原理图库文件,如图 2-3 所示,在文件路径中找到已有的原理图库文件,单击打开,将该库文件添加到工程中,如图 2-4 所示。

图 2-3　添加已有原理图库文件

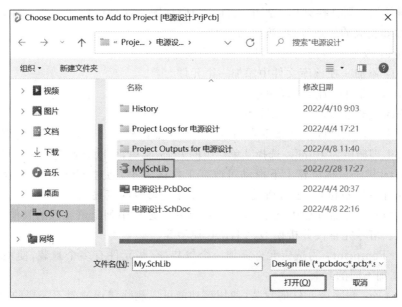

图 2-4 添加原理图库文件

2.2 原理图库编辑器

建立原理图库后,系统弹出原理图库文件编辑器,该编辑器主要包括器件栏、工作区、显示栏和模型栏,如图 2-5 所示,用户可在工作区中绘制元件的符号。左下角状态栏显示的是鼠标当前的位置和栅格的大小。

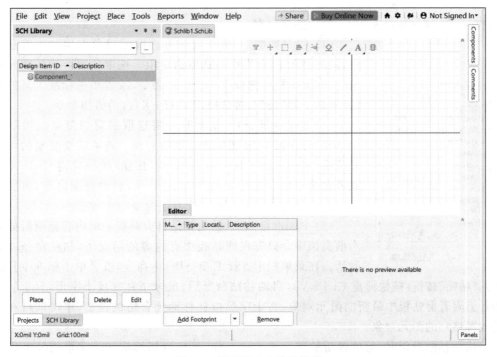

图 2-5 原理图库文件编辑器

(1)器件栏。器件栏列出了当前所打开的原理图库文件中的所有库元件,包括原理图符号名称和相应的描述等,各按钮功能如下:

- Place:放置。将选定的元件放置到当前原理图中。
- Add:添加。在该库文件中添加一个元件。
- Delete:删除。删除选定的元件。
- Edit:编辑。编辑选定元件的属性。

(2)工作区。工作区中两条垂直的粗黑线交叉点的坐标是(0,0),相邻的细线之间的距离是10mil,即栅格为10mil。选择菜单栏中的Place菜单,可以放置线条、图片和文字等。

通过Ctrl键+鼠标齿轮上下滑动可改变工作区大小,通过Shift+鼠标齿轮上下滑动可改变工作区左右位置,也可通过View菜单中的命令改变显示大小。

(3)模型栏。在器件栏中选定一个元件,将在模型栏中列出该元件的其他模型信息,如PCB封装、信号完整性分析模型、VHIDL模型等。

- Add Footprint:为选定元件添加一个封装(有些元件有多个封装,使用该功能可以添加不同的封装)。
- Remove:删除该元件的封装(使用该功能可以删除错误或者不需要的封装)。

(4)显示栏。显示该元件的3D模型、引脚等图形,当前原理图库中没有元件,所以不显示。若有元件时,会显示该元件的缩略图。

2.2.1 Edit菜单

Edit菜单主要包括撤销、恢复、剪切、复制、复制文本、粘贴、特殊粘贴、复制元件、粘贴元件等基础命令以及选择、取消选择、移动、对齐、设置圆点、跳转、查找相似信息等基础操作,如图2-6所示。

图2-6 Edit菜单

常用的命令有:

(1)Cut(剪切)。剪切就是将选取的对象直接移入剪贴板中,同时删除PCB图中被选取的对象。选取需要剪切的图元对象后,在菜单栏中选择Edit→Cut命令,或者单击标准工具栏上的"剪切工具"按钮(按快捷键Ctrl+X)启动剪切命令。

(2)Copy(复制)。复制就是将选取的对象复制到剪贴板中,同时还保留PCB图中被选取的对象。选取需要复制的图元对象后,单击标准工具栏上的"复制"按钮(按快捷键Ctrl+C),或者在菜单栏中选择Edit→Copy命令,启动复制命令,再次单击图元的某点(复制中心)完成复制命令。

(3)Paste(粘贴)。粘贴就是将剪贴板上的内容复制后插入当前文档中。只有在剪贴板中有内容的情况下,粘贴命令才能激活。在菜单栏中选择Edit→Paste命令,或者单击标准工具栏上的"粘贴"按钮(按快捷键Ctrl+V),启动粘贴命令后,鼠标指针变成十字形,且十字形指针上附着剪贴板中最新的图元对象,将十字形指针移动到合适的位置,单击即可在该处放置粘贴的图元对象。

执行粘贴操作时,与放置新的图元的方法一样,可按空格键旋转十字形指针上所附着的对象,按 X 键可左、右翻转图元对象,按 Y 键可上、下翻转图元对象。

(4) Delete(删除)。删除就是将选择的图元从工作区中移除。选取需要删除的图元对象后,在菜单栏中选择 Edit→Delete 命令,或按键盘上的 Delete 键,即可删除所选图元对象。

注意:Delete 命令执行一次就结束删除命令,若需要删除多个图元,可重复操作,或者选择多个图元一起删除。

(5) Move(移动)。Move 于菜单中有多个子命令,主要有:

- Move:只是普通移动图元。
- Move Selection:整体移动选择对象。
- Move Selection By XY:根据坐标进行选择对象的移动。
- Rotate Selection:逆时针调整对象的角度,快捷键为空格键。
- Rotate Selection Clockwise:顺时针调整对象的角度,快捷键为 Shift+空格键。

(6) Align(对齐)。对齐操作可以使 PCB 图元更好地满足"整齐、对称"的要求。这样不仅使 PCB 看起来美观,而且也有利于进行布线操作。对元件未整齐排列的 PCB 进行布线时会有很多转折,走线的长度较长,占用的空间也较大,这样会降低布通率,同时也会使 PCB 信号的完整性变差。可以利用"对齐"子菜单中的有关命令来实现对齐操作,常用对齐命令主要有:

- Align Left:左对齐排列。
- Align Right:右对齐排列。
- Align Left(maintain spacing):左对齐且等间距排列。
- Align Right(maintain spacing):右对齐且等间距排列。
- Align Horizontal Centers:水平中心对齐排列。
- Distribute Horizontally:水平方向等间距排列。
- Increase Horizontal spacing:使被选择元件之间的间距随 X 轴方向放置的元件的栅格逐步增加,即增加横向间距排列。
- Decrease Horizontal spacing:使被选择元件之间的间距随 X 轴方向放置的元件的栅格逐步减小,即减小横向间距排列。
- Align Top:顶部对齐排列。
- Align Bottom:底部对齐排列。
- Align Top(maintain spacing):顶部对齐且等间距排列。
- Align Bottom(maintain spacing):底部对齐且等间距排列。
- Align Vertical Centers:垂直中心对齐排列。
- Distribute Vertically:垂直方向等间距排列。
- Increase Vertically spacing:使被选择元件之间的间距随着 Y 轴方向放置的元件栅格逐步增加,即增加横向间距排列。
- Decrease Vertically spacing:使被选择元件之间的间距随着 Y 轴方向放置的元件栅格逐步减小,即减小横向间距排列。
- Align to Grid 命令:使所选元件以格点为基准进行排列。

选中要进行对齐操作的多个对象,在菜单栏中选择 Edit→Align→Align 命令,系统将弹出 Align Objects(排列对象)对话框,其中 Space equally 单选按钮用于在水平或垂直方向上平均出现重叠现象,对象将被从当前的格点移开直到不重叠为止。

水平和垂直两个方向设置完毕后,单击 OK 按钮,即完成对所选元件的对齐排列。

(7) Jump(跳转)。可以跳转到 Origin(原点),快捷键为 Ctrl+Home,也可以跳转到 New position(新的地方),通过坐标确定新的位置。

(8) Find Similar Objects(查找相似项)。通常用于全局修改中,快捷键为 Shift+F。

2.2.2　View 菜单

View 菜单用于原理图库文件的视图和窗口显示的操作,包括多种选项,主要有缩放、移动功能,工具栏、面板、状态栏的显示与隐藏功能,还提供编辑器中栅格设置、单位设置,以及显示已隐藏的引脚等多种功能,如图 2-7 所示。

(1) Fit Document:适合图纸的大小,将整个元件显示在图纸中。

图 2-7　View 菜单

(2) Fit All Objects:使绘图区中的图形填满工作区。

(3) Area /Around Point:放大用户选定的区域,前者通过选择对角线上的两点以矩形框的方式放大,后者通过选择中心点和一个角点的方式放大。

(4) Selected Objects:放大和缩小所选中的对象(该命令需要先选中对象)。

(5) Zoom In/Zoom Out:整体放大和缩小区域。

(6) Full Screen:全屏显示。

(7) Grids:可以设置栅格的大小,有 4 种方式。

- Cycle Snap Grid:切换捕捉栅格,单击一次,增加 50mil,可累次单击。

- Cycle Snap Grid(Reverse):切换捕捉栅格,单击一次,减少 50mil,可累次单击。

- Toggle Visible Grid:栅格细线的显示/隐藏。

- Set Snap Grid:设置捕捉栅格值,输入所需的大小表示鼠标移动的最小距离。

(8) Toggle Unit:切换显示的单位,快捷键为 Q,在 mm 和 mil 间切换。

(9) Show Hidden Pins:元件的某些引脚(通常是不需要连接或者悬空的引脚,只是不显示,并非没有)隐藏后,若希望显示这些引脚,可通过该设置进行隐藏引脚的显示,再次单击关闭显示。

2.2.3　Place 菜单

Place 菜单主要用于在工作区放置引脚、线段、图形和文字等,是原理图库文件中元件设计的重要部分,如图 2-8 所示。

(1) IEEE Symbols 图形符号。

- Dot:放置低电平触发符号。

- Right Left Signal Flow:放置信号左向传输符号,用来指示信号传输的方向。

- Clock：放置时钟上升沿触发符号。
- Active Low Input：放置低电平输入有效符号。
- Analog Signal In：放置模拟信号输入符号。
- Not Logic Connection：放置无逻辑连接符号。
- Postponed Output：放置延迟输出符号。
- Open Collector：放置集电极开路输出符号。
- HiZ：放置高阻抗符号。
- High Current：放置大电流输出符号。
- Pulse：放置脉冲符号。
- Delay：放置延迟符号。
- Group Line：放置总线符号。
- Group Binary：放置二进制总线符号。
- Active Low Output：放置低电平有效输出符号。
- Pi Symbol：放置 π 形符号。
- Greater Equal：放置大于等于符号。
- Open Collector Pull Up：放置具有上拉电阻的集电极开路输出符号。
- Open Emitter：放置发射极开路输出符号。
- Open Emitter Pull Up：放置具有上拉电阻的发射极开路输出符号。
- Digital Signal In：放置数字信号输入符号。
- Invertor：放置反相器符号。
- Or Gate：放置"或门"符号。
- Input Output：放置双向(输入/输出)信号流符号。
- And Gate：放置"与门"符号。
- Xor Gate：放置"异或门"符号。
- Shift Left：放置数字信号左移符号。
- Less Equal：放置小于等于符号。
- Sigma：放置求和符号。
- Schmitt：放置带有施密特触发的输入符号。
- Shift Right：放置数字信号右移符号。
- Open Output：放置端口开路符号。
- Left Right Signal Flow：放置信号左右方向传输符号。
- Bidirectional Signal Flow：放置信号双向传输符号。

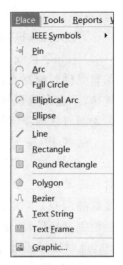

图 2-8 Place 菜单

（2）Pin：引脚。引脚中只有标有"十"字的一端具有电气连接属性,在绘制原理图时该端可以连接导线,因此所有的引脚标有"十"字的一端朝外。

（3）Arc：圆弧。通过 4 点绘制圆弧,首先需要确认圆弧的中心,其次是半径,接着是起点,最后是终点。

（4）Full Circle：圆。通过 2 点绘制圆,第一个点确定绘制的圆心,第二个点确定绘制的圆的半径。

（5）Elliptical Arc：椭圆弧。通过 5 点绘制椭圆弧,依次是中心、水平轴、垂直轴、起点、终点。

(6) Ellipse：椭圆。通过 3 点绘制椭圆,依次是椭圆中心、水平轴点、垂直轴点。

(7) Line：直线。直线可以用来绘制一些注释性的图形,如表格、箭头和虚线等,或在编辑元件时绘制元件的外形。直线在功能上完全不同于前面所说的导线,它不具有电气连接,不会影响到电路的电气结构。

绘制直线的步骤如下所述：

①选择 Place→Line 命令,或单击工具栏中的 Line 命令,这时指针变成"十"字形状；②移动指针到需要放置"直线"位置处,按鼠标左键,确定直线的起点,多次单击确定多个固定点,一条直线绘制完毕后,按鼠标右键退出当前直线的绘制；③此时鼠标仍处于绘制直线的状态,重复步骤 2 的操作,即可绘制其他的直线；④绘制直线过程中,需要拐弯时,可以单击鼠标,确定拐弯的位置,同时通过按下 Shift+空格键来切换拐弯的模式；⑤按鼠标右键或按 Esc 键,便可退出操作；⑥设置直线属性。双击需要设置属性的直线,或在绘制状态下按 Tab 键,系统将弹出相应的直线属性设置对话框,如图 2-9 所示。

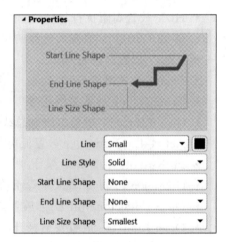

图 2-9　直线属性

在该对话框中可以对线宽、类型和直线的颜色等属性进行设置。

- Line：用于设置直线的线宽。其中有 Smallest(最小)、Small(小)、Medium(中等)和 Large(大)4 种线宽供用户选择。
- Line Style：用于设置直线的线型。其中有 Solid(实线)、Dashed(虚线)、Dotted(点画线)和 Dash Dotted(虚点画线)4 种线型可供选择。
- Color：用于设置直线的颜色。
- Start Line Shape：用于设置直线的起始的形状。其中有 Arrow、Solid Arrow、Tail、Solid Tail、Circle、Square 和 None 7 种方式供用户选择。
- End Line Shape：用于设置直线的终止的形状。其中有 Arrow、Solid Arrow、Tail、Solid Tail、Circle、Square 和 None 7 种方式供用户选择。
- Line Size Shape：用于设置起始、终止形状线的线宽,线宽大小与 Line 的设置方式相同。

属性设置完毕后,单击"确定"按钮,关闭直线属性设置对话框。通过绘制两点完成一条直线的绘制,可以连续绘制,按鼠标右键或者 Esc 键结束绘制命令。

(8) Rectangle /Round Rectangle：矩形/圆角矩形。通过两点方式绘制矩形/圆角矩形,依次是左下角点、右上角点。

(9) Polygon：多边形。通过依次放置多个点连接起来绘制多边形。

(10) Bezier：贝塞尔曲线。通过多个固定点绘制平滑的曲线,移动该固定点,可改变曲线的形状。

(11) Text String/Text Frame/Graphic：文本字符串/文本框/图像。

注意：每个部分绘制完成后，按鼠标右键结束绘制命令。都可以双击弹出 Properties 面板进行相应参数的设置，也可以在放置过程中，按 Tab 键打开参数设置。还可以单击工作区的快捷按钮放置某些图形符号。

例如，选择 Place→Text Frame 命令，鼠标出现带有文本框的十字形图形，如图 2-10 所示。

按 Tab 键，打开文本框的参数设置界面，如图 2-11 所示。

- Text：设置文本信息。可以输入字符，单击下拉列表，可以显示系统预定义的特殊字符串。
- Font：设置文本字体、大小和颜色、加粗、倾斜、下画线等。
- Alignment：设置对齐方式，依次是左对齐、居中对齐、右对齐。
- Text Margin：设置文本距离边框的起始位置。
- Border：设置文本框的边界线条的宽度，共有 4 种线宽，即最小、小、中等、大。
- Fill Color：设置填充颜色。

设置完成后，按 Esc 键结束参数设置模式，通过鼠标两点确定文本框的大小。后续也可以双击该文本框进行参数修改。

2.2.4　Tools 菜单

Tools 菜单提供库文件设计的相关工具，主要实现对元件和文档的功能，如图 2-12 所示。

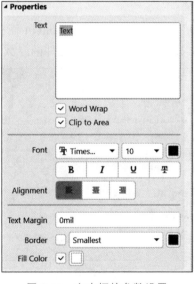

图 2-10　放置文本框　　　图 2-11　文本框的参数设置　　　图 2-12　Tools 菜单

（1）New Component：单击可以绘制新的元件符号。

（2）Symbol Wizard：符号向导，可以设置引脚数目、排列样式等基本信息，如图 2-13 所示。

（3）Remove Component：移除重复，用来删除元件库中重复的元件。

（4）Copy Component：复制器件，用来将选中的元件复制到指定的元件库中。

（5）Move Component：移动器件，用来把当前选中的元件移动到指定的元件库中。

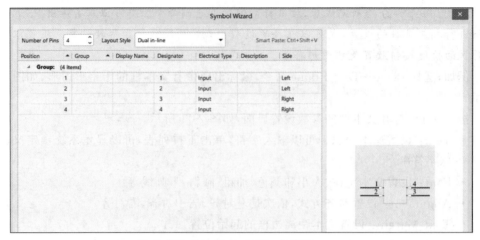

图 2-13　Symbol Wizard 设置

（6）New Part：同一个元件的新的部件。

（7）Remove Part：用来删除子部件。

（8）Mode：模式，一个元件的不同显示方式。Altium Designer 22 最多可以有 255 种显示方式，可以用于表示 IEEE 元件、可选择的运算放大器引脚排列的元件等。下拉菜单有 Previous(前一个模式)、Next(下一个模式)、Rename(重命名)、Add(添加新的模式)、Remove(删除该模式)、Normal(默认模式)，通常元件不需要设置多种模式，原理图元件符号是用以进行电路原理图的连接的，只有引脚具有电气连接的属性，任何的元件只画出对应的引脚在原理上都是可以的。

（9）Find Component：查找元件，功能同打开 Component 面板。

（10）Parameter manager：参数管理器，用于设置元件的参数，如图 2-14 所示。

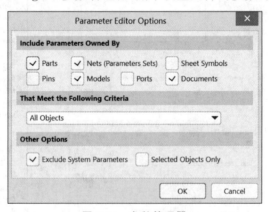

图 2-14　参数管理器

- Include Parameters Owned By：选中参数前面的方框，元件会自动包括对应的参数。
- That Meet the Following Criteria：设置满足的条件，可以选择所有的元件、已存在的元件、已使用的元件。
- Other Options：其他选项，其中 Exclude System Parameters 表示除系统参数，Selected Objects Only 表示仅选择对象，默认选择前者，不选择后者，通常不修改。

（11）Model Manager：符号管理器，列出当前库中所有的元件，可编辑元件。

（12）XSpice Model Wizard：用来引导用户为所选中的库元件添加一个 XSpice 模型。

（13）Update Schematics：更新到原理图，用来将当前库文件在原理图元件库文件编辑器中所做的修改更新到打开的电路原理图中。若元件符号进行修改后，单击更新到原理图，可将原理图中使用的该元件全部进行修改。

（14）Generate SimModel Files：生成仿真模型文件。

（15）Configure Pin Swapping：配置引脚交换。在集成运放、比较器、数字部件的芯片，往往某些引脚之间可以互换，这样可以让 PCB 布线时，铜线实现最短，减少 PCB 中铜线的弯曲和过孔，此外某些多部件的元件也可以进行子部件交换。

（16）Document Options：文档选项，单击弹出 Properties 属性设置，如图 2-15 所示。

- Units：显示的单位，公制 mm（毫米）、英制（mils），即千分之一英寸（inches），1inches＝1 000mils＝25.4mm。
- Visible Grid：可见栅格，设置可见栅格的大小，即工作区中相邻细线的距离。
- Snap Grid：捕捉栅格，设置捕捉栅格的大小，鼠标可捕捉的大小。
- Sheet Border：原理图边界，设置原理图边界的颜色。
- Sheet Color：原理图颜色，设置引脚与元件的颜色。
- Show Hidden Pins：显示隐藏引脚。
- Show Comment/Designator：显示元件/符号文本。

单击右下角 Panels 打开 Properties 面板，在该面板中可以编辑元件的信息，如图 2-16 所示。

图 2-15　Document Options 设置

图 2-16　Properties 面板

2.3 多部件的元件

多部件的元件是一种包含多个相对独立功能电路的元件。在电气领域中,原则上任何一个元件都可以被划分为多个子件,这在电路设计中是没有错误的。绘制多部件的元件封装可以增加对元件功能的理解,同时也提高了原理图的可读性和绘制的方便性。当一个元件由多个部件组成时,每个部件都可以被画出来,这样可以更清晰地展示元件的结构和功能。这种绘制方式使得原理图更易于理解。

子件是元件的一部分,当一个元件由多个部件组成时,各个部件的引脚会被分配到不同的子件中。有些引脚是某个部分独有的,而另一些引脚则可以是多个部件共有的。这种引脚的分配方式使得不同部分之间可以进行连接,实现元件功能的联动。

多部件的元件在电路设计中起到了重要的作用。通过划分为多个子件并绘制出每个子件,可以更好地理解元件的功能,提高原理图的可读性和绘制的方便性。这种设计方式可以使电路的结构和功能更清晰地展示出来。

在原理图库中新建元件时,可以通过选择菜单栏中的 Tools→New Part 命令来添加部件。选择总元件后,可以通过单击进行多部件元件的属性设置,这样就不需要单独设置每个子件的参数。在放置多部件元件时,需要按照顺序将每个部件依次放置到原理图中,确保它们的相对位置和连接关系是正确的。

多部件的绘制方式见实验 2 中 TLC082 元件的绘制。

实验 2：绘制元件

1. 采用符号向导工具绘制元件

采用符号向导工具绘制 16 引脚的 IR2113 的元件符号,如图 2-17 所示。

（1）选择 File→New→Library→Schematic Library 命令,新建原理图库,如图 2-1 所示。

（2）单击“保存”按钮(快捷键为 Ctrl+S),同时设置文件名,如 My.SchLib。

（3）在 SCH Library 面板下,自动新建名为 Component_1 的元件,双击该元件,在 Properties 面板中修改元件的参数信息,将 Design Item ID(设计项目标识,原理图库中显示)设置为元件名称“IR2113”;将 Designator(元件标号,在原理图中显示)设置为“U?”;将 Comment(元件文本)设置为“IR2113”;将 Description(描述)设置为“IR2113 are high voltage,high speed power MOSFET,Fully operational to 600V”;Type(类型)采用默认值,如图 2-18 所示。

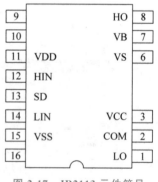

图 2-17　IR2113 元件符号

（4）选择 Tools→Symbol Wizard 命令,系统弹出符号向导的对话框,如图 2-19 所示。修改引脚数 Number of Pins 为 16,单击 Layout Style 修改显示样式,本例选择默认

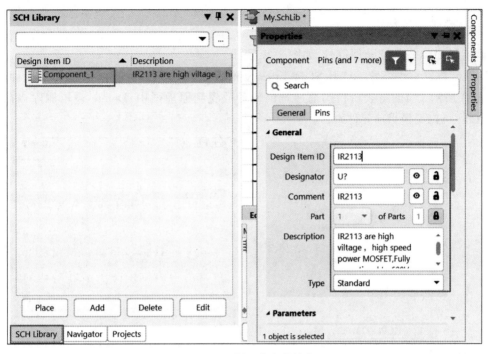

图 2-18　设置元件参数信息

值 Dual in-line，修改引脚显示名称和电气类型。

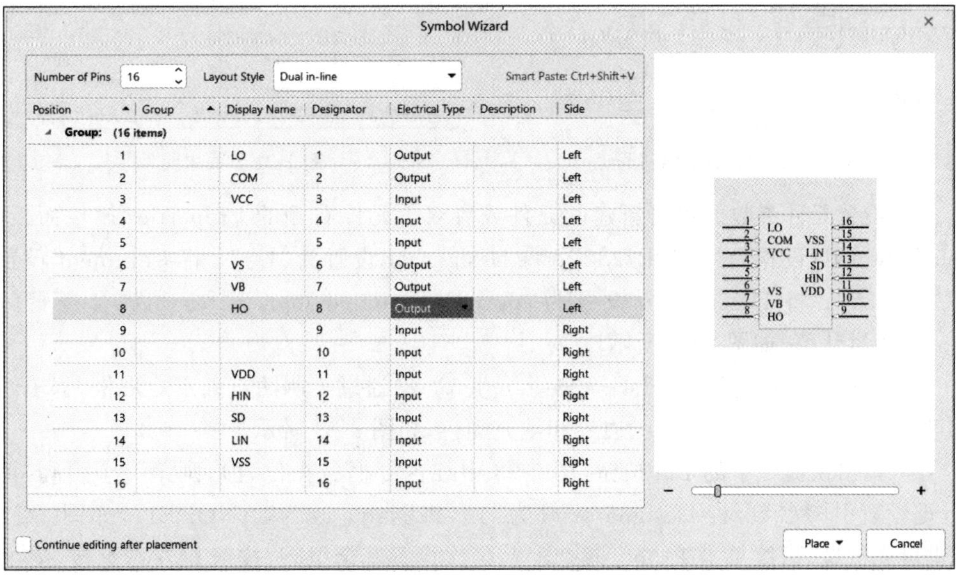

图 2-19　采用符号向导建立元件

　　选中 Continue editing after placement 复选框，表示绘制完当前元件后继续绘制元件，单击 Place 出现下拉选项 Place Symbol（将该符号放入元件中，若当前元件存在符号，会弹出是否覆盖已存在的符号）、Place New Symbol（将该符号放置到新的元件中）、Place New Part（放置新的部件，用于多部件的元件），本例选择 Place Symbol。

2. 手工绘制元件

绘制 HCPL2232 元件符号,如图 2-20 所示。

(1) 新建元件符号。打开 SCH Library 面板后,单击 Add 按钮,添加新的元件,如图 2-21 所示。(Place 表示将当前所选的元件放置到原理图中,Delete 表示删除当前元件,Edit 可以编辑当前元件)

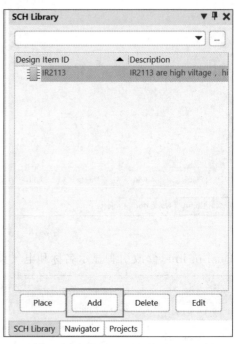

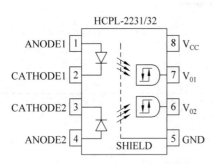

图 2-20 HCPL2232 元件符号

图 2-21 添加元件

(2) 设置元件参数。单击新建的元件或者双击元件右侧的 Properties 属性面板,将 Design Item ID 设置为"HCPL2232";将 Designator 设置为"U?";将 Comment 设置为"HCPL2232";将 Description 设置为"optically-coupled logic gates 光耦合逻辑门";Type 采用默认值,如图 2-22 所示。

(3) 绘制矩形框。选择 Place→Rectangle 命令,通过绘制两点确定矩形框,双击绘制的矩形框,可以修改宽度、高度、边界和填充颜色,如图 2-23 所示。

(4) 单击快捷栏中的 Pin 按钮(图 2-23 中红色方框所在位置),画第一个引脚,可按 Tab 键设置引脚参数,将 Designator 改为"1",将 Name 改为"ANODE1",如图 2-24 所示,也可先放置,后续单击 Properties 设置,依次设置其余引脚,按 X 键左右翻转,按 Y 键上下翻转,按空格键进行顺时针 90°旋转,使所有引脚"十"字的一端朝外。结果如图 2-25 所示。

(5) 选择 Place→Polygon 命令通过三点绘制三角形,双击设置三角形参数,也可通过坐标设置,如图 2-26 所示。

(6) 选择 Place→Line 命令放置线,如图 2-27 所示。设置线形状,如图 2-28 所示,放置圆弧,如图 2-29 所示。

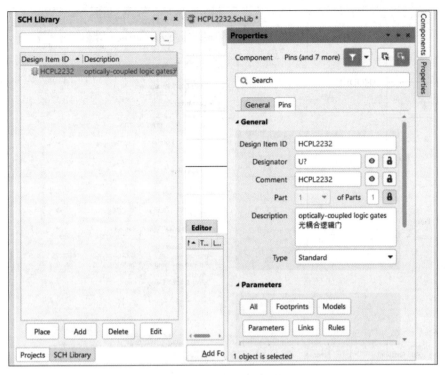

图 2-22 设置元件参数

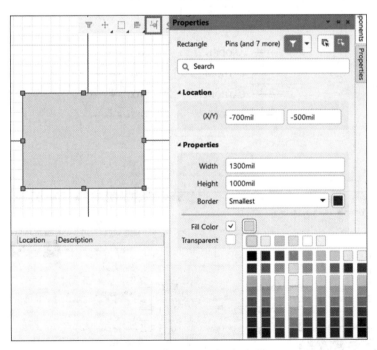

图 2-23 绘制矩形边框

其中,Line 设置线粗细、颜色;Line Style 设置线的类型,有 Solid(实线)、Dashed(虚线)、Dotted(点状虚线)、Dash Dotted(直线为点与短线结合的虚线)几种类型;Line Shape 设置线形状(多种带箭头的类型);Start 与 End 分别表示线的起点与终点。

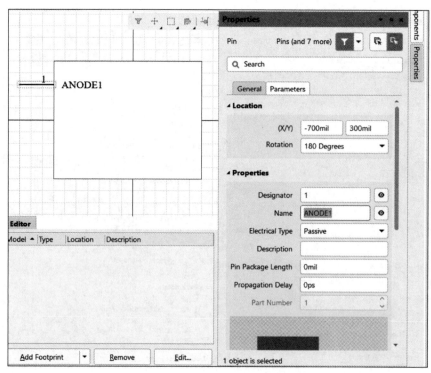

图 2-24　设置 1 号引脚

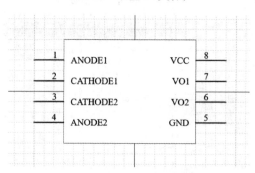

图 2-25　绘制全部引脚

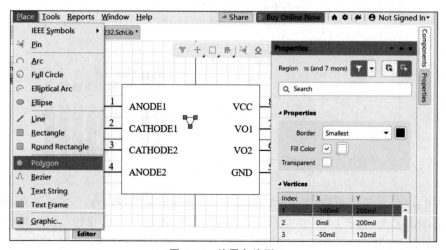

图 2-26　放置多边形

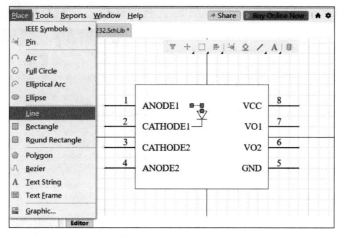

图 2-27 绘制线

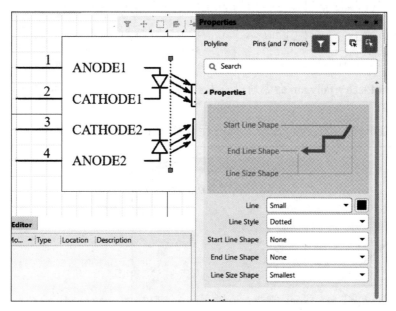

图 2-28 线的属性设置

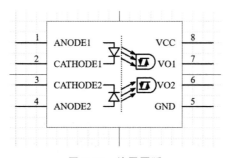

图 2-29 放置圆弧

3．绘制多部件元件

采用多部件元件的绘制方式绘制 TLC082 元件符号，如图 2-30 所示。

（1）新建/添加元件符号。在 Properties 面板中修改元件参数，如图 2-31 所示。

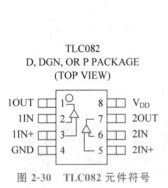

图 2-30 TLC082 元件符号

图 2-31 TLC082 参数

（2）选择 Place→Polygon 命令通过三点绘制三角形，双击设置三角形参数，如图 2-32 所示。

（3）放置引脚。可连续两次按 P 键进行放置，依次放置 4 个引脚，如图 2-33 所示。

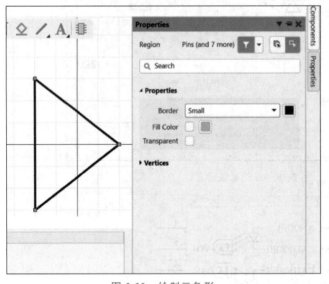

图 2-32 绘制三角形

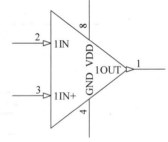

图 2-33 放置 Part A

（4）修改引脚参数。其中，在 Location 中可设置引脚的坐标位置，Rotation 可设置旋转角度，在 Properties 面板中可设置引脚标号、名称、电气类型（输入/输出等，也可默认设置）、引脚包长度和引脚长度，Font 可设置引脚和名称的字体，需要先选中前面的小方框，如图 2-34 所示。

（5）选择 Tools→New Part 命令添加另一部件后，单击左侧的元件，可以看到 Part A 和 Part B 两个部件，如图 2-35 所示。

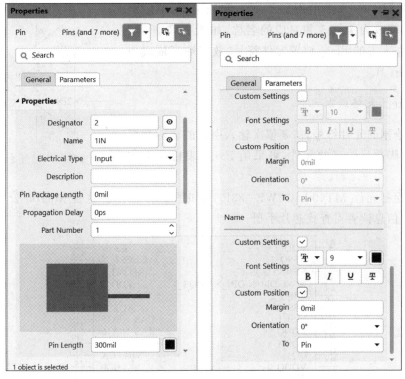

图 2-34　引脚参数设置

其中,前面画的部分默认是 Part A。将引脚 4 和 8 中的 Part Number 修改为 0（表示公共引脚),如图 2-36 所示,则在 Part B 中也可直接显示 4 和 8 引脚。

图 2-35　添加新部件

图 2-36　设置公共引脚

（6）复制 Part A 中的引脚 1、2、3 和三角形，粘贴至 Part B 中，修改为 7、6、5 和对应的名称，如图 2-37 所示。可以单击左下方的 Place 放置元件符号，放置顺序依次为 Part A、Part B。

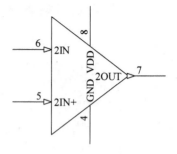

图 2-37　设置 Part B

4. Excel 表格绘制元件

前面绘制的元件符号，需要依次输入引脚的名称和标号，对于引脚数目较多的元件，可采用 Excel 表格的方式绘制元件。

本例绘制元件 MT40A1G8WE-083E-B，如图 2-38 所示。这是 Micron 公司的 DDR 芯片，相关信息读者可查找芯片手册。

A1	VDD_1	CS_N G7
A2	VSSQ_1	C1/CS1_N G8
A3	NFNF/TDQS_C	RFU/TEN G9
A7	NFNF/DM_N/DBI_N/TDQS_T	VDD_5 H1
A8	VSSQ_2	WE_N/A14 H2
A9	VSS_1	ACT_N H3
B1	VPP_1	CAS_N/A15 H7
B2	VDDQ_1	RAS_N/A16 H8
B3	DQS_C	VSS_6 H9
B7	DQ1	VREFCA J1
B8	VDDQ_2	BG0 J2
B9	ZQ	A10/AP J3
C1	VDDQ_3	A12/BC_N J7
C2	DQ0	BG1 J8
C3	DQS_T	VDD_6 J9
C7	VDD_2	VSS_7 K1
C8	VSS_2	BA0 K2
C9	VDDQ_4	A4 K3
D1	VSSQ_3	A3 K7
D2	DQ4/NF	BA1 K8
D3	DQ2	VSS_8 K9
D7	DQ3	RESET_N L1
D8	DQ5/NF	A6 L2
D9	VSSQ_4	A0 L3
E1	VSS_3	A1 L7
E2	VDDQ_5	A5 L8
E3	DQ6/NF	ALERT_N L9
E7	DQ7/NF	VDD_7 M1
E8	VDDQ_6	A8 M2
E9	VSS_4	A2 M3
F1	VDD_3	A9 M7
F2	C2/ODT1	A7 M8
F3	ODT	VPP_2 M9
F7	CK_T	VSS_9 N1
F8	CK_C	A11 N2
F9	VDD_4	PAR N3
G1	VSS_5	A17/NF N7
G2	C0/CKE1	A13 N8
G3	CKE	VDD_8 N9

图 2-38　MT40A1G8WE-083E-B 元件符号

（1）绘制 Excel 文件。新建 Excel，按照芯片手册将引脚号和引脚名称全部输入表格中，第一行为标准格式（AD 进行识别用），不能更改，如图 2-39 所示。

（2）新建元件。在元件库中增加元件，并命名为 MT40A1G8WE-083E-B。

(3) 导入原理图元件库。全部输入完后，选中所有的然后进行复制，在 Panels 中打开 PCBLIB List 面板，将 View 状态改为 Edit 状态，如图 2-40 所示。

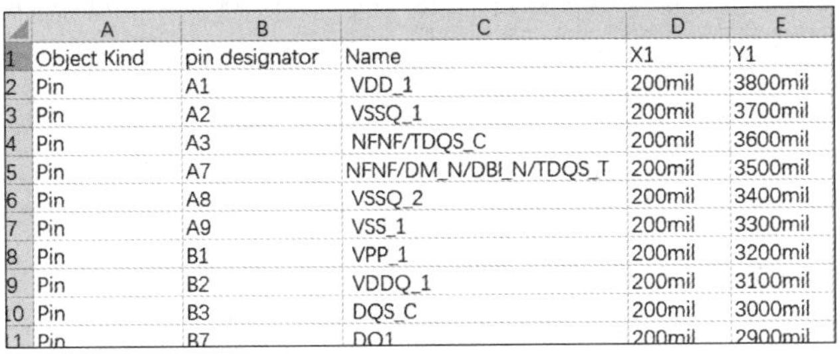

	A	B	C	D	E
1	Object Kind	pin designator	Name	X1	Y1
2	Pin	A1	VDD_1	200mil	3800mil
3	Pin	A2	VSSQ_1	200mil	3700mil
4	Pin	A3	NFNF/TDQS_C	200mil	3600mil
5	Pin	A7	NFNF/DM_N/DBI_N/TDQS_T	200mil	3500mil
6	Pin	A8	VSSQ_2	200mil	3400mil
7	Pin	A9	VSS_1	200mil	3300mil
8	Pin	B1	VPP_1	200mil	3200mil
9	Pin	B2	VDDQ_1	200mil	3100mil
10	Pin	B3	DQS_C	200mil	3000mil
11	Pin	B7	DQ1	200mil	2900mil

图 2-39　引脚信息的 Excel 表格

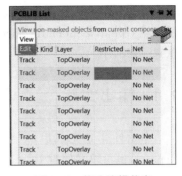

图 2-40　修改编辑状态

在空白区域右击，从弹出的快捷菜单中选择 Smart Grid Insert 命令，将复制的引脚信息智能粘贴到 PCBLIB List 面板中，弹出智能栅格输出对话框，该对话框分为上下两部分，上面的表格是从 Excel 中复制的信息，下面的表格是将要制作原理图符号的信息，单击 Automatically Determine Paste 按钮，将上面表格中的信息自动粘贴到下面表格中，如图 2-41 所示。

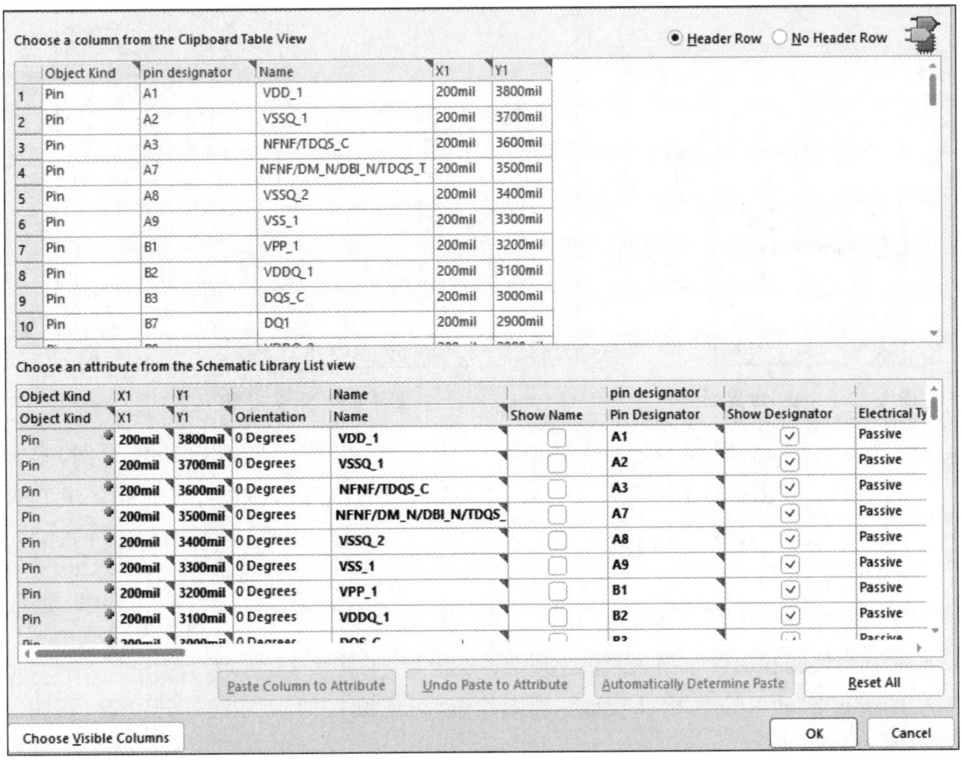

	Object Kind	pin designator	Name	X1	Y1
1	Pin	A1	VDD_1	200mil	3800mil
2	Pin	A2	VSSQ_1	200mil	3700mil
3	Pin	A3	NFNF/TDQS_C	200mil	3600mil
4	Pin	A7	NFNF/DM_N/DBI_N/TDQS_T	200mil	3500mil
5	Pin	A8	VSSQ_2	200mil	3400mil
6	Pin	A9	VSS_1	200mil	3300mil
7	Pin	B1	VPP_1	200mil	3200mil
8	Pin	B2	VDDQ_1	200mil	3100mil
9	Pin	B3	DQS_C	200mil	3000mil
10	Pin	B7	DQ1	200mil	2900mil

Object Kind	X1	Y1		Name		pin designator		
Object Kind	X1	Y1	Orientation	Name	Show Name	Pin Designator	Show Designator	Electrical Ty
Pin	200mil	3800mil	0 Degrees	VDD_1	☐	A1	☑	Passive
Pin	200mil	3700mil	0 Degrees	VSSQ_1	☐	A2	☑	Passive
Pin	200mil	3600mil	0 Degrees	NFNF/TDQS_C	☐	A3	☑	Passive
Pin	200mil	3500mil	0 Degrees	NFNF/DM_N/DBI_N/TDQS_	☐	A7	☑	Passive
Pin	200mil	3400mil	0 Degrees	VSSQ_2	☐	A8	☑	Passive
Pin	200mil	3300mil	0 Degrees	VSS_1	☐	A9	☑	Passive
Pin	200mil	3200mil	0 Degrees	VPP_1	☐	B1	☑	Passive
Pin	200mil	3100mil	0 Degrees	VDDQ_1	☐	B2	☑	Passive

图 2-41　复制粘贴表格信息

(4) 单击 OK 按钮，元件的引脚全部放置完成，在引脚上放置一个矩形框即可。

补充：

在原理图设计过程中，有时候需要修改一些元件的参数，如绘制原理图时发现元件符号的引脚参数有误,这时就需要返回原理图库中进行修改。修改好后需要更新到原理图中。

在 SCH Library 列表中找到所修改的元件,在元件名称处右击,从弹出的快捷菜单中选择 Update Schematic Sheet 命令,在弹出的提示框中单击 OK 按钮,即可更新修改信息到原理图中。

2.4 输出文件

库元件建立完成后,需要检查有无错误,首先保存库元件文件,单击菜单栏中的 Reports,也可按快捷键 R,可以输出 4 个文件,如图 2-42 所示。

- Component:元件报表,其中包括元件每个部分各个引脚的信息,如图 2-43 所示。

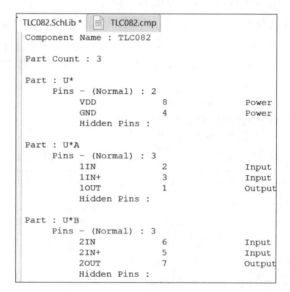

图 2-43　元件报表

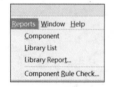

图 2-42　Reports 界面

- Library List:库列表,显示原理图库的信息,以前面的 TLC082 为例,显示为 "LIBRARYREFERENCE","COMMENT","SHEETPART","DESIGNATOR","DESCRIPTION""TLC082","TLC082"," * ","U * ","Ë«Â·¡¢16V¡¢10MHz£¬ÔËÈã·ÅÓAE÷"

注意:该版本汉字显示不完整。

- Library Report:库报表,输出 Word 版报告,如图 2-44 所示。
- Component Rule Check:元件规则检查,可连续按两次 R 键打开设置,如图 2-45 所示。

以下是可选择检查的报告选项。

- Duplicate→Component Names:重复的元件名称。
- Duplicate→Pins:重复的引脚。
- Missing→Description:元件描述未填写。

• Missing→Pin Name：引脚名称未填写。

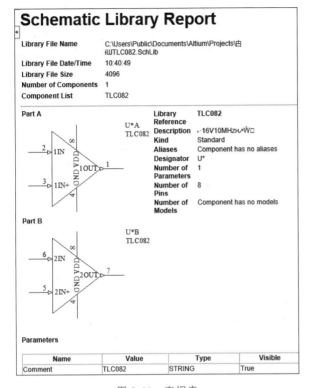

图 2-44　库报表

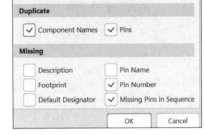

图 2-45　元件规则检查

• Missing→Footprint：元件封装未填写。
• Missing→Pin Number：元件引脚号未填写。
• Missing→Default Designator：元件位号未填写。
• Missing→Missing Pins in Sequence：在一个序列的引脚号码中缺少某个号码。

习题 2

（1）绘制 HCPL2201、TC4420、PA85 元件符号，分别如图 2-46、图 2-47、图 2-48 所示。

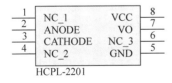

图 2-46　HCPL2201 元件符号

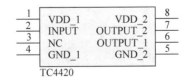

图 2-47　TC4420 元件符号

（2）绘制 MB10M、AMS1117、OPA277 元件符号，如图 2-49、图 2-50、图 2-51 所示。

（3）采用两种方式绘制 LM324A 元件符号，如图 2-52 所示。

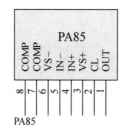

图 2-48　PA85 元件符号

图 2-49　MB10M 元件符号

图 2-50　AMS1117 元件符号

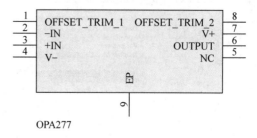

图 2-51　OPA277 元件符号

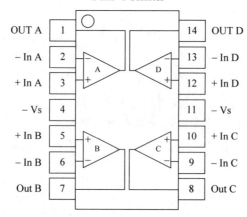

图 2-52　LM324A 元件符号

第 2 章中介绍的原理图元件符号是用来进行电路原理图的连接，只有引脚具有电气连接的属性，任何的元件只画出对应的引脚在原理上都是可以的。元件具体的形状是由 PCB 封装决定的，元件的封装是实际元件焊接到电路板的位置和焊接形状，包括元件的外形尺寸、引脚间的距离等，元件的封装一方面可以固定、安放、保护元件、增强热电性能，另一方面还是电路连线和元件间的桥梁。

3.1 封装简介

3.1.1 封装类型

1. 封装的概念

集成电路裸片设计完成后，需要对其进行封装，封装是将集成电路芯片进行安装、固定、密封和保护的外壳，是集成电路芯片的重要环节，不仅实现了对芯片的保护和连接，还对电子产品的性能和特性有着重要影响。封装通常由金属、陶瓷或塑料等材料制成，上面装有金属引脚，通过 Bonding 的方式将芯片内部电路的信号连接到引脚上，形成与外部电路的通路。在 PCB 设计中，封装包括一组焊盘和周围绘制的元件轮廓，这组焊盘被称为 Footprint，它们与芯片的引脚相匹配。当芯片装配到电路板上时，焊锡将引脚与电路板上的对应焊盘牢固连接在一起，通过电路板上的铜箔导线实现与其他元件的电气互连。

2. 封装分类

元件的封装主要分为直插式（THT）和贴片式（SMT）两类。

（1）直插式元件（也称为针脚式或通孔式元件）：直插式元件是将引脚插入通孔焊盘，然后进行焊接。这种封装的元件安装时，引脚穿过焊盘，焊接到另一面上，连接性和散热性较好，通常用于插座和大功率元件等。然而，直插式封装占用面积较大，并且需要手工焊接。

（2）贴片式元件：表面贴装技术是指在电路板表面进行元件安装的技术，使用 SMT 技术进行安装的元件称为贴片式元件。贴片式元件又分为 SMC 和 SMD 两类:SMC 主要指表面安装的无源器件,包括贴片的电阻、电容、电感、电阻网络与电容网络等;SMD 主要指表面安装的有源器件,包括贴片式二极管、晶体管、晶体振荡器和贴片式集成电路芯片等。贴片式元件的焊盘只限在表面板层。此外,实际中还经常遇到一些贴片安装的机电器件,包括贴片式开关、连接器、微电机和继电器等。

封装的选择根据元件的特性和要求进行,不同元件可以使用相同的封装,如电阻、电容、电感等,也可以使用不同的封装。贴片式封装实现了电子产品组装的高密度、高可靠、小型化、低成本和自动化,已广泛应用于计算机和通信类电子产品。然而,在需要大功率器件的场合,直插式封装仍然是必不可少的。贴片式封装的元件安装时,元件与焊盘在同一侧,不需要打孔,占用面积相对较小,通常的小功率元件都采用贴片式封装,可以采用机器回流焊的方式焊接,节省时间,而且相同的元件,直插式封装的成本高于贴片式封装,因此工业中大多数采用的是贴片式封装的元件。

注意:不同元件可以使用同一个元件封装,如电阻、电容、电感都可以使用相同的贴片式封装;同种元件也可以有不同的封装,如一个 16 引脚的芯片可以分别封装成直插式或者贴片式。

3. 常用分立元件封装

(1) 电阻。电阻是最常见的电子元件之一,如图 3-1 所示。

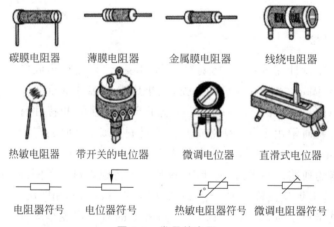

| 碳膜电阻器 | 薄膜电阻器 | 金属膜电阻器 | 线绕电阻器 |

| 热敏电阻器 | 带开关的电位器 | 微调电位器 | 直滑式电位器 |

| 电阻器符号 | 电位器符号 | 热敏电阻器符号 | 微调电阻器符号 |

图 3-1 常见的电阻

常见的直插式电阻对应的封装为 AXIAL-x.y 形式。AXIAL 表示轴向元件,元件本体一般为圆柱形;x.y 表示元件两个焊盘中心孔之间的距离,单位为 Inch。例如,AXIAL-0.4 表示两个焊盘之间的距离为 0.4Inch,数字越大,对应的电阻体积越大,承受的功率也越大。常见的 AXIAL 系列封装包括 AXIAL-0.3、AXIAL-0.4、AXIAL-0.5、AXIAL-0.6、AXIAL-0.7、AXIAL-0.8、AXIAL-0.9 和 AXIAL-1.0 等形式。

(2) 电容。电容也是常用的电子元件之一,其主要参数为容量和耐压强度。对于同类电容,体积随着容量和耐压的增大而增大。常见的直插式电容外观为圆柱形、圆形和方形。无极性电容的封装以 RAD-x.y 表示,如 RAD-0.1、RAD-0.2、RAD-0.3、RAD-0.4。后面两个数字表示焊盘中心孔的间距,如 RAD-0.3 表示两个焊盘的间距为 0.3Inch。电解电容则用 RB. x/. y 标识,如 RB. 2/.4、RB. 3/.6、RB. 4/.8、RB. 5/1.0,符号中前面数字表示焊盘中心孔间距,后面数字表示圆形轮廓线直径。例如,RB. 3/.6 表示焊盘中心孔间距为 0.3Inch,而圆形轮廓线直径为 0.6Inch。除此之外,常用的封装还有以 CAPR 标识的直插式电容器封装、以 CAPPR 标识的直插式极性圆柱体电容器封装等。

(3)电感。电感的封装与电阻类似,直插式电感封装也用 AXIAL-x. y 形式表示。

小功率的电阻、电容和小感量的电感经常采用贴片式封装,这些贴片封装的规格尺寸已经标准化,常见的有 9 种,封装参数如表 3-1 所示。

表 3-1　贴片电阻、电容封装参数

英制/mil	公制/mm	长/mm	宽/mm	高/mm	功率/W	最大电压/V
0201	0603	0.60 ± 0.05	0.30 ± 0.05	0.23 ± 0.05	1/20	25
0402	1005	1.00 ± 0.10	0.50 ± 0.10	0.30 ± 0.10	1/16	50
0603	1608	1.60 ± 0.15	0.80 ± 0.15	0.40 ± 0.10	1/16	50
0805	2012	2.00 ± 0.20	1.25 ± 0.15	0.50 ± 0.10	1/10	150
1206	3216	3.20 ± 0.20	1.60 ± 0.20	0.55 ± 0.10	1/8	200
1210	3225	3.20 ± 0.20	2.50 ± 0.20	0.55 ± 0.10	1/4	200
1812	4832	4.50 ± 0.20	3.20 ± 0.20	0.55 ± 0.10	1/2	200
2010	5025	5.00 ± 0.20	3.20 ± 0.20	0.55 ± 0.10	1/2	200
2512	6432	6.40 ± 0.20	3.20 ± 0.20	0.55 ± 0.10	1	200

注意,表 3-1 中两种类型的尺寸代码表示的元件封装是一样的。其中一种是 EIA(美国电子工业协会)制定的用 4 位数字表示的代码,前两位与后两位分别表示元件的长与宽,以 in 或者 mil 为度量单位。另外一种是公制代码,也是用 4 位数字表示,单位为 mm。每种英制尺寸代码都有对应的公制尺寸代码,如英制封装 0805 就对应着公制封装 2012,它们只是表示单位不同而已。

元件随着电子产品小型化和轻薄化发展的趋势,在功率允许的情况下,更小尺寸的贴片式元件将得到越来越广泛的应用。

(4)二极管。二极管包括直插式和贴片式两种封装。直插式二极管常使用的封装为 Diodex. y,如 Diode0. 4,它表示两个焊盘中心距为 400mil,此外还有 DO-x 封装。贴片式二极管的封装包括 SMA、SMB、SMC. SOD-x 和 SOT-x 系列。

(5)三极管/场效应晶体管。三极管/场效应晶体管具有三个引脚,外形尺寸与元件的额定功率、耐压等级和工作电流有关。常见的直插式三极管的封装以 TO(Transistor Outline)标识开头,不同的数字代表不同的型号与尺寸。贴片式三极管的封装以 SOT (Small Outline of Transistor)开头,也有部分中功率三极管采用 DPAK 系列的封装。

4. 常见集成电路封装

(1)双列直插式封装(Dual Inline Package,DIP)。DIP 为早期应用最为普遍的集成电路封装形式,引脚从封装两侧引出,从电路板的一面插入通孔式焊盘中,在另一面进行焊接。封装材料有塑料和陶瓷两种。一般引脚中心间距为 100mil,封装宽度有 300mil、400mil 和 600mil 三种,引脚数为 4~64,封装名一般为 DIPx,其中 x 为引脚数。例如,DIP8 表示共有 8 个直插式引脚,排列在芯片两侧,每侧各 4 个引脚。手工创建封装时应注意引脚数、同一列引脚的间距和两排引脚间的间距。

(2) 单列直插式封装(Single Inline Package,SIP)。SIP 是一种封装形式,它的引脚从封装的侧面引出,并排列成一条直线。一般来说,SIP 封装的引脚中心间距为 10mil,引脚数可以从 2 到 20 不等。SIP 封装的命名通常采用 SIPx 的形式,其中 x 表示引脚的数量。例如,SIP8 表示该封装具有 8 个直插式引脚,这些引脚排列成一列。SIP 封装常用于排阻、接插件等应用中。排阻是一种电子元件,用于调整电路中的电阻值,常见于模拟电路和信号传输线路中。接插件则用于连接和插拔电子元件,提供方便的维修和更换。SIP 封装的特点是引脚排列紧凑,适用于空间有限的设计。它可以方便地插入插座或连接器中,使得电路板的组装和维修更加便捷。SIP 封装也具有较好的可靠性和耐久性,能够满足一些对于高可靠性和长寿命要求的应用场景。

总之,SIP 封装是一种引脚从封装侧面引出并排列成一条直线的封装形式,常用于排阻、接插件等应用中。它的紧凑排列和方便插拔的特点使得它在空间有限的设计和维修中得到广泛应用。

(3) 双列小型贴片式封装(Small Outline Package,SOP)。SOP(又称为 SOIC)是一种贴片的双列封装形式,引脚从封装两侧引出,呈海鸥翼形,几乎每种 DIP 的芯片均有对应的 SOP 封装,与 DIP 相比,SOP 的芯片体积大大减少,可以提高板上元件密度。SOP 类型又可以分为 SSOP(Shrink Small Outline Package,缩小型 SOP)、TSOP(Thin Small Outline Package,薄型 SOP)、TSSOP(Thin Shrink Small Outline Package,薄缩小型 SOP)、SOL(加长型 SOP)和 SOW(加宽型 SOP)等。

(4) J 形引脚小外形封装(Small Outline Package J Leads,SOJ)。SOJ 封装是一种常见的集成电路封装形式。它的引脚从封装的两侧引出,并向芯片底部弯曲呈 J 形。SOJ 封装通常用于集成电路的表面安装,具有较小的尺寸和较高的密度。SOJ 封装的引脚排列在封装的两侧,这种布局使得引脚的连接更加紧凑,能够在有限的空间内容纳更多的引脚。引脚向芯片底部弯曲成 J 形,这种设计可以提供更好的电气连接和机械强度。SOJ 封装适用于需要高密度和小尺寸的电路设计,尤其是在现代电子产品中广泛应用。它可以用于存储器、微控制器、接口芯片等多种集成电路的封装。SOJ 封装的优点包括紧凑的尺寸、高密度的引脚排列、较好的电气连接和机械强度。这些特点使得 SOJ 封装在电子产品的设计和制造中具有重要的作用。

总之,SOJ 封装是一种引脚从封装两侧引出并向芯片底部弯曲呈 J 形的封装形式。它具有紧凑的尺寸、高密度的引脚排列、良好的电气连接和机械强度,适用于需要高密度和小尺寸的电路设计。

(5) 带引脚的塑料芯片载体封装(Plastic Leaded Chip Carrier,PLCC)。PLCC 是一种贴片式封装,其特点是芯片引脚排列在芯片四周,并向芯片底部弯曲,呈 J 形状。PLCC 封装的引脚数量通常在 20 和 84 个之间,紧贴于芯片体。从芯片顶部看下去,几乎看不到引脚,而引脚的间距一般为 1.27mm。PLCC 封装的命名一般为 PLCCx,其中 x 表示引脚的数量。例如,PLCC28 表示具有 28 个引脚的 PLCC 封装。PLCC 可以直接焊接在电路板表面,也可以安装在配套的插座上,插座是直插式的,焊接在电路板上。此外,PLCC 封装广泛应用于需要经常插拔芯片的场合,如可编程的逻辑芯片。尽管 PLCC 封装可以节省制板空间,但其焊接过程相对困难,需要采用回流焊工艺,并使用专门的设备。

（6）方形扁平封装（Quad Flat Package，QFP）。QFP 是一种方形贴片式封装，其特点是引脚等数量地排列在芯片的四周。与 PLCC 封装不同的是，QFP 的引脚没有向内弯曲，而是呈现出向外伸展的海鸥翼形状。这种设计使得焊接过程更加方便。QFP 封装主要包括 PQFP（塑料外壳 QFP）、TQFP（薄型 QFP）和 CQFP（陶瓷外壳 QFP）等不同类型，引脚数量通常在 32 和 164 个之间变化。

PQFP（塑料外壳 QFP）：PQFP 封装是一种常见的 QFP 形式，适用于大多数应用场景。这种封装形式具有较高的密度和良好的散热性能。PQFP 封装的引脚数量通常在 32 和 100 个之间。

TQFP（薄型 QFP）：TQFP 封装相比于 PQFP 封装更加薄型，它采用了较薄的外壳材料，从而可以实现更紧凑的封装结构。TQFP 封装的引脚数量通常在 32 和 100 个之间，广泛应用于需要较低封装高度的应用领域。

CQFP（陶瓷外壳 QFP）：CQFP 封装采用陶瓷材料作为外壳，因此具有优异的耐热和抗震性能。CQFP 封装通常用于对环境要求更为苛刻的应用，如军事、航空航天等领域。引脚数量通常在 64 和 164 个之间。

（7）引脚栅格阵列封装（Pin Grid Array，PGA）。PGA 是一种传统的封装形式，其特点是引脚为直插式引脚，从芯片底部垂直引出，并整齐地分布在芯片底部四周。早期的 x86 CPU 通常采用 PGA 封装形式。PGA 封装的引脚数量通常在 64 和 447 个之间。封装的命名通常为 $PGAx$，其中 x 表示引脚的数量。

（8）球形栅格阵列封装（Ball Grid Array，BGA）。BGA 与 PGA 类似，主要区别在于这种封装中的引脚只是一个球状焊锡，焊接时熔化在焊盘上，无须打孔。BGA 的引脚具有高密度、易散热、寄生参数小的特点，可应用于高达数百引脚的高速集成电路芯片。BGA 根据基板使用材料不同，可分为陶瓷（Ceramic）、塑料（Plastic）、金属（Metal）和卷带（Tape）等几类，相对应的简称分别是 CBGA、PBGA、MBGA 与 TBGA。同类型封装还有 SBGA，与 BGA 的区别在于其引脚排列方式为错开排列，利于引脚出线。

（9）芯片级封装（Chip Size Package，CSP）。CSP 是 BGA 进一步微型化的产物，其封装尺寸比裸芯片稍大（通常封装尺寸与裸芯片之比定义为 1.2 : 1）。CSP 引脚之间的距离包括 0.8mm、0.65mm、0.5mm 等，封装高度通常小于 1mm。另一种更先进的 CSP 技术是晶圆级芯片封装（Wafer Level Chip Size Package，WLCSP），这也是未来芯片封装重点发展的方向之一。它在晶圆级别上对集成电路进行封装。这种封装不需要使用普通芯片封装使用的绑定技术就能实现高密度的引脚连接，晶圆经过多道半导体制造工序，完成电极端子成型、锡球连接和外壳封装的工作。

（10）多芯片模块系统（Multi-Chip Module，MCM）。MCM 是将多个半导体裸芯片组装在一块多层布线基板上的封装技术，基板上提供了多个芯片所需要的高密度互连线，并且提供与外部电路连接的引脚。MCM 具有更高的性能、更多的功能和更小的体积，可以将数字电路、模拟电路、微波电路、功率电路和光电器件等合理有效地集成在一起，从而实现产品的高性能和多功能化。

3.1.2 焊盘

焊盘（Pad）是用于焊接固定元件引脚并完成引脚与铜箔导线之间的电气连接的重要

部分。选择元件的焊盘类型需要综合考虑元件的形状、大小、安装形式、振动、受热情况和受力方向等多个因素。焊盘分为贴片式焊盘和通孔式焊盘。

贴片式焊盘通常位于电路板的表面,包括顶层(Top Layer)和底层(Bottom Layer)。贴片式焊盘适用于表面贴装元件,其形状可以是圆形、矩形、八角形、圆角矩形、椭圆形等。

通孔式焊盘贯穿整个电路板,主要用于焊接并固定直插式元件。通孔式焊盘的中心孔要比元件引脚直径稍大一些,以确保引脚插入时的容差。焊盘孔径通常比引脚直径大0.2~0.6mm。

Altium Designer 支持多种焊盘形状,包括圆形、矩形、八角形、异形等。

(1)圆形焊盘。在印制电路板中,圆形焊盘是最常用的一种焊盘。对于过孔焊盘来说,圆形焊盘的主要尺寸是孔径尺寸和焊盘尺寸,焊盘尺寸与孔径尺寸存在一个比例关系,如焊盘尺寸一般是孔径尺寸的 2 倍。非过孔型圆形焊盘主要用作测试焊盘、定位焊盘和基准焊盘等,主要的参数是焊盘尺寸。

(2)矩形焊盘。矩形焊盘包括方形焊盘和矩形焊盘两大类。方形焊盘主要用来标识印制电路板上用于安装元件的第 1 个引脚。矩形焊盘主要用作表面贴装元件的引脚焊盘。焊盘尺寸大小与所对应的元件引脚尺寸有关,不同元件的焊盘尺寸不同。

(3)八角形焊盘。八角形焊盘在印制电路板中应用得相对较少,它主要是为了同时满足印制电路板的布线和焊盘的焊接性能等要求而设定的。

(4)异形焊盘。在 PCB 的设计过程中,设计人员还可以根据设计的具体要求,采用一些特殊形状的焊盘。例如,对于一些发热量较大、受力较大和电流较大等的焊盘,可以设计成泪滴状。焊盘尺寸对 SMT 产品的可制造性和寿命有很大的影响。影响焊盘尺寸的因素很多,焊盘尺寸应该考虑元件尺寸的范围和公差、焊点大小的需要、基板的精度、稳定性和工艺能力(如定位和贴片精度等)。元件的外形和尺寸、基板种类和质量、组装设备能力、所采用的工艺种类和能力以及要求的品质水平或标准等因素决定焊盘的尺寸。

设计焊盘尺寸,包括焊盘本身的尺寸、阻焊剂或阻焊层框框的尺寸,以及需要考虑元件占地范围、元件下的布线和点胶(在波峰焊工艺中)用的虚设焊盘或布线等工艺要求,焊盘设计需要综合考虑元件尺寸、布线需求、点胶需求、阻焊剂要求等多个因素,由于目前在焊盘尺寸设计时,还不能找出具体和有效的综合数学公式,用户还必须配合计算和试验来优化设计,而不能单靠采用他人的规范或计算得出的结果。建立自己的设计档案,制定一套适合自己情况的尺寸规范,这样可以确保焊盘设计符合要求,并提高焊接质量和可靠性。

焊盘尺寸要适合元件的尺寸和引脚布局。焊盘的大小应能够容纳元件引脚,并确保焊接质量和可靠性。

焊盘设计需要注意:

- 考虑元件下的布线和点胶需求。在焊盘设计中,需要留出足够的空间来布线和进行点胶操作。这些要求可能会影响到焊盘的形状和尺寸。
- 考虑焊盘与阻焊剂或阻焊层之间的间隙。在焊盘周围留出足够的空间,以确保阻焊剂或阻焊层能够完全覆盖焊盘,从而防止焊接短路和腐蚀等问题。
- 考虑焊盘的形状和边缘处理。焊盘的形状可以根据具体要求选择,但需要确保焊盘边缘光滑,避免锋利的边缘可能导致损伤或焊接问题。

- 元件的封装和热特性虽然有国际规范,但不同的地区、不同的国家、不同的厂商,其规范在某些方面相差很大。因此必须对元件的选择范围进行限制或把设计规范分成等级。需要对 PCB 基板的质量(如尺寸和温度稳定性)、材料、油印的工艺能力和相对的供应商有详细了解,整理和建立自己的基板规范。

- 需要了解产品制造工艺和设备能力,如基板处理的尺寸范围、贴片精度、丝印精度、点胶工艺等。了解这方面的情况对焊盘的设计会有很大的帮助。

- 一些元件生产厂商通常会在生产的元件数据表中给出元件焊盘设计的参考模板,设计时可以参考使用。

3.1.3　过孔

　　过孔(Via)是一种用于连接不同层之间的金属化孔,是内壁镀铜,它可以提供电气连接和固定或定位元件的功能,是多层 PCB 的重要组成部分之一。根据制作工艺的不同,过孔可以分为通孔、盲孔和埋孔三类。通孔是从顶层贯穿到底层的孔,盲孔是从顶层或内层通到底层的孔,而埋孔是内层之间的孔,如图 3-2 所示。

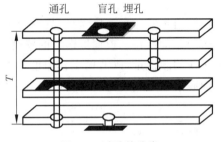

图 3-2　过孔的分类

　　简单来说,PCB 上的每个孔都可以被称为过孔。过孔的制作过程中,钻孔的费用通常占制板费用的 30%～40%。过孔的设计和制作对于多层 PCB 的性能和可靠性具有重要影响。

　　通孔式焊盘用来插入元件引脚并固定元件,仅起连接不同板层的铜箔走线的作用,过孔式焊盘用于插入元件引脚并固定元件,同时起到连接不同板层的铜箔走线的作用。过孔穿过整个电路板,可用于实现内部互连或作为元件的安装定位孔。由于通孔在工艺上更易于实现,成本较低,所以大多数印制电路板都使用通孔。盲孔位于印制电路板的顶层和底层表面,具有一定深度,用于连接表层线路和下面的内层线路。盲孔的深度通常不超过一定的孔径。埋孔位于印制电路板的内层,不延伸到电路板的表面。通常,在层压前使用通孔成型工艺完成,可能会重叠多个内层。通常所说的过孔,如果没有特殊说明,都是指通孔。

　　在复杂电路板中,过孔是很常见的。例如,当顶层的贴片焊盘需要连接到底层的贴片焊盘时,就需要通过过孔连接,其中最上方的顶层贴片焊盘和最下方的通孔式焊盘通过过孔进行连接。如果一条铜箔走线在同一层的另一条铜箔走线阻挡了前进方向,也可以通过过孔连接到另一层继续走线。过孔的大小也会影响电路。过孔越小,其自身的寄生电容也越小,更适合用于高速布线。然而,孔径尺寸缩小会增加成本,并受到钻孔(Drill)和电镀(Plating)等工艺技术的限制。孔径越小,钻孔所需时间越长,容易偏离中心位置。当孔的深度超过钻孔直径的 6 倍时,无法保证孔壁能均匀镀铜。例如,一块 6 层 PCB 通常的厚度(通孔深度)为 50mil 左右,所以 PCB 厂家能提供的钻孔直径最小只能到 8mil。

通常过孔直径比通孔式焊盘要小,这样不仅可以减少过孔的寄生参数,而且可以节省布线空间。过孔存在寄生电容,寄生电容主要是影响信号的上升和下降时间,降低电路的工作速度。单个过孔的寄生电容很小,引起的信号延迟不明显,但是如果线路中使用多个过孔,其累积效应就需要加以考虑了。同时,过孔还存在寄生电感,寄生电感的危害大于寄生电容。例如,在多层板高速电路中,连接内部电源层和接地层的旁路电容需要经过两个过孔,导致寄生电感量的成倍增加。寄生电感会削弱电源滤波电容的作用,对整个电路系统带来影响。PCB设计有时需要使用盲孔或者埋孔,如对BGA封装的芯片进行逃逸式布线时,需要从锡球引脚引出一小段走线至盲孔或者埋孔,通过这些过孔再连接到其他板层的走线。但是在多层板中大量使用盲孔和埋孔,会提高电路板的制造成本,降低电路板的成品率,所以对盲孔和埋孔的使用应该慎重。

3.1.4 走线

铜箔走线用来连接焊盘,具有导电特性,是PCB最重要的部分,也是PCB设计成功与否的关键所在。覆铜板铜箔的厚度一般为 $0.02\sim0.05\mathrm{mm}$。印制走线的最小宽度受限于走线的载流量,PCB的工作温度不能超过 $85℃$,走线长期受热后,铜箔会因粘贴强度变差而脱落。走线的宽度和允许载流量以及电阻之间的大致关系如表3-2所示。

表 3-2　走线的宽度和允许载流量以及电阻之间的大致关系

走线的宽度/mm	0.5	1.0	1.5	2.0
载流量/A	0.8	1.0	1.3	1.9
电阻/(Ω/m)	0.7	0.41	0.31	0.29

除此以外,印制走线的宽度还受到蚀刻工艺的限制,太细的走线在生产上可能无法实现,即使勉强进行蚀刻,生产出来的电路板也容易发生故障,难以稳定工作。因此在进行PCB设计时,除非万不得已,否则线宽不要小于5mil。走线间还需要保持安全间距,以防止信号间的串扰和电压击穿,并保证电路板的可加工性。

3.1.5 板层

在Altium Designer中涉及的板层分为两类。

1. 电气板层

软件可支持32个信号层和16个内部平面层,信号层又可细分为1层顶层信号层＋30层中间信号层＋1层底层信号层。信号层其实就是电路板中的铜箔层,可以用来布线,电信号通过布通的走线进行传输。平面层通常用来连接电源和地网络。在电路设计中,电源和地网络往往包含最多的引脚和最复杂的布线,使用平面层可以简化布线拓扑结构,使得整个线路容易布通。

2. 特殊层

特殊层包括顶层和底层丝印层、顶层和底层阻焊层、顶层和底层助焊层、钻孔层、禁止布线层、多层(Multi-Layer)、DRC 错误层、钻孔位置层(钻孔导引层与钻孔图层)。

(1) 顶层信号层(Top Layer):也称元件面,位于电路板的一个表面,主要用来放置元件。双面板和多层板的顶层信号层也可以用来布线和焊接。

(2) 中间信号层(Mid Layer):最多可有 30 层,位于顶层信号层和底层信号层之间,在多层板中用于布线。

(3) 底层信号层(Bottom Layer):也称焊接面,位于电路板的另一个表面,主要用于布线和焊接。双面板和多层板的底层信号层也可以用来放置元件。顶层信号层作为元件面和底层信号层作为焊接面的说法对于早期采用直插式元件的单面电路板是适用的。但是随着电子技术的不断发展,目前大多使用贴片式元件。在这种情况下,电路板的两面都可以用来放置元件和焊接引脚。

(4) 机械层(Mechanical Layer):最多可有 16 层,机械层用来定义电路板外形、放置尺寸标注线,描述制造加工细节以及其他在加工制造中需要的机械数据。电路板的板形定义就是绘制在某个机械层上。

(5) 丝印层(Silkscreen):包括顶层丝印层(Top Overlay)和底层丝印层(Bottom Overlay),用于标注元件的外形轮廓、标识符、标称值和型号,还可以包含各种注释信息。一般使用白色油墨利用丝网漏印的方法印制在电路板上。

(6) 内部平面层(Internal Plane):也称为内电层,通常采用大面积的铜箔来连接电源和地。内部电源层为负片形式输出。

注意:在 PCB 设计中经常用到"正片"和"负片"这两个术语。正片意味着板层开始是空的,在正片上放置对象相当于做"加(+)"操作。例如,信号层为正片,开始时没有任何铜箔,在信号层上放置走线(Track)就相当于在该走线对应的位置添加铜箔。而负片意味着板层开始是满的,在上面放置对象相当于做"减(-)"操作。例如,内部平面层为负片,开始时铺满铜箔,在该层放置一个实心填充(Fill)相当于把该填充物所在位置的铜箔挖去。

(7) 阻焊层(Solder Mask):包括顶层阻焊层(Top Solder Mask)和底层阻焊层(Bottom Solder Mask),是根据电路板文档中焊盘和过孔数据自动生成的板层,主要用于铺设阻焊漆。早期成品电路板的颜色都是绿色,这就是阻焊漆的颜色。现在阻焊漆的颜色已经多种多样。阻焊漆可以保护铜线不受氧化腐蚀,又不沾焊锡。该板层采用负片输出,所以阻焊层上显示的焊盘和过孔部分代表电路板上不铺阻焊漆的区域,也就是可以进行焊接的部分。

(8) 锡膏层(Paste Mask,又称助焊层):包括顶层锡膏层(Top Paste Mask)和底层锡膏层(Bottom Paste Mask),也是负片形式输出。输出的文件用来制造钢网,简单而言就是在一块钢板上将对应表贴式焊盘的部位开孔。上锡膏时将钢网面压在电路板表面,另面放锡膏,用刮刀将锡膏从钢网一端刮到另一端。在这个过程中,锡膏会从开孔处漏下至对应的焊盘上。锡膏具有一定的黏性,上完锡膏后,将表面贴装元件准确地贴放到涂有锡膏的焊盘上,按照特定的回流温度曲线加热电路板,锡膏熔化,其合金成分冷却凝固后即将元件引脚与焊盘牢固连接。

(9) 禁止布线层(Keep Out Layer):定义允许元件自动布局和布线的区域。

(10) 多层(Multi-Layer):用于放置过孔或通孔焊盘的层,用于表明过孔或者通孔穿越了多个板层。

(11) 钻孔层(Drill Layer)：生成关于钻孔的种类、大小、形状、位置、数量等信息的数据文件,包括钻孔图(Drill Drawing)层和钻孔导引(Drill Guide)层。

板层不仅是 PCB 设计中至关重要的概念,也和电路板的制造加工密切相关。PCB 设计的所有对象都位于一个或多个板层上。但需要注意的是,并不是所有板层都对应真正意义上的物理实体,有些板层只是为了保持术语的一致性而提出的概念层面的东西,并不是真实的物理板层,如丝印层、机械层、禁止布线层等,但把它们看成板层便于管理。

实际上,在 PCB 编辑过程中,可以把板层看作一种分类标准,PCB 设计中的所有对象都分别属于一个或多个板层。由于 PCB 设计涉及的对象种类繁多,用板层进行分类后有利于操作和管理对象。例如,所有电路板上的元件标识和外形轮廓等信息都放置在丝印层上,而电路板外形和尺寸标注线等绘制在机械层上,允许元件布局和布线的区域绘制在禁止布线层上,元件间的电气连线放置在不同的信号层上。板层上的数据可以输出进行各种后续处理。例如,信号板层的数据可以生成光绘文件,用来蚀刻铜箔走线,助焊层的数据用来加工钢网,丝印层的数据生成电路板上的各种文字和图案信息等。

3.2 创建 PCB 封装库

在菜单栏中选择 File→New→Library→PCB Library,新建 PCB 封装库,如图 3-3 所示。

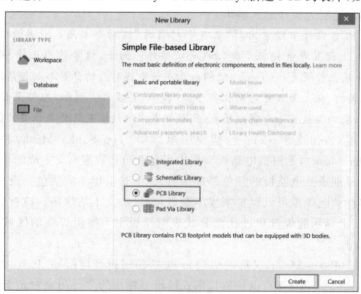

图 3-3 新建 PCB 封装库

同理,也可以向工程中添加新的 PCB 库,如图 3-4 所示。主要区别是前者建立的是自由文件,后者建立的是工程文件。

新建的 PCB 封装的文件默认名称是 PcbLib1.PcbLib,保存该文件时,可以设置文件的名称,如设置为 My.PcbLib。

若当前已有用户自定义的 PCB 库,则可以打开 PCB 库文件,如图 3-5 所示,在文件路径中找到已有的 PCB 库文件,单击打开,将该库文件添加到工程中,如图 3-6 所示。

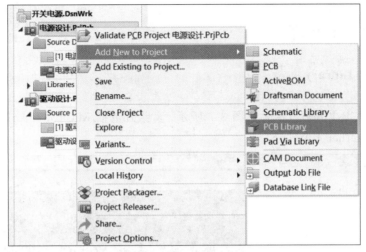

图 3-4 添加新的 PCB 库

图 3-5 添加已有 PCB 库文件

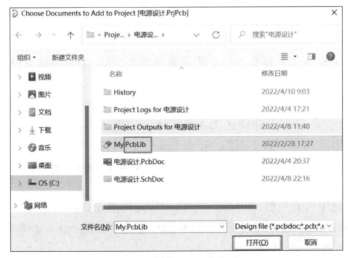

图 3-6 添加 PCB 库文件

3.3 PCB 库编辑器

3.3.1 PCB Library 面板

新建的 PCB Library 界面如图 3-7 所示，该界面包括 Mask、Footprints、Footprint Primitives 和 Other 4 个部分。

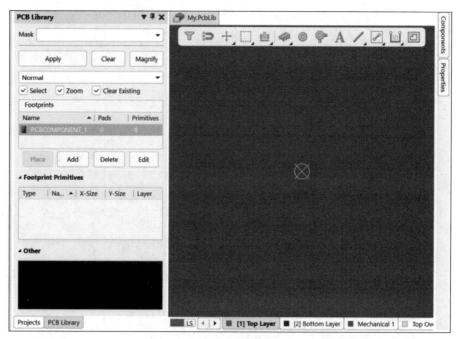

图 3-7 PCB Library 界面

（1）Mask 栏。可以对库文件中的元件封装进行查询，根据屏蔽栏中输入的筛选语句筛选出符合条件的封装，进行内容显示。若该栏位为空，则元件封装列表区域显示当前库中的所有元件封装。例如，筛选语句"P＊"，将筛选出所有以字母 P 开头的所有封装。

- Apply：执行筛选对象操作。
- Clear：清除当前筛选状态，PCB 库编辑窗口中恢复正常显示，快捷键为 Shift＋C。
- Magnify：单击后光标变为一个十字形和放大镜，移动到编辑窗口，"十"字形中心所在的区域会放大显示在面板下部的预览区中。
- 显示模式下拉列表：①Normal：非筛选图元仍然正常显示。②Dim：非筛选图元淡化显示。③Mask：非筛选图元遮蔽显示。其中，Dim 和 Mask 的比例可以通过单击 PCB 库编辑区右下角的 Mask Level 按钮，打开调节面板。
- Select：选中该复选框，则在面板中选中的 Component Primitives（元件图元）在编辑窗口也会处于选中状态。
- Zoom：选中该复选框，则在面板中选中的元件图元会在编辑窗口放大显示状态。
- Clear Existing：选中该复选框，则在面板中选中新图元后，清除编辑窗口中原有图元的筛选。

（2）Footprints 栏。列出所选的元件封装,显示其名称、焊盘数、图元数等信息。双击元件的封装名称,会显示封装的基本信息,如图 3-8 所示。在该显示框可以修改封装名称、描述、高度等信息。

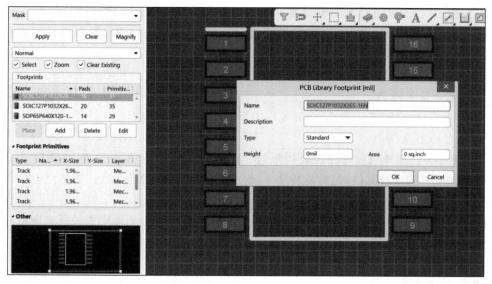

图 3-8 Footprints 信息

单击该栏的各列标题,可以按照该列的内容对元件封装进行升序或者降序排列。在该区域按鼠标右键,弹出的快捷菜单中包含下面一些命令。

- New Blank Component:创建新的空白元件封装,此时元件封装列表区域会添加一个名为 PCBCOMPONENT 1 的封装,并且开启空白的封装编辑区。
- Component Wizard:开启元件封装向导,可以通过封装向导绘制元件封装。
- Cut:剪切选中的一个或多个封装。
- Copy:复制当前选中的一个或多个封装。
- Copy Name:复制当前选中的一个或多个封装的名称。
- Paste:粘贴封装到当前库中,如果当前库中已有同名封装,则粘贴过来的封装名称后面会加上 Duplicate 字样。
- Delete:删除当前选中的一个或多个封装。
- Select All:选中当前库中的所有封装。
- Component Properties:执行该命令后,打开库元件对话框,如图 3-9 所示。

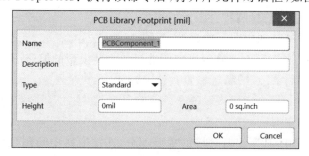

图 3-9 Component Properties 命令打开库文件对话框

可以在 Name 栏中修改元件封装名称,在 Description 栏中输入该封装简介,在 Height 栏中输入元件高度信息。

- Place:执行该命令后,最近一次打开的 PCB 文档会成为当前文档,同时打开 Place Component 对话框设置 Footprint(封装)、Designator(标识符)和 Comment (注释)等信息,单击 OK 按钮关闭该对话框后,移动光标到编辑窗口合适位置后按鼠标左键,即可完成封装的放置。

- Update PCB With xx(当前元件封装的名称):将当前封装更新到所有打开且放置该封装的 PCB 文档中。

- Update PCB With All:将封装库中全部的封装更新到所有打开且放置这些封装的 PCB 文档中。

- Report:生成当前元件封装的报告。执行该命令后,生成一个 PCB 库文件名称 .CMP 的报告文档,包括封装尺寸、组成图元、所在板层等信息。该文件会和 PCB 库文件放在相同的目录下。

- Delete All Grids and Guides in Library:单击该命令会删除库中的所有网格和辅助线。

此外,还显示了 4 个快捷按钮,即 Place、Add、Delete、Edit,通过它们可快速放置、增加、删除、编辑封装。

(3) Footprint Primitives 栏。该区域列出了当前封装包含的所有图元,每个图元的信息包括类型(如 Pad、Track、Arc 等)、名称、X 和 Y 坐标以及元件所在板层。

在该区域按鼠标右键,弹出的快捷菜单中包含的命令主要有以下几个。

- Show Pads:显示焊盘。
- Show Vias:显示过孔。
- Show Tracks:显示走线。
- Show Arcs:显示圆弧。
- Show Regions:显示实心区域。
- Show Component Bodies:显示元件体。
- Show Fills:显示矩形填充。
- Show Strings:显示字符串。

以上这些菜单命令前面如果有一个"√"标识,则表示显示对应的图元,否则不显示。单击命令可以切换显示状态。

- Select All:选中所有图元。
- Report:生成当前封装所含图元的报告。
- Properties:打开选中图元的属性对话框。

(4) Other 栏。该栏形象地显示当前所选择的封装模型的缩略图。

3.3.2 工作区

PCB 库编辑区是 PCB 库编辑环境的主要部分,在该窗口中绘制封装外形、放置焊盘。该窗口中心用"✥"符号表示的原点,通过快捷键 Ctrl+End 可以快速将光标定位到原点。

1. Edit 菜单

PCB库 Edit 菜单主要包括撤销、恢复、剪切、复制、复制文本、粘贴、特殊粘贴、复制元件、粘贴元件等基础命令和选择、取消选择、移动、对齐、设置圆点、跳转、查找相似信息等基础操作,如图 3-10 所示。

PCB库编辑器的 Edit 菜单与原理图库编辑器的 Edit 菜单类似,主要的区别在于以下三点:

(1) Slice Tracks(截断布线)。截断布线命令可将工作区中连接的 Tracks 从相交的地方断开,如图 3-11 所示。

图 3-10　Edit(编辑)菜单

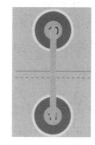

图 3-11　截断布线

在菜单栏中选择 Edit→Slice Tracks 命令,选择截断线的一点,再选择截断线的另一点,两点确定的截断线与 Track 相交的部分会断开。

(2) Move(移动)。Move 于菜单有多种子命令,主要有以下几个。

* Move:只是普通移动图元。
* Drag:移动时保持与其他图元的电气连接。
* Break Track:类似从导线中间打断导线。
* Drag Track End:移动导线的末端。
* Move Selection:整体移动选择对象。
* Move Selection By XY:根据坐标进行选择对象的移动。
* Rotate Selection:调整对象的角度。
* Flip Selection:切换对象的层。

(3) Set Reference(设置参考点)。可以通过 3 种方式设置参考点。

* Pin1:将原点自动设置在 Pin1 的中心设置,通常元件实物中 1 号位置会用一个小圆点标识。
* Center:会将原点自动设置在整个封装的中心。
* Location:可以自由选择原点位置,在工作区中鼠标指针选择的点会成为新的原点。

2．View 菜单

与原理图库编辑器的视图相似,包括多种选项,如图 3-12 所示。除了图纸显示外,主要增加了:

(1) Flip Board(翻转 PCB),快捷键 Ctrl+F,将图纸翻转显示,改变 X 轴左右的显示,原点左边的坐标值为正,右边的坐标值为负,并且越往左,坐标值越大。

(2) 2D Layout Mode 为 2D 模式视图下显示当前封装,也可以通过按 2 键实现该功能。

(3) 3D Layout Mode 为 3D 模式视图下显示当前封装,也可以通过按 3 键实现该功能。

(4) Board Insight 主要用于设置抬头显示。①Toggle Heads Up Display 切换抬头显示,打开该命令后,工作区左上方会显示当前鼠标的坐标值和栅格数值,再次单击即可关闭显示,快捷键为 Shift+H。②Toggle Heads Up Tracking 切换抬头轨迹,打开该命令后,工作区中坐标窗与鼠标保持固定距离,关闭后坐标窗固定在某一位置,只有打开抬头显示才有效,快捷键为 Shift+G。③Resets Heads Up Delta Origin 重置抬头显示的增量原点按下插入键时,启用此选项可将当前光标位置的增量原点重设为(0,0)。可以从抬头显示中显示光标从增量原点移动的水平和垂直距离,也可通过 Ins 键实现该功能。④Toggle Heads Up Delta Origin 切换抬头增量原点,显示光标从增量原点移动的水平和垂直距离,快捷键为 Shift+D。

3．Tools 菜单

Tools 菜单中主要包括封装的创建元件、封装向导和 3D 模型等,如图 3-13 所示。

图 3-12　View(视图)菜单

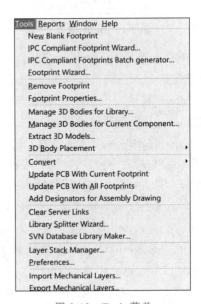

图 3-13　Tools 菜单

(1) New Blank Footprint：新建空的元件,单击该选项,会在当前库中新建一个名称为 PCBComponent_1 的元件(在 PCB Library 面板中查看)。

(2) IPC Compliant Footprint Wizard：通过 IPC 封装向导创建封装。

（3）IPC Compliant Footprints Batch generator：使用文本的方式实现封装的设定。

（4）Footprint Wizard：通过封装向导创建封装。

（5）Remove Footprint：删除当前封装。

（6）Footprint Properties：元件属性，可以设置封装的名称、封装简介、封装高度等信息。

（7）Manage 3D Bodies for Library：管理当前 PCB 库中的 3D 体，主要用于元件的机械轮廓数据，并定义元件的形状。

（8）Manage 3D Bodies for Current Component：管理当前元件的 3D 体。

（9）Extract 3D Models：从当前 PCB 库中提前 3D 模型。

（10）3D Body Placement：放置 3D 体。

（11）Convert：转换。

（12）Update PCB With Current Footprint：更新当前 PCB 封装到 PCB 库中。

（13）Update PCB With All Footprints：更新所有的 PCB 封装到 PCB 库中。

（14）Add Designators for Assembly Drawing：给装配图中添加标号。

（15）Clear Server Links：清除服务器链接。

（16）Library Splitter Wizard：库分离向导。

（17）SVN Database Library Maker：SVN 数据库的库生成器。

（18）Layer Stack Manager：层叠管理器。

（19）Preferences：优先选项。

（20）Import Mechanical Layers：导入机械层。

（21）Export Mechanical Layers：导出机械层。

4. Place 菜单

Place 菜单用于在库文件中放置 PCB 封装的焊盘、过孔，也提供图形、注释、指示符号、3D 模型等非电气对象。

1）Pad

焊盘有多种方式绘制，可以通过选择 Place→Pad 命令放置焊盘，也可以通过快捷工具栏中的第 7 个图标（Place Pad）放置焊盘，还可以连续两次按 P 键放置焊盘。

放置焊盘过程中，按 Tab 键可设置焊盘的参数，放置完焊盘，也可以双击焊盘修改参数。焊盘参数如图 3-14 所示。

（1）Properties 栏常用于设置焊盘的形状、大小和位置等基本属性。

- Designator 编辑框用于确定焊盘的序号。系统默认放置的第一个焊盘的序号为 0，其余焊盘的序号逐个增加。
- Layer 下拉菜单用于确定焊盘所处层的位置。如果元件为插接式封装，那么焊盘所处层的位置为 Multi-Layer（多层），如果元件为贴片式封装，那么焊盘所处层的位置便为 Top Layer。
- Electrical Type 下拉菜单用于设置焊盘的电气类型，可选择 3 种电气类型，即 Load、Source 和 Terminator，电气类型影响焊盘在布线拓扑中所处的位置，通常选用 Load 类型即可，后两种在菊花链拓扑中用到。

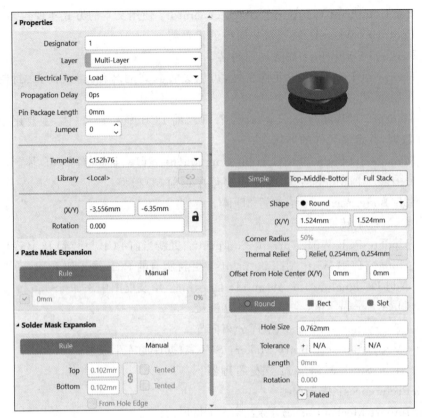

图 3-14 焊盘参数

- Propagation Delay 项用于设置传输延迟时间,它是焊盘的一种电气属性,通常为 0ps。
- Pin Package Length 项用于设置焊盘引脚的封装长度。
- Jumper 项用于设置焊盘的跳线 ID,具有相同 ID 且同属一个封装的两个焊盘被认为是用跳线进行连接的。
- Template 项用于选择焊盘模板类型,主要有 ch 系列、rh 系列、rr 系列,其中 c 表示圆形焊盘,h 表示通过孔径大小,r 表示矩形焊盘。例如,c152h76 表示焊盘直径为 1.52mm、通孔为 0.76mm 的圆形焊盘,r203_76 表示长为 2.03mm、宽为 0.76mm 的矩形焊盘,r203_76r50 表示长为 2.03mm、宽为 0.76mm、圆角为 0.50mm 的圆角矩形焊盘。
- (X/Y)项用于设置焊盘在工作区中的位置。
- Rotation 项用于设置旋转的角度。

此外,还有个"锁"的符号,用于锁定或者关闭锁定焊盘,锁定后,再移动焊盘会提示焊盘已锁定,是否需继续移动,单击 Yes 按钮后还可以单次移动。

(2) Paste Mask Expansion(助焊层扩展)栏中的 Rule 项可根据 Paste Mask Expansion 设计规则确定助焊层扩展值,Manual 项可直接在右边栏中指定助焊层扩展值,设计规则失效。

(3) Solder Mask Expansion(阻焊层扩展)栏中的 Rule 项会根据 Solder Mask Expansion 设计规则确定阻焊层扩展值,Manual 项可直接在右边栏中指定阻焊层扩展值,在顶层直接用阻焊层覆盖该焊盘,不再使用 Solder Mask Expansion 设计规则或者指定的扩展值。

（4）Pad Stack 栏主要用于设置和显示焊盘的形状,单击 Hide Preview 会隐藏该焊盘的形状示意图。

可以通过 3 种模式设置焊盘尺寸和形状：Simple、Top-Middle-Bottom 和 Full Stack。

- Simple 模式下,在 Shape 行选择焊盘形状：Round（圆形）、Rectangular（矩形）、Octagonal（八角形）和 Rounded Rectangle（圆角矩形）；在 X 和 Y 行输入焊盘在 X 轴和 Y 轴方向的尺寸；在 Corner Radius 行可以设置圆角半径的百分比（只有圆角矩形才有效）；在 Offset From Hole Center(X/Y)行中设置焊盘钻孔的偏移量,通常钻孔在焊盘中心位置,X 和 Y 方向的偏移量为 0。
- Top-Middle-Bottom 模式可以分别设计焊盘在顶层、中间层、底层的尺寸和形状。
- Full Stack 模式可以分别设置焊盘在每层的尺寸和形状。

注意：贴片焊盘只有 Simple 选项。

Hole Information 区域只对通孔式焊盘激活。有 3 种焊盘钻孔形式：

- Round 为圆形钻孔,此时还需要设置 Hole Size(孔径)。
- Rect 为正方形钻孔,此时还需要设置 Hole Size(孔径)和 Rotation(旋转角度)。
- Slot 为槽形钻孔,此时还需要设置 Hole Size（孔径）、Length（开槽的长度）和 Rotation(体转角度)。

Plated 复选框为镀金选项,一般用在多层板中,双层板通常不考虑该选项。

（5）Test point Settings(测试点)栏用来设置 Fabrication(制造)和 Assemble(安装)过程所需的测试点。

- Top：允许该焊盘作为顶层测试点候选对象。
- Bottom：允许该焊盘作为底层测试点候选对象。

2）Via

过孔在 PCB 设计中使用频率较高,在封装中用得较少,可以通过在菜单栏中选择 Place→Via 放置过孔,也可以通过快捷工具栏中的第 8 个图标（Place Via）放置过孔,还可以通过按 P、V 键放置过孔,参数设置也与焊盘类似。

3）Full

矩形填充可以通过对角的两点确定矩形的尺寸,按鼠标左键确定矩形一个顶点,移动光标到合适位置再次单击,确定矩形另一个顶点,完成矩形填充的放置。可以放置在任何板层,但放置在不同板层的颜色和意义不同,其颜色为所在层的颜色,其意义由所在层决定。例如,放置在顶层信号层,颜色为红色,代表铜箔；放置在禁止布线层,颜色为桃红色,代表组成禁止布线区域的矩形；放置在顶层阻焊层(该层为负片),颜色为暗紫色,表示该矩形所在位置不铺绝缘漆；放置在顶层锡膏层(该层为负片),颜色为深灰色,表示该矩形所在位置的钢网被镂空；放置在接地平面层(该层为负片),颜色为绿色,表示该矩形所在位置的铜箔被移除。

4）Solid Region

实心区域是多边形,可以放置在任何一个板层。在菜单栏中选择 Place→Solid Region,或者按 P、I 键都可以激活放置命令,按鼠标左键确定多边形一个顶点,移动光标到合适位置再次单击,确定多边形的另一个顶点,按照同样的方法依次确定多边形的各个顶点,最后按鼠标右键,系统会自动将第1个顶点和最后一个顶点连接起来形成实心区域。

选中实心区域,出现若干拐点。当光标移动到实心区域内部变为"十"字箭头时,可以单击并拖动实心区域;当光标移动到拐点之间的边线上变为箭头时,单击并拖动可以平移该边线;当光标移到控点上方变为双向箭头时,单击并拖动可以移动该控点。

在移动实心区域的过程中,按下空格键可以旋转实心区域,按下 X 和 Y 键可使实心区域进行上下或者左右旋转。

3.3.3 属性设置

PCB 封装库中的 Properties 参数与原理图库中的 Properties 参数有很多不同之处,主要有 Selection Filter、Snap Options、Grid Manager 和 Guide Manager 4 个部分,如图 3-15 所示。

图 3-15　Properties 界面

- Search:搜索框,可以快速搜索相关的设置信息。例如,搜索 mm,快速定位到 mm(毫米)的相关设置。
- Selection Filter:表示选择对象时所选中对象的信息。例如,单击 All objects 表示选择某个对象时选择该对象的所有信息。可以选择的信息有 3D 模型、禁止布线区、电气连线、弧形线、焊盘、过孔、区域、填充、文字等。

- Snap Options：捕捉选项,激活后鼠标可以捕捉到 Grids(栅格)、Guides(向导)和 Axes(坐标)等位置。
- Snapping：捕捉点,设置捕捉对象所在的层,包括 All Layers(所有层)、Current Layer(当前层)和 Off(关)。
- Objects for snapping：设置捕捉元件的对象,只有选中的对象鼠标才可以捕捉到。主要包括 Track/Arcs Vertices(线和圆弧顶点、矩形顶点和中点、圆弧顶点)、Track/Arcs Lines(线和圆弧线、矩形圆弧组成的所有点)、Arc Centers(圆弧中心)、Intersections(丝印和走线的交点)、Pad Centers(焊盘中心,包括直插元件)、Pad Vertices(焊盘的多个方向的顶点)、Pad Edges(焊盘边缘的所有点)、Via Centers(过孔中心,不包含直插元件焊盘)、Regions/Polygons/Fills(区域、多边形、填充)、Footprint Origins(封装起点)、3D Body Snap Points(3D 捕捉点)、Texts(文本)。
- Snap Distance：设置捕捉的距离。
- Axis Snap Range：坐标捕捉距离。
- Grid Manager：栅格管理器,双击图 3-15 选框中的 Priority,快捷键为 Ctrl＋G,可以打开网格编辑器,如图 3-16 所示。

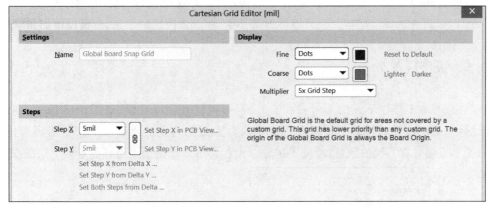

图 3-16　网格编辑器

- Step：步进值是设置鼠标移动的最小距离,可以改变 X 方向与 Y 方向的值,同时也修改了 Snap Grid 的值,该值越小,精度越高。
- Display：显示栅格,Fine 是精细栅格,栅格大小为 Snap Grid 的大小,也可以按快捷键 Shift＋Ctrl＋G 进行设置;Coarse 是粗糙栅格,通过设置 Multiplier 的倍数来设置,默认 5x(粗栅格是细栅格的 5 倍)。

此外,还可以设置栅格的样式和颜色。样式有 3 类：Dots(点)、Line(线)、Do not Draw(不画栅格)。

注意：

- Snap Grid：捕捉栅格,鼠标捕捉的最小距离,通过快捷键 Shift＋Ctrl＋G 来设置。
- Electrical Grid：电气栅格,电气栅格应小于捕捉栅格的大小。
- Visible Grid：可视栅格,可以通过设置粗细栅格很容易得到所画线的长度等。
- Guide Manager：向导管理,设置 PCB 图纸的坐标、长宽和颜色等信息。

- Units：单位,PCB中显示单位有 mil 和 mm 两种,用户可根据自己的需要选择合适的单位。可通过 Q 键在两者之间进行切换。

3.3.4　层堆栈管理器

在菜单栏中选择 Tools→Layer Stack Manager 命令可以打开层堆栈管理器,如图 3-17 所示。

#	Name	Material	Type	Weight	Thickness	Dk	Df
	Top Overlay		Overlay				
	Top Solder	Solder Resist	Solder Mask		0.4mil	3.5	
1	Top Layer		Signal	1oz	1.4mil		
	Dielectric 1	FR-4	Dielectric		12.6mil	4.8	
2	Bottom Layer		Signal	1oz	1.4mil		
	Bottom Solder	Solder Resist	Solder Mask		0.4mil	3.5	
	Bottom Overlay		Overlay				

图 3-17　层堆栈管理器

该对话框中显示了当前 PCB 的图层结构,默认为双层板,在菜单栏中选择 Tools→Presets 可以快速选择多层板。也可以单击某一层,手动修改层的信息,也可以增加删除层。

3.3.5　板层设置

单击 PCB 工作区下方的 LS,或者按 L 键,可以打开板层设置,如图 3-18 所示。在该对话框中,包括电路板层颜色设置和系统默认设置颜色的显示两部分。PCB 编辑器内显示的各个板层具有不同的颜色,以便于区分。设计者可以根据个人喜好设置各个层的颜色。

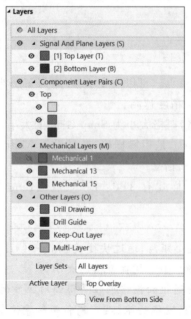
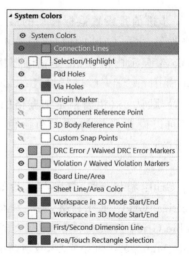

图 3-18　板层设置

在图 3-18 所示对话框的电路板层中，单击左侧的"眼睛"符号可以关闭显示该层。对于电路复杂的 PCB，各个层的图元叠加在一起，不方便阅读，通常隐藏其中的某些层（注意：只是不显示该层，并不是删除层）。可以统一对所有层、元件层、机械层和其他层进行设置，也可以单独对某一层进行设置。此外，单击某一层，还可以增加、编辑和删除该层的信息。如图 3-19 所示为增加机械层。

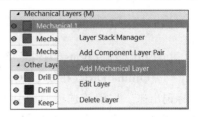

图 3-19　增加机械层

在系统默认设置栏中，可设置焊盘、过孔、线条和背景等显示的颜色。

3.3.6　优先选项设置

在菜单栏中选择 Tools→Preferences 命令，打开优先选项设置，也可在工作区按鼠标右键，从弹出的快捷菜单中选择 Preferences 命令，弹出的对话框如图 3-20 所示。在优先选项设置对话框中可以对一些与 PCB 编辑窗口相关的系统参数进行设置，设置后的系统参数将用于这个工程的设计环境，并不随 PCB 文件的改变而改变。

图 3-20　优先选项设置对话框

在优先选项设置对话框中,通常需要进行参数设置的有 General(常规)、Display(显示)、Layer Colors(板层颜色)、Defaults 和 Interactive Routing(交互式布线)五个设置对话框。

1. General(常规)设置

1) Editing Options(编辑选项)

(1) Online DRC(在线 DRC)。选中该选项时,所有违反 PCB 设计规则的地方都将被标记出来。取消该选项的选中状态时,用户只能通过选择 Tools→Design Rules Check 命令在设计规则检查属性对话框中进行查看。

(2) Snap To Center(捕捉中心)。选中该选项时,鼠标捕获点将自动移到对象的中心。对焊盘或过孔来说,鼠标捕获点将移向焊盘或过孔的中心。对元件来说,鼠标捕获点将移向元件的第 1 个引脚。对导线来说,鼠标捕获点将移向导线的一个顶点。

(3) Smart Component Snap(智能元件捕捉)。选中该选项,当选中元件时,指针将自动移到离单击处最近的焊盘上。取消对该选项的选中状态,当选中元件时,指针将自动移到元件的第 1 个引脚的焊盘处。

(4) Snap To Room Hot Spots(Room 热点捕捉)。选中该选项,光标自动跳到电气热点。

(5) Remove Duplicates(移除复制品)。选中该选项,当数据进行输出时将同时产生通道,这个通道将检测通过的数据并将重复的图元数据删除。

(6) Confirm Global Edit(确认全局编译)。选中该选项,用户在进行全局编辑的时候系统将弹出一个对话框,提示当前的操作将影响到对象的数量。建议保持对该选项框的选中状态。

(7) Protect Locked Objects(保护锁定的对象)。选中该选项后,当对锁定的对象进行操作时,系统将弹出一个对话框,询问是否继续此操作。

(8) Confirm Selection Memory Clear(确定被选存储清除)。选中该选项,当用户删除某一个记忆时,系统将弹出一个警告的对话框。在默认状态下,取消对该选项的选中状态。选中该选项清空选择寄存器需要确认。

(9) Click Clears Selection(单击清除选项)。选中该选项,按鼠标左键可以取消选择。通常情况下该选项保持选中状态。用户选中一个对象,然后去选择另一个对象时,上次选中的对象将恢复未被选中的状态。取消对该复选框的选中状态时,系统将不清除上一次的选中记录。

(10) Shift Click To Select(移动单击到所选)。选中该选项时,用户需要在按 Shift 键的同时单击所要选择的对象,才能选中该对象。通常取消对该选项的选中状态。

(11) Smart Track Ends(智能布线结束)。选中该选项时,智能布线末端将重新计算网络,使其来自布线末端,而不是最短距离。

(12) Display popup selection dialog(显示弹出选择对话框)。选中该选项时,当单击同一个位置有多个对象时将弹出选择对话框,否则需要双击,高密度设计时会影响软件效率。

(13) Double Click Runs Interactive Properties(双击运行检查)。选中该选项时,在一个对象上双击,将打开该对象的 PCB Inspector(封装检查)对话框,而不是打开该对象的属性编辑对话框。

2）Other（其他）

（1）Rotation Step（旋转步骤）。设置对象选中的步进，最小角度为 0.001 度，默认
90 度，默认逆时针旋转，按住 Shift 键时顺时针旋转。在进行元件的放置时，按空格键可
改变元件的放置角度，通常保持默认的 90 度设置。

（2）Cursor Type（光标的显示类型）。可设置工作窗口鼠标的类型，有 3 种选择，即
Large 90（大型十字光标）、Small 90（小型十字光标）和 Small 45（旋转了 45 度的小型十字
光标）。

（3）Comp Drag（比较拖曳）。该项决定了在进行元件的拖动时，是否同时拖动与元
件相连的布线。选中 Connected Tracks（连线拖曳）选项，则在拖动元件的同时拖动与之
间相连的布线。选中 none（无）选项，则只拖动元件。

（4）3D Scene Rotation（3D 视图旋转）。该项可以设置在 3D 视图下单次旋转的角度。

（5）3D Scene Panning（3D 视图平移）。该项可以设置在 3D 视图下单次平移对象的
平移量。

（6）Layers Sorting（层排序）。通过下拉菜单选择 PCB 各层的排序方式，可以选择
按名称或者按编号。

3）Metric Display Precision（单位显示精度）

当 Digits 项设置单位为 mm 时，小数点默认 3 位数。若要编辑此值，需关闭所有
PCB 文档和 PCB 库文档，并且重启软件才有效。

4）Autopan Options（自动扫描选项）

（1）Style（风格）。在此项中可以选择视图自动缩放的风格。

- Re-Center：每一次移动后将光标移动到窗口中心。
- Fixed Size Jump：按固定尺寸跳动。
- Shift Accelerate：按照设置的步进平移，按住 Shift 键后，平移过程中速度将按照
  Shift Step value 进行加速，直到速度达到最大的平移速度。
- Shift Decelerate：按照设置的步进平移，按住 Shift 键后，平移过程中速度将按照
  Shift Step value 进行减速，直到速度达到最小的平移速度。
- Ballistic：根据光标移动速度调节平移速度，按住 Shift 键后，将按照 Shift Step
  value 进行平移。
- Adaptive：恒定速度平移，该项为系统默认选项。

（2）Speed（速度）。当在风格项中选择了 Adaptive 时，将可以设置速度设置文本框。
从中可以进行缩、放步长的设置，有两种单位，即 Pixels/Sec（像素/秒）和 Mils/Sec。

5）Space Navigator Options（空间导航选项）

选中 Disable Roll 选项时，将禁止空间导航。

6）Polygon Rebuild（重新覆铜）

- Repour Polygons After Modification：选中该选项，自动重铺修改过的铜。
- Repour all dependent polygons after editing：选中该选项，自动重铺编辑过的铜。

7）File Format Change Report（文件格式变更报告）

- Disable opening the report from older versions：选中该选项，打开之前版本创建

的文件将不会创建报告。

- Disable opening the report from newer versions：选中该选项，打开更新版本创建的文件将不会创建报告。

8）Paste from other applications（从其他应用粘贴文件）

Preferred format（选择粘贴文件格式）可以设置 Metafile 和 Text 两种类型。

- Metafile：优先处理图元文件，如果没有图元文件，则将处理文本数据。
- Text：处理文本数据，忽略图元文件，如果没有文本数据，则将处理图元文件。

9）Collaboration（协作）

- Shared file：选中该选项并且选择文件存放路径用于服务器协作。
- Altium Vault：选中该选项，允许通过服务器协作。

10）Move Rooms Options（Room 移动选项）

Ask when moving rooms containing No Net/Locked Objects：选中该选项，当移动不含网络或锁定对象的 Room 时将会弹出确认对话框。

2. Display（显示）设置

显示参数设置对话框如图 3-21 所示。

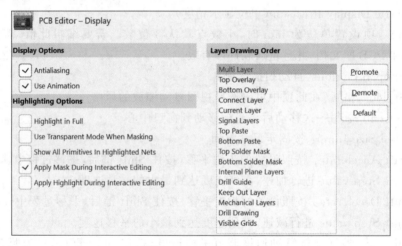

图 3-21　Display 设置

1）Display Options（显示选项）

- Antialiasing：使能 3D 抗锯齿。
- Use Animation：在缩放、翻转 PCB 或开关层的时候启用动画效果。

2）Highlighting Options（高亮选项）

- Highlight in Full（完全高亮）：选中的对象以当前选择颜色高亮显示，不选中时所选对象仅以当前所选颜色显示轮廓。
- Use Transparent Mode When Masking：当对象被屏蔽时使用透明模式显示。
- Show All Primitives In Highlighted Nets：选中该选项，在单层模式下，系统将显示所有层中的对象（包括隐藏层中的对象），而且当前层被高亮显示出来。取消选中状态后，在单层模式下，系统只显示当前层中的对象，多层模式下所有层的对象都会以高亮的网格颜色显示出来。

- Apply Mask During Interactive Editing：在交互布线时会将未选择的对象调暗，方便选中的网络布线。
- Apply Highlight During Interactive Editing（交互编辑时应用高亮）：选中该选项，在交互式编辑模式仍可以高亮对象，在 View Configuration panel（视图设置）对话框设置中的系统高亮显示颜色。

3）Layer Drawing Order（图层绘制指令）

可以设置图层重新绘制的顺序，最上面的层是出现在所有图层顶部。

- Promote：单击一次选中的层将上移一个位置。
- Demote：单击一次选中的层将下移一个位置。
- Default：恢复默认排序。

3. Board Insight Display（板级细节显示）

板级细节显示菜单设置参数如图 3-22 所示。

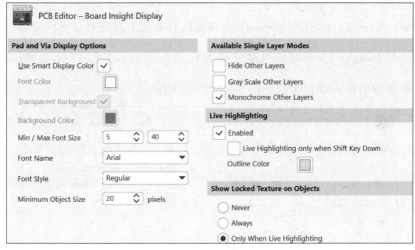

图 3-22　Board Insight Display 设置

1）Pad and Via Display Options（焊盘与过孔显示选项）

- Use Smart Display Color：选中此项，软件自动控制显示焊盘与过孔详情的字体特征，否则可以手动设置。
- Font Color：设置显示焊盘与过孔详情的字体颜色。
- Transparent Background：设置透明背景。选中此项，设置显示焊盘与过孔详情为透明背景。
- Background Color：设置背景颜色。
- Min/Max Font Size：设置字体大小的限制值。
- Font Name：显示当前设置用于显示焊盘与过孔详情的字体，通过下拉菜单可以修改字体。
- Font Style：设置显示字体的风格，包括 Bold（加粗）、Bold Italic（斜体加粗）、Italic（斜体）、Regular（常规）。

- Minimum Object Size：设置显示焊盘与过孔详情对象的最小尺寸，以像素为单位。

2）Available Single Layer Modes(可选的单层模式)

- Hide Other Layers：显示选中的层，隐藏其他层。
- Gray Scale Other Layers：高亮选中的层，其他层变灰。
- Monochrome Other Layers：高亮选中的层，其他层对象显示灰色阴影。

3）Live Highlighting(实时高亮)

- Enabled：选中此项，当光标移动到网络上，相应的网络高亮。
- Live Highlighting only when Shift Key Down：选中此项，按住 Shift 键，网络才会高亮。
- Outline Color：设置轮廓颜色。

4）Show Locked Texture on Objects(显示锁定标识)

该栏用于设置何时显示锁定对象的标识，锁定标识是一个钥匙图案。

- Never：从不显示锁定标识。
- Always：始终显示锁定标识。
- Only When Live Highlighting：当锁定的对象处于高亮时显示锁定标识。

4. Board Insight Modes(板级细节模式)

PCB 板级细节模式设置参数如图 3-23 所示。

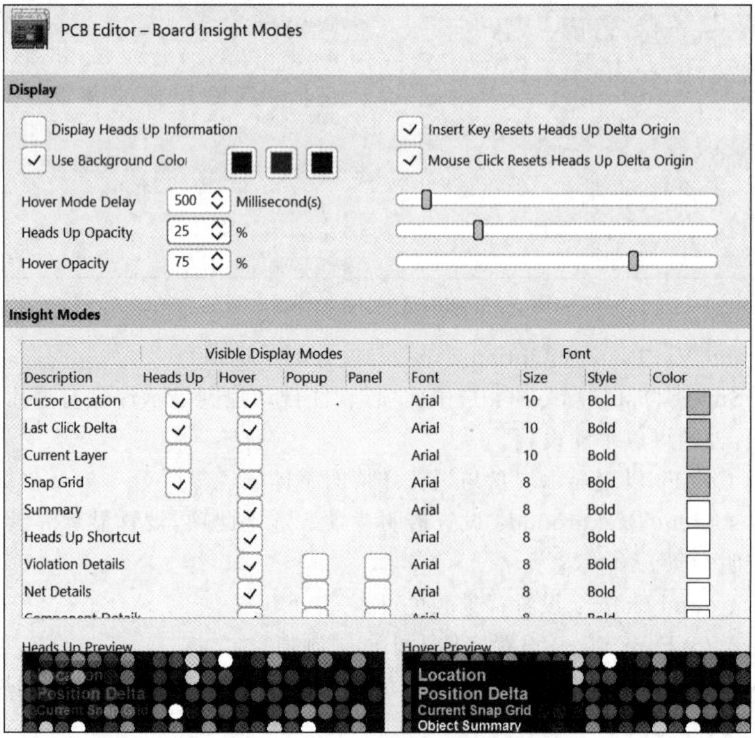

图 3-23　Board Insight Modes 设置

1) Display(显示)

- Display Heads Up Information：选中此项显示抬头信息，为工作区的左上角，一般信息包括格点坐标、尺寸、层和动作等。

- Use Background Color：选中此项抬头信息在透明背景上显示。

- Insert Key Resets Heads Up Delta Origin：选中此项，按 Ins 键将光标位置与原点位置的偏移量清零。偏移量数据显示可通过快捷键 Shift+D 打开或者关闭。

- Mouse Click Resets Heads Up Delta Origin：选中此项，按鼠标左键将光标位置与原点的偏移量清零。

- Hover Mode Delay：设置悬停显示延时。

- Heads Up Opacity：设置抬头显示透明度。

- Hover Opacity：设置悬停显示透明度。

2) Insight Modes(细节模式)

Grid 网格列出了可以在抬头信息和悬停信息内显示的内容，用户可以自由选择，面板栏的信息选中后将会显示在属性面板里，弹出栏的信息会在弹出的对话框中显示。按 Shift+X 键会弹出光标处的对象信息，按 Shift+V 键会弹出光标处冲突信息。

5. Board Insight Color Overrides(板级细节显示颜色)

选择板级细节显示的基本图案，可用图案为 None(Layer Color)，即［无(图层颜色)］；Solid(Override Color)，即［纯色(替代颜色)］；Star(星形)；Checker Board(棋盘格，默认设置)；Circle(圆形)；Stripe(条纹)。

还可以通过 Zoom Out Behavior(缩放行为)对上述图案进行设置。

- Base Pattern Scales：缩放基本图案。

- Layer Color Dominates：缩放时板层颜色占主导，直到颜色变化不明显为止。

- Override Color Dominates：缩放时替代颜色占主导，直到颜色变化不明显为止。

6. DRC Violations Display(规则冲突显示)

设置出现 DRC 错误或告警显示的样式，覆盖的颜色则可在 View Configuration 面板设置。可以选用的样式有 None(Layer Color)，即不设置覆盖样式，仅显示图层颜色；Solid(Override Color)(纯色)；Style A(感叹号图案)；Style B(X 图案)。

7. Interactive Routing(交互式布线)

交互式布线在 PCB 设计中使用较多，设置参数如图 3-24 所示。

1) Routing Conflict Resolution(布线避障设置)
布线过程中使用 Shift+R 键可以轮流切换避障模式。

- Ignore Obstacles：选中此项，允许布线直接通过障碍，忽略障碍的存在。

- Push Obstacles：选中此项，布线时可以推挤障碍，如果无法推挤，将显示布线路径受阻。

- Walkaround Obstacles：选中此项，布线时将绕过路径上的障碍。

- Stop At First Obstacle：选中此项，布线将在第一个障碍处停止。

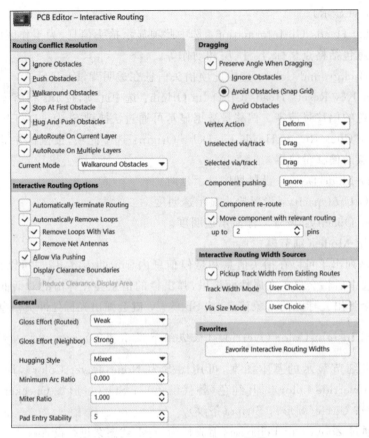

图 3-24　Interactive Routing 设置

- Hug And Push Obstacles：选中此项，布线时优先绕行障碍，无法绕过则推挤障碍走线，如果无法推挤，则显示布线路径受阻。
- AutoRoute On Current Layer：选中此项，允许在当前层进行自动布线。
- AutoRoute On Multiple Layers：选中此项，允许在所有线路层上进行自动布线。
- Current Mode：显示当前选择的避障模式。

2）Interactive Routing Options(交互式布线选项)

- Automatically Terminate Routing：选中此项，当你完成一个路径的连接将自动退出布线模式，否则继续保持。
- Automatically Remove Loops：选中此项，当你对一个路径进行重新布线或优化布线时，会自动删除冗余的布线。
- Remove Loops With Vias：选中此项，删除冗余路径时，路径上的过孔也会删除。
- Remove Net Antennas：选中此项，将删除未形成完整路径（即只有一端连接有焊盘）的线或圆弧，防止形成天线。
- Allow Via Pushing：选中此项，允许布线避障模式设置为 Push Obstacles 和 Hug And Push Obstacles 时推挤过孔。
- Display Clearance Boundaries：选中此项，进行布线时将会显示设置间距边界，可以很清楚地看到允许走线的空间，布线过程中可通过 Ctrl＋W 键开启或关闭该功能。

- Reduce Clearance Display Area：选中此项，缩小间距界限显示范围，实际效果是淡化间距边界的清晰度。

3）General（常规设置）

主要用于设置平滑走线，减少走线产生的小圆点、小线段等。

- Gloss Effort(Routed)：从下拉菜单中选择平滑走线效果，有 3 种方式可以选择，布线过程中可使用 Ctrl＋Shift＋G 键切换设置。其中，Off 表示走线过程中不启用该平滑走线，但是在布线结束或拖曳的时候依然会进行清理，适用于已经布板结束的时候微调；Weak 表示弱平滑模式，适用于处理关键走线或微调布局的时候；Strong 表示强平滑模式，适用于开始布线的时候。

- Gloss Effort(Neighbor)：相邻路径平滑模式，主要用于布线时使用了推挤功能，影响了周围路径的布线，设置模式和切换方式同 Gloss Effort(Routed)。

- Hugging Style：选择绕行障碍的方式，有 3 种方式，即 Mixed(混合模式)、45 度角和圆形。

- Minimum Arc Ratio：设置最小圆弧比，Arc Radius＝Min Arc Ratio×Arc Width，在 any angle interactive routing 和 Mixed Hugging style 生效，在 corner routing 和 Rounded Hugging Style 不生效，一般设置为 0。

- Miter Ratio：设置斜接比，当前斜接比下可走的 U 形的最小宽度即为斜接比乘以走线宽度。输入大于或等于 0 的值，斜接是指在布线过程中为防止形成 90 度角而自动添加的短对角线段。斜接的大小由当前斜接比确定。默认功能是拖动线段时，任何附加的斜接也会被拖动。按 C 键可选择在拖动时不添加斜接。再次按 C 键即可重新启用拖动时添加斜接功能。

- Pad Entry Stability：进盘稳定性，平滑走线时保护从焊盘中心出线的走线。

4）Dragging（拖曳）

- Preserve Angle When Dragging：选中此项，拖曳过程中保持角度。

- Ignore Obstacles：忽略障碍。

- Avoid Obstacles(Snap Grid)：基于格点避开障碍。

- Avoid Obstacles：避开障碍。

- Vertex Action：拐点动作配置，使用空格键切换模式。其中，Deform 表示断开或延长连接线保证拐点跟随光标移动；Scale 表示保持拐角形状，重定义连接线的尺寸保证拐点随光标移动；Smooth 表示重新定义拐角形状，每个受影响的拐角都插入圆弧变成弧形拐角。

- Unselected via/track：设置未选择的过孔或线的默认动作(移动、拖曳)。

- Selected via/track：设置选中的线或过孔的默认动作(移动、拖曳)。

- Component pushing：设置元件避障动作，按 R 键切换模式。其中，Ignore 表示忽略其他元件，默认设置；Push 表示推挤其他元件；Avoid 表示避开其他元件。

- Component re-route：选中此项，移动元件后将自动重新连接元件网络，按 Shift＋R 键关闭该功能。

- Move component with relevant routing：选中此项，移动元件时相应的走线将同步移动(Components＋Via Fanouts＋Escapes＋Interconnects)。使用快捷键

Shift+Tab 选择设置,其中,up to 为指定引脚数,如果元件引脚数大于该设置数量,则上述操作无效。

5) Interactive Routing Width Sources(交互式布线线宽源)

- Pickup Track Width From Existing Routes:选中此项,将从现有的布线选择线宽。
- Track Width Mode:设置布线线宽模式,User Choice 表示使用线宽对话框选择,按 Shift+W 键弹出对话框;Rule Minimum 表示布线以线宽规则的最小线宽布线;Rule Preferred 表示布线以线宽规则的推荐线宽布线;Rule Maximum 表示布线以线宽规则的最大线宽布线。
- Via Size Mode:设置过孔尺寸模式,User Choice 表示使用过孔尺寸对话框选择,按 Shift+V 键弹出对话框;Rule Minimum 表示按过孔规则的最小尺寸放置过孔;Rule Preferred 表示按过孔规则的推荐尺寸放置过孔;Rule Maximum 表示按过孔规则的最大尺寸放置过孔。

6) Favorites(设置常用的线宽尺寸)

此外,True Type Fonts-TrueType 进行字体设置,Reports 设置 PCB 生成的各种报告(规则检查、网络状态、板信息、BGA 扇出、移动器件原点到格点,层堆叠信息)包含的文档类型和存储位置,Layer Colors 可以设置 PCB 各板层颜色。

在学习和使用过程中,设计者可以自行尝试修改各项参数后观察系统的变化,单击参数设置对话框左下角的 Set To Defaults 按钮,在下拉菜单中进行选择,就可以恢复到系统原来的默认值。还可以通过 Save 按钮将自己设置的参数保存起来,以后通过 Load 按钮导入使用。

实验 3:使用 PCB 向导创建 PCB 封装

绘制 16 引脚的贴片型 IR2113 的 PCB 封装,如图 3-25 所示。

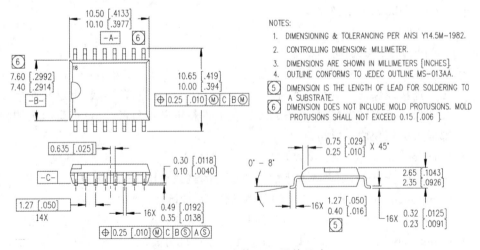

图 3-25 IR2113 的 PCB 元件尺寸

根据图 3-25 中的标注可知,长度的单位为毫米(mm),[　]中的数字为对应的英寸(inches),前面已经学过单位转换关系:1inches=1 000mils=25.4mm。

（1）选中 3.2 节中新建的 My.PcbLib，在 PCB 元件编辑库中，选择菜单栏中的 Tools→Footprint Wizard 命令，如图 3-26 所示，出现元件封装向导对话框，如图 3-27 所示。

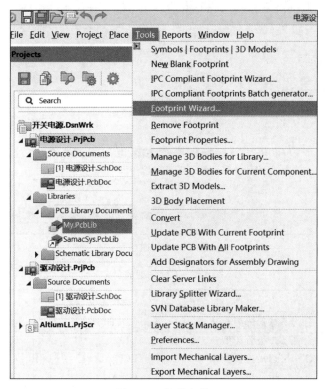

图 3-26　元件向导

图 3-27　元件封装向导对话框

（2）单击 Next 按钮后，选择封装模式，本例选择 SOP 封装，单位默认为 mil，如图 3-28 所示。

不同类型的封装如表 3-3 所示。

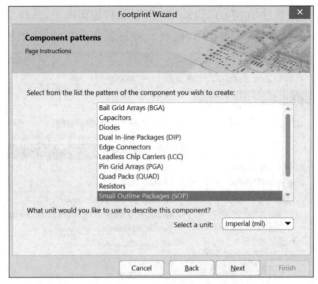

图 3-28 封装模型

表 3-3 不同类型的封装

封 装 名 称	封 装 类 型	封 装 名 称	封 装 类 型
BGA	球形阵列封装	Capacitors	电容类型
Diodes	二极管类型	DIP	双列直插式类型
Edge Connectors EC	边沿连接类型	LCC	无针脚贴片封装
PGA	指针栅格阵列类型	QUAD	四边形封装类型
Resistors	电阻类型	SOP	小外形封装
SBGA	交错球形网格阵列	SPGA	交错引脚网格阵列

（3）单击 Next 按钮后,进入焊盘尺寸设置。从图 3-25 中可知,每个引脚的宽度为 0.0138~0.0192,预留引脚与焊盘间的缝隙,可将引脚的宽度设置为 0.03inch,即 30mil,同理引脚长度设置为 80mil,如图 3-29 所示。

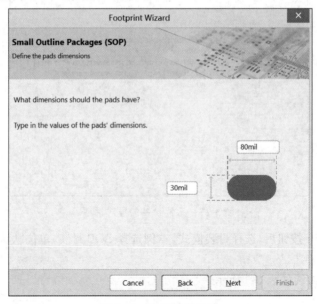

图 3-29 设置焊盘尺寸

（4）单击 Next 按钮后，进入焊盘布线设置，确认焊盘间的距离，同样地，需要预留引脚与焊盘间的缝隙，本例设置为 50mil 和 370mil，如图 3-30 所示。

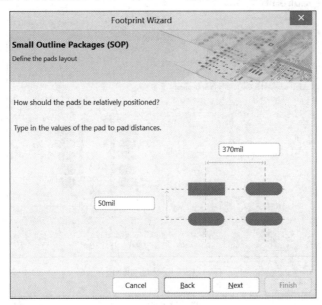

图 3-30　设置焊盘间隙

（5）单击 Next 按钮后，进入外沿线宽设置，默认 10mil，如图 3-31 所示。

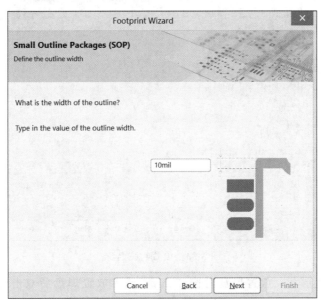

图 3-31　设置外沿线宽

（6）单击 Next 按钮后，设置焊盘数目，本例设置为 16，如图 3-32 所示。

（7）单击 Next 按钮后，进入封装命名界面，默认封装名为封装类型＋焊盘数目，本例为 SOP16，如图 3-33 所示。

（8）单击 Next 按钮后，进入封装制作完成界面，单击 Finish 按钮后，完成制作，工作区会显示当前制作的封装，如图 3-34 所示。

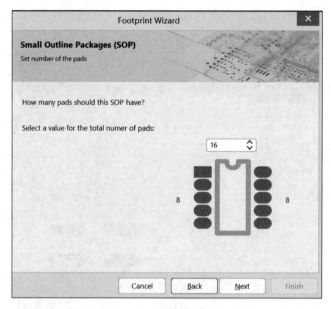

图 3-32　设置焊盘数目

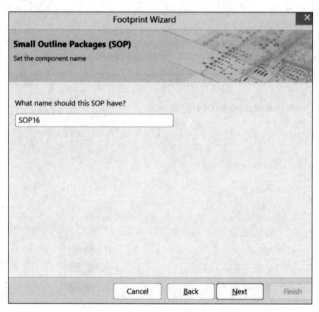

图 3-33　设置封装名称

（9）设置焊盘形状。放置焊盘时按 Tab 键，或者放置焊盘后双击焊盘，打开属性面板，如图 3-35 所示。

Shape 表示焊盘外框的形状，有 Round（圆形）、Rectangular（矩形）、Octagonal（八角形）、Rounded Rectangle（圆角矩形）。焊盘通孔的形状可设置为 Round（圆形）、Rect（正方形）、Slot（槽）。

本例将 1 号焊盘外形设置为 Rounded Rectangle，其余焊盘外形设置为 Round，不需要通孔，将 Hole Size（通孔尺寸）设置为 0mil。

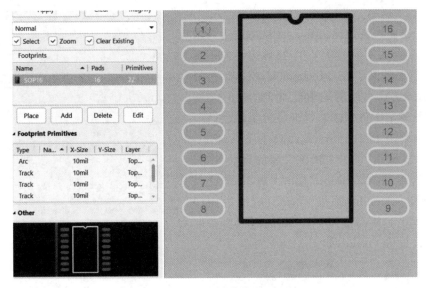

图 3-34　封装样式

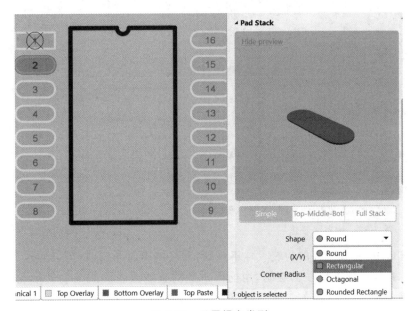

图 3-35　设置焊盘类型

（10）选择 Place→Extruded 3D Body 命令，绘制 3D 模型，3D 模型是 PCB 的 3D 模型外观（通常元件公司会提供 3D 模型库，用户直接导入即可）。

绘制 3D 模型有 4 种类型：Generic（一般）、Extruded（突出）、Cylinder（圆柱体）和 Sphere（球体）。

- Rotation：设置 X、Y、Z 方向的旋转角度。
- Standoff Height：设置元件距离板子高度。
- Overall Height：设置元件总高度。
- Radius：设置球形、圆柱形的半径。

本例中，选择 Extruded 类型，将 Overall Height 设置为 10mil，依次绘制矩形的 4 个点,如图 3-36 所示。

（11）绘制封装物理边界。封装物理边界指的是该封装所占用的实际尺寸,物理边界内不可以放置其他封装。在 Mechanical 层上,选择 Place→Line 命令,绘制矩形轮廓,如图 3-37 所示,在层管理器中可以添加物理层绘制焊盘。

（12）单击 PCB Library 面板中 Footprints 栏中的 Edit 按钮,可以编辑该封装的属性,主要有 Name（封装名）、Description（封装描述）、Type（类型）、Height（高度）和 Area（所占用面积）。本例中芯片高度为 0.1043inch,预留一部分空间,设置为 110mil,如图 3-38 所示。

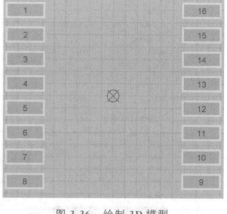

图 3-36　绘制 3D 模型

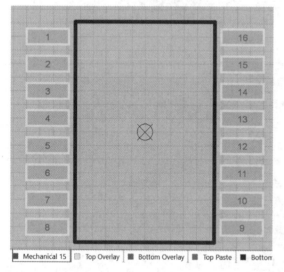

图 3-37　绘制物理边界

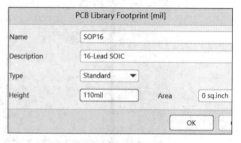

图 3-38　编辑封装属性

实际应用中,有些元件的封装尺寸不规则,无法使用向导创建,可以通过元件的数据手册中实际参数尺寸进行手工绘制,用前面讲到的直线或者曲线绘制外形轮廓,然后添加各个引脚对应的焊盘,添加 1 号引脚位置的标识即可。

实验 4：手工绘制不规则封装

绘制 PA85 的封装,如图 3-39 所示。

（1）元件命名。打开 PCB 元件封装编辑器,选择 Tools→New Blank Footprint 命令,也可以在 PCB Library 面板的 Footprint 区域右击,还可以直接单击 Footprints 栏中的 Add 按钮,如图 3-40 和图 3-41 所示。

（2）新建封装后,Footprint 区域会显示一个名为 PCBCOMPONENT_1 的元件,双击该元件,可以在弹出的对话框中设置元件的名称、描述等属性,如图 3-42 所示。

Ordinate dimensions for CAD layout

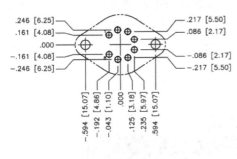

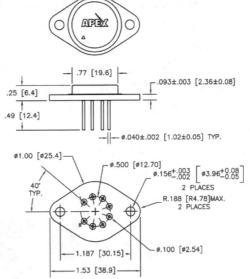

NOTES:
1. Dimensions are inches & [mm].
2. Triangle printed on lid denotes pin 1.

图 3-39　PA85 封装尺寸

图 3-40　在菜单栏中新建封装

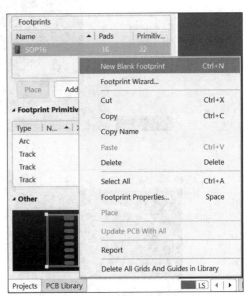

图 3-41　在 PCB Library 中新建封装

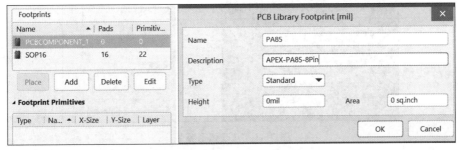

图 3-42　设置元件封装属性

（3）单位设置。从图 3-39 中可以看出，数据手册的单位有 inches 和 mm 两种，用户可选择一种进行绘制。在 PCB 中可以通过选择 View→Toggle Units 命令在 mil 和 mm 间进行切换单位，也可以通过 Q 键切换单位。本例选用 mil 作为绘制的长度单位。

（4）确定焊盘位置。焊盘主要用于将元件引脚焊接固定在 PCB 上，并将引脚与 PCB 上的铜模导线连接起来，实现电气意义上的连接。由封装尺寸图可知，8 个焊盘中心在直径为 500mil 的圆弧上，按顺时针排序，其中第一个焊盘与中心线夹角 140°，相邻焊盘间的中心角为 40°。首先在 Top Overlay（顶层丝印层）绘制圆弧，选择 Place→Arc（Center）命令，可先大致画出弧形的形状，如图 3-43 所示，再双击该弧线，在 Properties 面板中修改弧形参数，如图 3-44 所示。

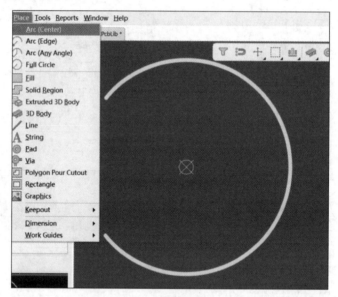

图 3-43　绘制弧形

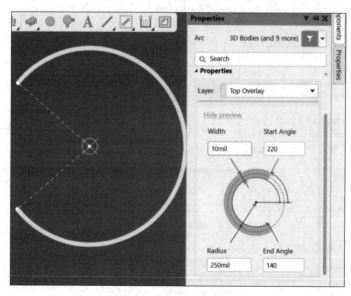

图 3-44　修改弧形参数

（5）放置焊盘。选择 Place→Pad 命令，也可单击快速工具栏，如图 3-45 所示。

在对应位置放置焊盘（注意十字交叉要重合）后，可双击焊盘修改该焊盘的属性，本例中只设置 Designator，将其属性设置为 8，如图 3-46 所示。

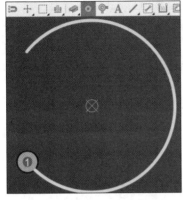

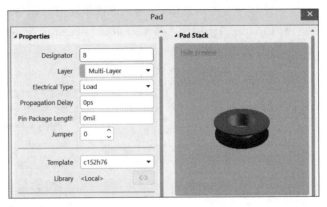

图 3-45　放置焊盘　　　　　　　　　　　图 3-46　修改焊盘参数

也可以在放置焊盘时，按 Tab 键修改属性，如图 3-47 所示，然后按回车键。

图 3-47　放置焊盘时修改参数

可调整弧线到合适的角度，依次放置其余焊盘。

焊盘有 Round（圆形）、Rectangular（矩形）、Octagonal（八边形）、Rounded Rectangle（圆角矩形）4 种形状。

注意：焊盘编号要与原理图的引脚号保持一致，否则后续 PCB 工程中封装无法使用。

本例主要学习如何通过智能粘贴命令实现焊盘的放置。

复制焊盘 8 后，在菜单栏中选择 Edit→Paste Special 命令，系统弹出如图 3-48 所示的粘贴属性对话框，包括 Paste on current layer（粘贴到当前层）、Keep net name（保持网络标号）、Duplicate designator（复用元件标号）、Add to component class（添加元件类），

以及 Paste(粘贴)和 Paste Array(阵列粘贴)。

单击 Paste Array 按钮后,系统弹出图 3-49 所示的对话框。

- Placement Variables(放置变量):Item Count(粘贴数量)和 Text Increment(元件标号增加步进值,注意:正数是逆时针编号,负数是顺时针编号,本例为—1)。
- Circular Array(圆形阵列):Rotate Item to Match(匹配旋转角度)、Spacing(degrees)(旋转角度值)。
- Linear Array(线性阵列):X-Spacing、Y-Spacing(粘贴对象 X、Y 轴距离)。

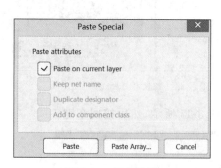

图 3-48　智能粘贴

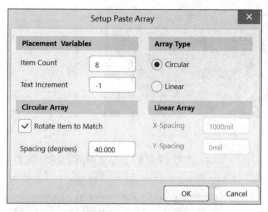

图 3-49　粘贴阵列设置

参照图 3-49 参数设置后单击 OK 按钮,依次单击旋转中心(本例设置的原点)和旋转对象(焊盘 1),即可生成如图 3-50 所示的焊盘。

(6) 绘制外形轮廓,即该元件封装在电路板占用的空间尺寸,根据参数手册实际大小和形状绘制,同样在 Top Overlay 绘制,可通过快捷键 Shift+空格键切换布线模式进行曲线的绘制。最终如图 3-51 所示。

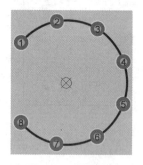

图 3-50　绘制焊盘

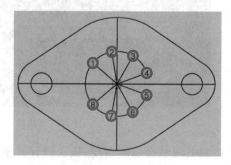

图 3-51　绘制外形轮廓

(7) 设置封装参考点。参考点是每个 PCB 封装的几何原点,选中某个元件或者移动该元件时,光标会自动跳到该参考点的位置,方便移动和对齐元件,通常 PCB 封装要设置参考点。在菜单栏中选择 Edit→Set Reference 命令,可以设置参考点为 Pin1(焊盘 1)、Center(封装中心)和 Location(在图中通过鼠标指定位置),本例选择 Center。

(8) 添加 3D 模型。在封装编辑环境中,选择 Place→3D Body 命令,打开 3D 模型导入对话框,选择合适的.Step 后缀的文件。

注意：3D模型首先需要自己绘制3D图形，该步骤省略后不影响使用，但后续无法在PCB图中查看该元件的3D模型。

（9）绘制3D模型。在封装编辑环境中，选择Place→Extruded 3D Body命令，软件自动跳到Mechanical层，并出现一个十字光标，按Tab键弹出参数设置，如图3-52所示。

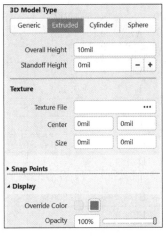

3D模型主要有Generic（通用型）、Extruded（挤压型）、Cylinder（圆柱形）和Sphere（球体形）四类，只需根据需要选择类型并设置其Overall Height（总体高度）和Standoff Height（相对于PCB表面的悬浮高度）即可。

（10）保存封装。

元件封装向导适合一些引脚少的封装，若芯片的引脚数目较多，可使用IPC封装向导绘制，IPC封装向导是根据各个不同规格自动计数引脚长度。

图 3-52　3D模型参数设置

实验 5：创建 3D 元件封装

绘制STM32F103C芯片的封装，如图3-53所示。尺寸参数如表3-4所示。

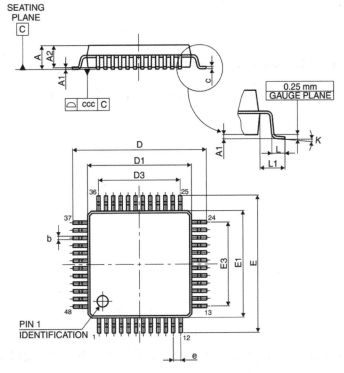

图 3-53　STM32F103C 封装参数

表 3-4 STM32F103C 尺寸参数

Symbol	millimeters			inches		
	Min	Type	Max	Min	Type	Max
A	—	—	1.600	—	—	0.0630
A1	0.050	—	0.150	0.0020	—	0.0059
A2	1.350	1.400	1.450	0.0531	0.0551	0.0571
b	0.170	0.220	0.270	0.0067	0.0087	0.0106
c	0.090	—	0.200	0.0035	—	0.0079
D	8.800	9.000	9.200	0.3465	0.3543	0.3622
D1	6.800	7.000	7.200	0.2677	0.2756	0.2835
D3	—	5.500	—	—	0.2165	—
E	8.800	9.000	9.200	0.3465	0.3543	0.3622
E1	6.800	7.000	7.200	0.2677	0.2756	0.2835
E3	—	5.500	—	—	0.2165	—
e	—	0.500	—	—	0.0197	—
L	0.450	0.600	0.750	0.0177	0.0236	0.0295
L1	—	1.000	—	—	0.0394	—

(1) 打开封装库文件,选择 Tools→New Blank Footprint 命令新建封装,选择 Tools→IPC® Compliant Footprint Wizard 命令,系统弹出 IPC 封装向导,如图 3-54 所示。

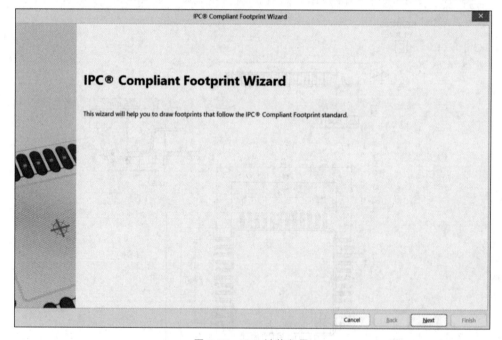

图 3-54 IPC 封装向导

(2) 单击 Next 按钮,选择封装类型。本实验中绘制的封装为 LQFP,选择 PQFP 类型(LQFP 与 PQFP 封装仅厚度不同),如图 3-55 所示。

(3) 单击 Next 按钮进入封装外形尺寸设计,按照图 3-53 中指示和表 3-4 中的数据依次填写,如图 3-56 所示。

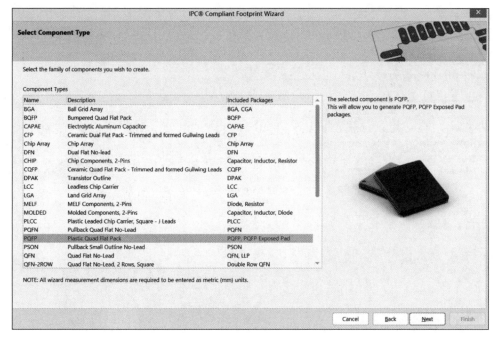

图 3-55　选择封装类型

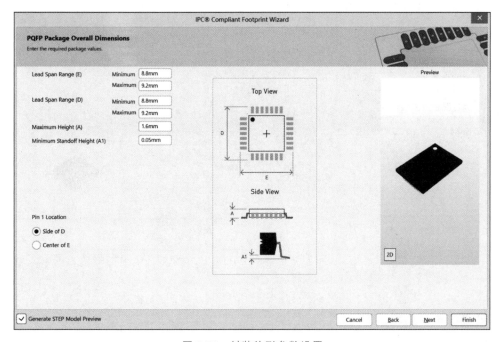

图 3-56　封装外形参数设置

其中 Generate STEP Model Preview 表示生成 STEP 模型。

（4）单击 Next 按钮进入引脚尺寸设置界面，设置结果如图 3-57 所示。

（5）单击 Next 按钮进入 Package Thermal Pad Dimensions（封装散热焊盘尺寸）设置，如图 3-58 所示。选中 Add Thermal Pad（添加散热板）复选框并填写散热焊盘尺寸，本例不需要散热焊盘，不设置。

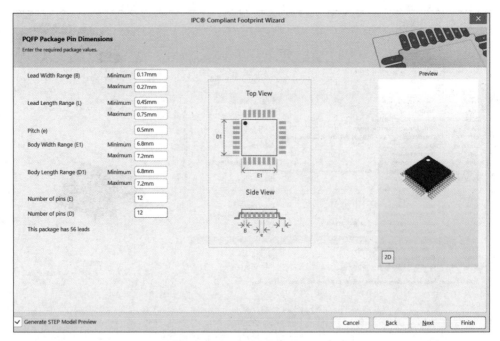

图 3-57　封装引脚尺寸参数设置

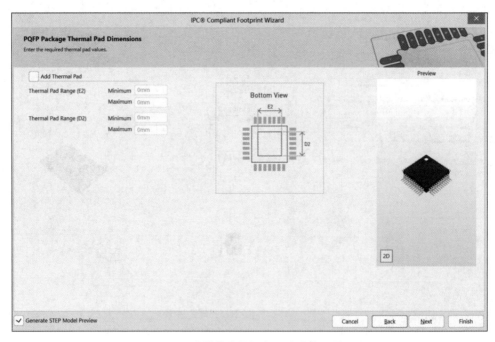

图 3-58　封装散热焊盘尺寸参数设置

（6）单击 Next 按钮进入 Package Heel Spacing(封装跟距尺寸)设置,指相对的两根引脚之间根部的尺寸,如图 3-59 所示。一般默认选中 Use calculated values(使用系统计算值),若取消选中该项,则可自定义输出尺寸大小。

（7）单击 Next 按钮进入封装焊接片设置界面,同样选择 Use default values(使用系统默认值),在 Board density Level(板装布线密度等级)中选择 Level B-Medium density

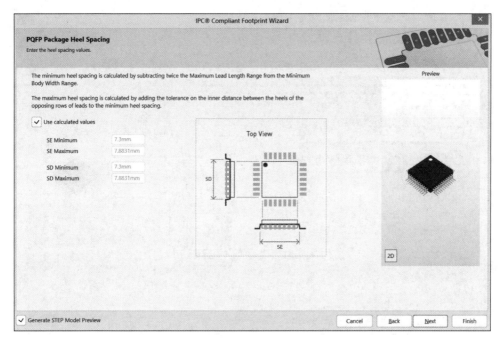

图 3-59　封装引脚跟距尺寸参数设置

（B 级-中等密度），如图 3-60 所示。

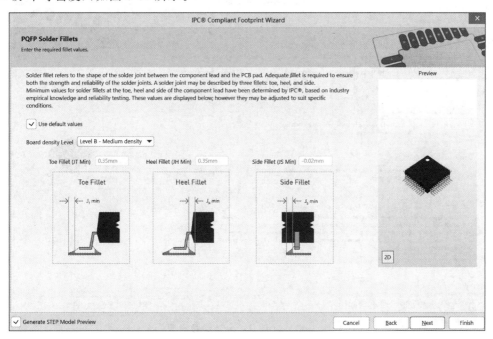

图 3-60　封装焊接片参数设置

（8）单击 Next 按钮进入 Component Tolerances（元件容差）设置界面，同理使用默认设置 Use calculated component tolerances 计算，如图 3-61 所示。

（9）单击 Next 按钮进入 IPC Tolerances（IPC 公差）设置界面，同样选择 Use Default Values（使用系统默认值）计算，如图 3-62 所示。

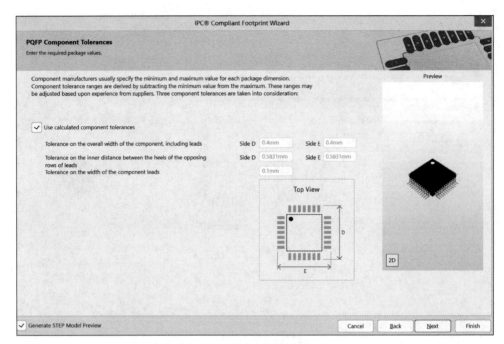

图 3-61　封装元件容差参数设置

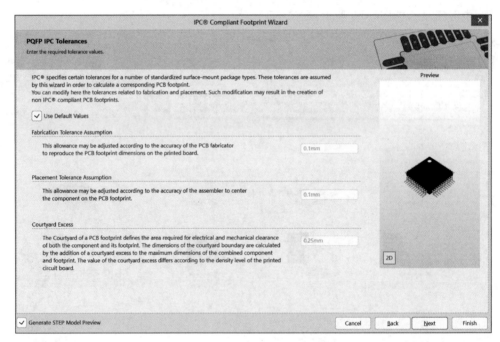

图 3-62　封装 IPC 公差参数设置

（10）单击 Next 按钮进入焊盘位置和类型设置界面，如图 3-63 所示。

（11）单击 Next 按钮进入 Silkscreen Dimensions(丝印层中轮廓尺寸)参数设置界面，如图 3-64 所示。

（12）单击 Next 按钮进入 Courtyard、Assembly and Component Body Information (机械尺寸)参数设置界面，如图 3-65 所示，本例采用默认值。

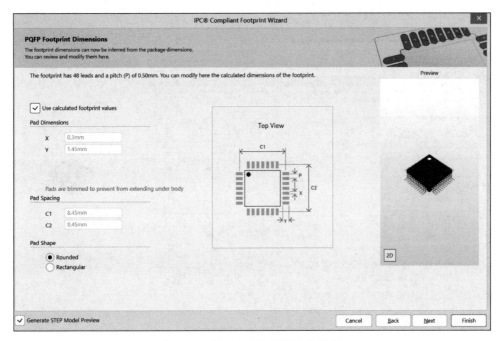

图 3-63　焊盘位置和类型参数设置

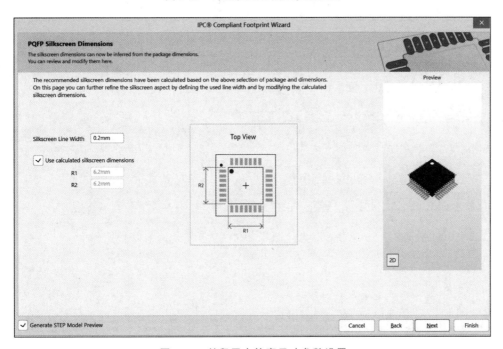

图 3-64　丝印层中轮廓尺寸参数设置

（13）单击 Next 按钮进入 Footprint Description（封装描述）设置界面，如图 3-66 所示。Name 项设置封装名称，Description 项设置封装描述。

（14）单击 Next 按钮进入 Footprint Destination（封装路径）设置界面，如图 3-67 所示。

（15）单击 Next 按钮进入封装制作完成界面，单击 Finish 按钮完成设置。

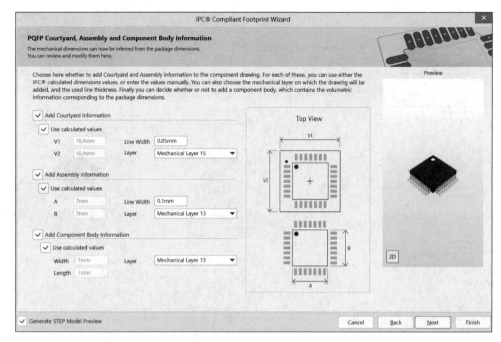

图 3-65　机械尺寸参数设置

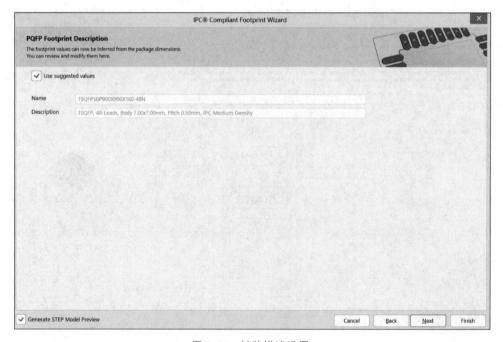

图 3-66　封装描述设置

　　前面新建的原理图符号和 PCB 封装都是单独存在的,使用时需要为每个原理图符号单独添加 PCB 封装,可以创建集成库,更方便绘图。集成库就是把原理图符号、PCB封装、仿真模型和信号完整性分析等某些部分集成在一起,方便用户使用,提高设计效率。

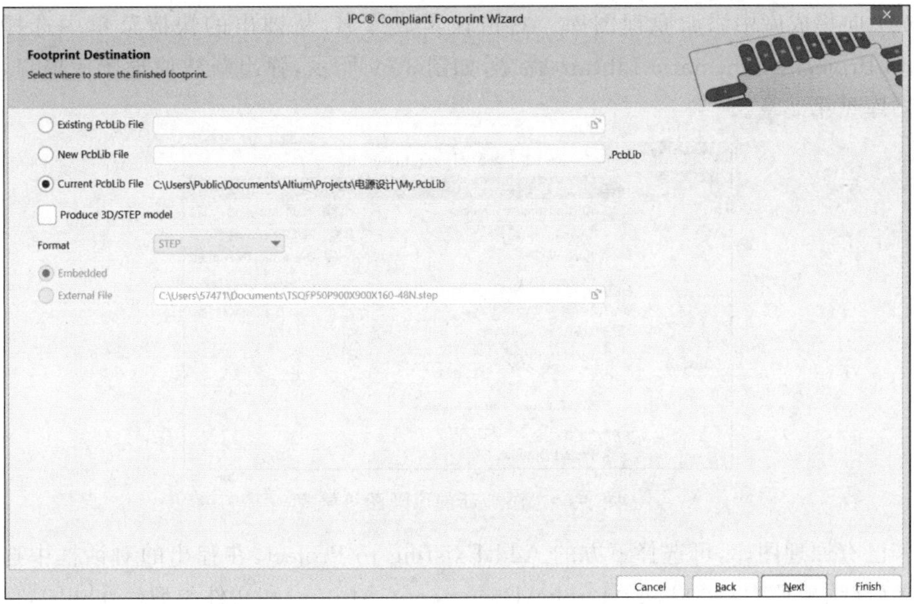

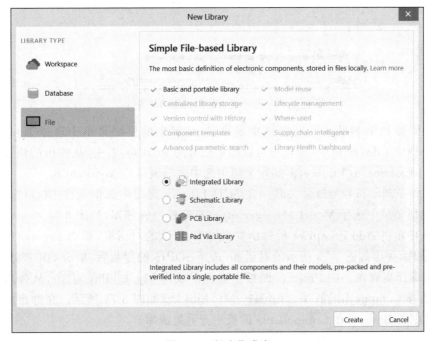

图 3-67　封装路径设置

实验 6：创建集成库

本实验以 IR2113 为例创建集成库。

（1）新建集成库。在工程面板下选择 File→New→Library→Integrated Library，如图 3-68 所示，右击工程面板中的 Integrated Library1. LibPkg 可设置该集成库的名称，如 My. LibPkg，其中. LibPkg 为集成库的后缀名。

图 3-68　新建集成库

（2）向集成库中添加原理图库。右击该集成库名，从弹出的快捷菜单中选择 Add New to Project→Schematic Library 命令，如图 3-69 所示，弹出新建原理图库窗口，绘制原理图库见第 2 章。

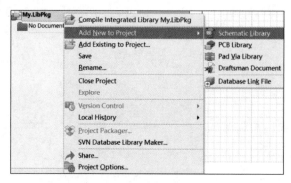

图 3-69　添加新的原理图符号库

若已有原理图库，可选择下方的 Add Existing to Project，在弹出的对话框中选择文件目录（默认地址为 C:\Users\Public\Documents\Altium）和文件类型（.schlib），例如选择之前创建的 My.SchLib 文件，如图 3-70 所示。

图 3-70　选择已有的原理图符号文件

（3）添加 PCB 封装库。右击该集成库名，从弹出的快捷菜单中选择 Add New to Project→PCB Library 命令，同理也可以添加已有的 PCB 库，右击，从弹出的快捷菜单中选择 Add Existing to Project，例如在文档中选中之前创建的 My.PcbLib。

（4）将原理图符号与封装关联。在 SCH Library 面板中选中元件 IR2113，右击，从弹出的快捷菜单中选择 Model Manager 命令，打开模型管理器，如图 3-71 所示。在弹出的对话框中单击 Add Footprint 后弹出如图 3-72 所示的对话框，单击 Browse 按钮浏览 PCB 封装库，弹出如图 3-73 所示的对话框，选择 SOP16 的封装后，单击 OK 按钮。

（5）编译集成库。在 Projects 面板中选择集成库 My.LibPkg，右击，从弹出的快捷菜单中选择 Compile Integrated Library My.LibPkg，如图 3-74 所示。在弹出的对话框中单击 OK 按钮后，可在 Components 面板中查看集成库。

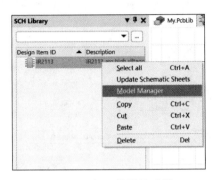

图 3-71　打开模型管理器

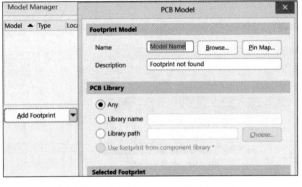

图 3-72　向原理图符号添加 Footprint

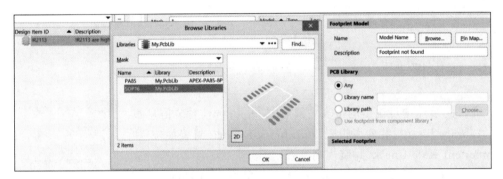

图 3-73　选择合适的封装

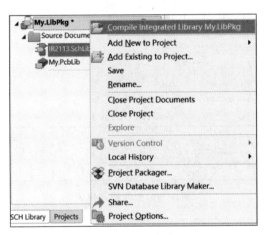

图 3-74　编译集成库

（6）加载库文件。电路图是由元件连接而成的，元件是通过原理图库进行分类管理。Altium Designer 22 默认安装的集成库（Miscellaneous Devices.IntLib 和 Miscellaneous Connectors.IntLib）用户可以直接使用，用户绘制的集成库加载安装后才能使用。单击 Components 面板图 3-75 所示框中的按钮后，选择 File-based Libraries Preferences 后弹出如图 3-76 所示的对话框，选择文档路径后，单击 Install 按钮即可安装集成库文件。

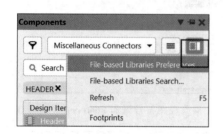

图 3-75　添加集成库

图 3-76　安装集成库

3.4　输出报表

元件封装库中可输出的报表主要有 Component(封装信息报表)、Library List(封装列表报表)和 Library Report(封装报告)和 Component Rule Check(封装规则检查)。

在 Projects 面板中选择封装后,单击菜单栏中的 Reports 可依次查看上述几种报表,如图 3-77～图 3-81 所示。

图 3-77　报表

```
My.PcbLib      My.CMP
Component    : PA85
PCB Library : My.PcbLib
Date        : 2022/2/28
Time        : 21:56:27


Dimension : 1.562 x 1.033 in

Layer(s)           Pads(s)   Tracks(s)   Fill(s)   Arc(s)   Text(s)
------------------------------------------------------------------
Multi Layer           8          0         0         0        0
Top Overlay           0         19         0        14        0
Keep Out Layer        0          0         0         2        0
------------------------------------------------------------------
Total                 8         19         0        16        0
```

图 3-78　封装信息报表

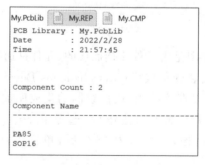

图 3-79　封装列表报表

Protel PCB Library Report

Library File Name   C:\Users\Public\Documents\Altium\Projects\白 illlMy.PcbLib
Library File Date/Time   2022ī2du28ū 9:27:23
Library File Size   115200
Number of Components   2
Component List   PA85, SOP16

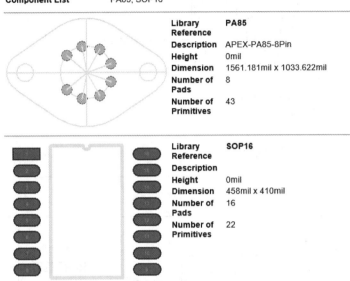

Library Reference	**PA85**
Description	APEX-PA85-8Pin
Height	0mil
Dimension	1561.181mil x 1033.622mil
Number of Pads	8
Number of Primitives	43

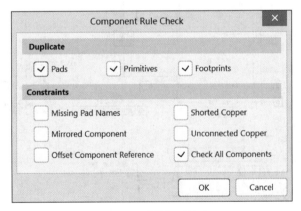

Library Reference	**SOP16**
Description	
Height	0mil
Dimension	458mil x 410mil
Number of Pads	16
Number of Primitives	22

图 3-80   封装报告

图 3-81   封装规则检查

习题 3

分别绘制元件 MB10M、OPA277、LM324、AMS1117、HCPL2201 和 TC4420 的封装,相关参数如图 3-82～图 3-87 所示(注意单位),绘制效果如图 3-88～图 3-93 所示。

从上述题中可以看出,某些元件的封装类型、尺寸几乎相同,在尺寸范围内可以相互共用。

Package Outline Dimensions (Unit: mm)

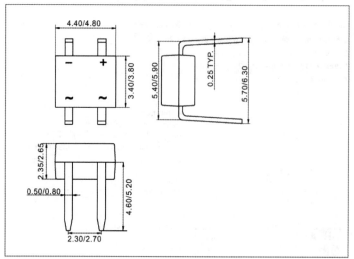

图 3-82 MB10M 尺寸

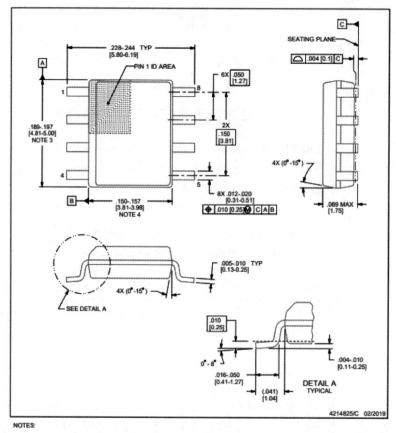

NOTES:

1. Linear dimensions are in inches [millimeters]. Dimensions in parenthesis are for reference only. Controlling dimensions are in inches.

图 3-83 OPA277 尺寸

SOIC-14

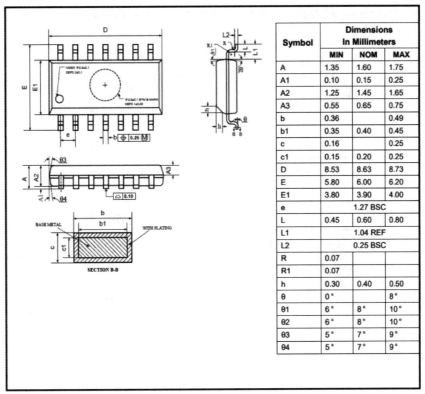

Symbol	Dimensions In Millimeters		
	MIN	NOM	MAX
A	1.35	1.60	1.75
A1	0.10	0.15	0.25
A2	1.25	1.45	1.65
A3	0.55	0.65	0.75
b	0.36		0.49
b1	0.35	0.40	0.45
c	0.16		0.25
c1	0.15	0.20	0.25
D	8.53	8.63	8.73
E	5.80	6.00	6.20
E1	3.80	3.90	4.00
e	1.27 BSC		
L	0.45	0.60	0.80
L1	1.04 REF		
L2	0.25 BSC		
R	0.07		
R1	0.07		
h	0.30	0.40	0.50
θ	0°		8°
θ1	6°	8°	10°
θ2	6°	8°	10°
θ3	5°	7°	9°
θ4	5°	7°	9°

图 3-84　LM324 尺寸

SOT-223-3L　　　　　　　　　　　　　　　　　　　　单位:毫米

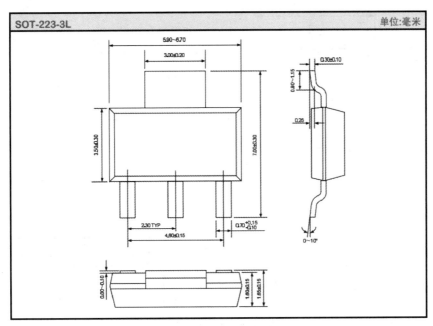

图 3-85　AMS1117 尺寸

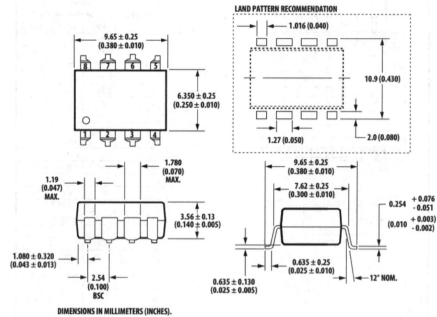

图 3-86 HCPL2201 尺寸

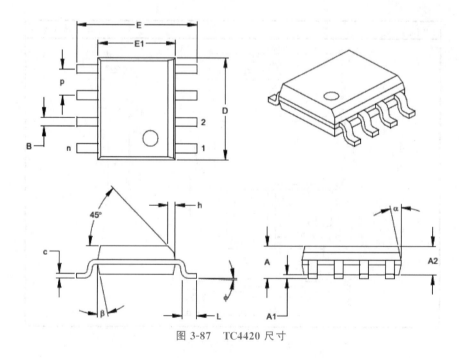

图 3-87 TC4420 尺寸

	Units	INCHES*			MILLIMETERS		
Dimension Limits		MIN	NOM	MAX	MIN	NOM	MAX
Number of Pins	n		8			8	
Pitch	p		.050			1.27	
Overall Height	A	.053	.061	.069	1.35	1.55	1.75
Molded Package Thickness	A2	.052	.056	.061	1.32	1.42	1.55
Standoff §	A1	.004	.007	.010	0.10	0.18	0.25
Overall Width	E	.228	.237	.244	5.79	6.02	6.20
Molded Package Width	E1	.146	.154	.157	3.71	3.91	3.99
Overall Length	D	.189	.193	.197	4.80	4.90	5.00
Chamfer Distance	h	.010	.015	.020	0.25	0.38	0.51
Foot Length	L	.019	.025	.030	0.48	0.62	0.76
Foot Angle	φ	0	4	8	0	4	8
Lead Thickness	c	.008	.009	.010	0.20	0.23	0.25
Lead Width	B	.013	.017	.020	0.33	0.42	0.51
Mold Draft Angle Top	α	0	12	15	0	12	15
Mold Draft Angle Bottom	β	0	12	15	0	12	15

图 3-87 （续）

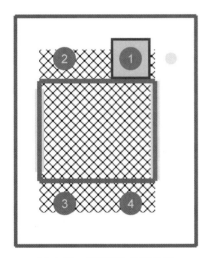

图 3-88 MB10M 绘制效果

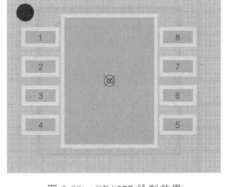

图 3-89 OPA277 绘制效果

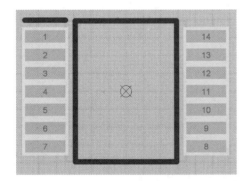

图 3-90 LM324 绘制效果

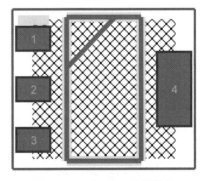

图 3-91 AMS1117 绘制效果

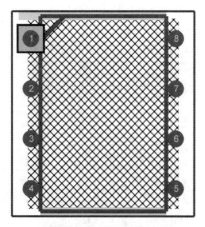

图 3-92　HCPL2201 绘制效果

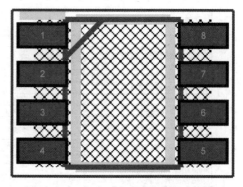

图 3-93　TC4420 绘制效果

在电路中,各个元件的相连关系是由电路原理决定的,需要读者有一定的电路知识。在 Altium Designer 22 软件中可以进行原理图的绘制,即用电气连接线把各个元件连接起来。本章通过丰富的实例学习原理图的基本绘制方法。

4.1 创建原理图文件

原理图文件的后缀名是.SchDoc,实验 1 中已学会如何新建自由原理图文件和向工程中添加原理图文件,如图 4-1 和图 4-2 所示,本章不再详细叙述。

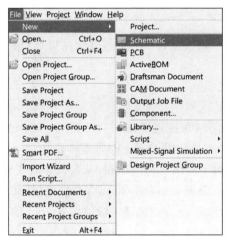

图 4-1 新建原理图

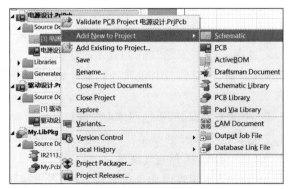

图 4-2 向工程中添加原理图

也可以在菜单栏中选择 File→Open 命令,打开原理图模板文件(默认路径为 Altium\AD22\Templates,后缀名为.SchDoc),使用原理图模板文件新建原理图。

新建原理图后,保存文件,并修改文件名称。自动打开的原理图编辑器如图 4-3 所示,用户可在此绘制原理图。

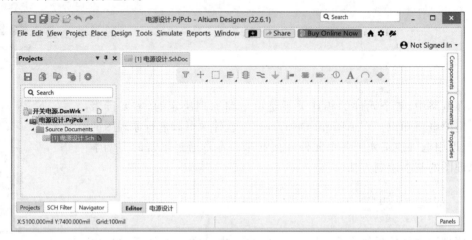

图 4-3　原理图编辑器

4.2　原理图编辑器

原理图编辑器界面主要包括菜单栏、工具栏和面板几个主要部分。

4.2.1　菜单栏

(1) File(文件):包括新建、打开(快捷键 Ctrl+O)、关闭(快捷键 Ctrl+F4)、保存(快捷键 Ctrl+S)、导入、导出和打印(快捷键 Ctrl+P)等基本操作。

(2) Edit(编辑):灰色按钮表示不可用,只有在执行某些操作后变成黑色按钮方可使用,主要包括撤销(快捷键 Ctrl+Z)、恢复(快捷键 Ctrl+Y)、剪切(快捷键 Ctrl+X)、复制(快捷键 Ctrl+C)、粘贴(快捷键 Ctrl+V)、智能粘贴(快捷键 Shift+Ctrl+V)、查找和对齐等几种操作。

(3) View(视图):用于调整对象的显示、栅格的设置和单位切换。

(4) Project(工程):用于工程有关的设置,包括打开、关闭、添加和移除等。

(5) Place(放置):放置原理图的基本元素,主要有 Bus、Part、Power Port、Wire、Net Label、Off Sheet Connector、Harness、Text 和 Drawing tools 等。

- Bus(总线):多条并行导线的集合,总线没有电气连接属性,需要加网络标号实现电气连接。
- Part(元件):元件是原理图中的主要部分,原理图库中的元件可以放置到原理图中。
- Power Port(电源端口):主要包括各种电源属性的网络,如 Vcc 和 GND。
- Wire(连线):连接各个元件的导线,具有电气属性。
- Net Label(标签):若原理图中某些相连的元件位置较远,或者直接相连与其他线有交叉，可以使用标签连接，相连的部分标签名要完全相同。

- Off Sheet Connector(离图连接器)：在原理图编辑环境下，Off Sheet Connector 的作用其实跟 Label 是一样的，只不过 Off Sheet Connector 通常用在同一工程内不同页原理图中相同电气网络属性之间的连接。放置 Off Sheet Connector 需要设置为相同的网络名，通常在相连的导线上放置相同的 Label。
- Harness(线束连接器)：由插头与插座组成的端子，线束与线束、线束与电器部件的连接采用线束连接器。
- Directives(指示)：可放置 PCB 布线标志。例如绘制 Compile Mask(编译屏蔽)后，不工作的部分元件或者电路用阴影显示，该部分电路不会工作，编译以及更新到 PCB 都不会起作用，删除该屏蔽后，电路重新起作用。
- Note(注释)：用于原理图上添加注释。
- Text(文本框)：给原理图中添加文字说明，方便阅读。
- Drawing tools(绘图工具)：用于在原理图中放置图片。

(6) Design(设计)：对原理图库进行操作、生成网络报表等。

(7) Tools(工具)：可为原理图提供方便操作。

(8) Reports(报告)：生成原理图相关报告。

4.2.2 工具栏

原理图编辑器的工具栏中主要包括常用的快捷按钮，通过选择 View→Toolbars 命令可打开相应的工具栏，如图 4-4 所示。常用工具栏主要有 Schematic Standard、Utilities、Wiring 等。也可以通过 Customize 自定义工具栏。

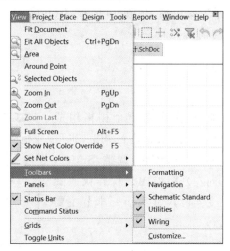

图 4-4　打开工具栏

(1) Schematic Standard：主工具栏，如图 4-5 所示。主要包括对文件的基本操作和编辑中的基本操作。

(2) Utilities：实用工具栏，如图 4-6 所示。从左至右依次是绘图工具、对齐编辑、电源端口、栅格设置，每组都有下拉箭头，可通过单击选用相应的功能。

图 4-5　主工具栏

（3）Wiring：布线工具栏，如图 4-7 所示。可以放置电气意义的对象。

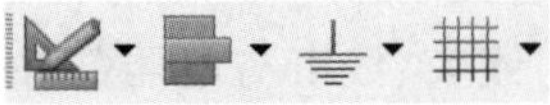

图 4-6　实用工具栏 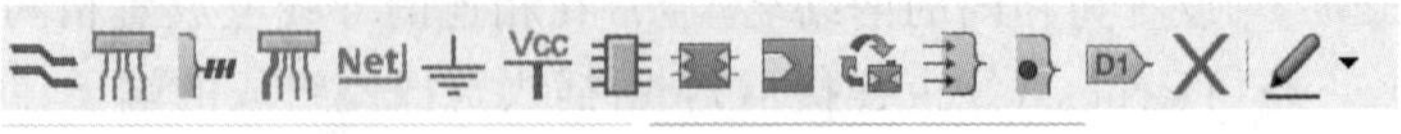　　　　　　　　　　　　图 4-7　布线工具栏

（4）快捷工具栏：如图 4-8 所示。编辑器自动添加的工具栏，在原理图上方，主要包括使用频率较高的功能。

图 4-8　快捷工具栏

注意：可以拖动工具栏前面的"竖线"改变工具栏的位置，根据自己的绘图习惯设置工具栏的顺序，如图 4-9 所示。

图 4-9　调整工具栏顺序

4.2.3　面板

原理图编辑器中的面板主要包括 Projects 面板、Component 面板、Navigator 面板和 Properties 面板，使用方法与前面类似。

4.3　原理图图纸

图纸是绘制原理图的地方，是由若干个栅格组成的，图纸的显示可通过菜单栏中的 View 进行调整，也可通过 Ctrl＋鼠标齿轮上（扩大）或下（缩小）调整，Shift＋鼠标齿轮向上（向右）或下（向左）移动，上述操作仅改变图纸的显示效果，并没有改变实际尺寸大小。本节主要学习如何进行图纸的设置。

1. 图纸大小

在菜单栏中选择 View→Panels→Properties，打开属性面板，选中 Page Options，如图 4-10 所示。

- Standard：标准格式中的 Sheet Size 默认为 A4，
  11 500mil×7 600mil，单击下拉箭头可以设置其

图 4-10　图纸设置

他格式的图纸,若图纸上面要绘制的元件较多,可以增大图纸,反之同理。

- Custom:自定义图纸格式,选中该项可通过设置宽度和高度自定义图纸的大小。
- Template:模板格式,可以使用软件自带的模板,用户也可以添加自己的模板。

2. 图纸方向

图 4-10 中 Orientation 部分有两个可选择的方向,即 Landscape(水平)和 Portrait(垂直)。

3. 标题栏

标题栏是对图纸的附加说明,选中图 4-10 中的 Title Block 后,可选择标题栏的样式,有 Standard(标准)和 ANSI(美国国家标准)两个选项。

4. 图纸边界

在 Margin and Zones 中,可以设置水平和垂直边框的表示样式,默认垂直为 4,用 ABCD 表示;水平为 6,用 123456 表示。Margin Width 设置边界的宽度。选中/取消选中 Show Zones 复选框可显示/隐藏边框。

原点的位置可以通过 Origin 下拉列表设置,有 Upper Left(左上)和 Bottom Right(右下)两个选项。

5. 栅格

在 Properties 面板的 General 中可以设置栅格的大小和单位,如图 4-11 所示。

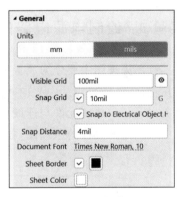

图 4-11 栅格

- Visible Grid:可见栅格,设置可见栅格的大小,即工作区中相邻细线的距离,关闭右侧的"眼睛",可隐藏栅格。
- Snap Grid:捕捉栅格,设置捕捉栅格的大小,鼠标可捕捉的大小,即每次移动的最小距离。
- Snap Distance:栅格范围,设置半径的大小,鼠标定位到最近的栅格上。
- Document Font:图纸字体,设置字体的显示样式和大小。
- Sheet Border:设置图纸边界的颜色。
- Sheet Color:设置图纸的颜色。

在菜单栏中选择 Tools→Preferences→Schematic→Grids,可以设置栅格的显示样式和颜色等。

6. 图纸信息

在原理图工作区右下角栏显示的信息主要包括 Title、Size、Author、Document Number、Revision、Date、Time 和 File 等信息,默认信息为空,可根据实际情况进行设置,方便读者阅读该图纸。

在 Properties 面板中单击 Parameters 列,打开图纸主要文本的设置,如图 4-12 所示。

图 4-12　Parameters 参数设置

直接在 Parameters 栏中对属性进行修改,在原理图的信息栏中是不会显示出来的。

双击图纸边界在 General 列的 Page Option 栏中的 Template 样式,然后再去更改 Parameters 栏,就会发现设置的信息能够显示在图纸上了。

实验 7:绘制电源电路的原理图

绘制原理图主要分为放置元件和连线两部分,放置元件的顺序可以从左往右,也可以从上往下,还可以从中心向两边进行绘制,推荐从左向右的方式,符合视觉效果,也不易丢失元件。放置元件与连线可以同时进行,也可以先放置元件,然后连线。

绘制电源设计的原理图,如图 4-13 所示。各元件信息如表 4-1 所示。

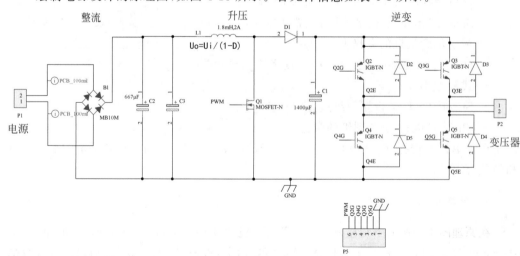

图 4-13　电源设计原理图

表 4-1 元件信息表

Comment	Description	Designator	LibRef	Quantity
MB10M	1kV/0.8A 整流桥	B1	MB10M	1
Cap Pol1	Capacitor Polarised	C1,C2,C3	Cap Pol1	3
Diode	Diode	D1,D2,D3,D4,D5	Diode	5
HDR-1X2	2P 接插件	P1,P2	Header 2	2
1.8mH,2A	Inductor	L1	Inductor	1
IGBT-N	Insulated Gate Bipolar Transistor (N-Channel)	Q2,Q3,Q4,Q5	IGBT-N	4
MOSFET-N	N-Channel MOSFET	Q1	MOSFET-N	1
HDR-1×6	6P 接插件	P5	Header 6	1

1. 元件的设置

(1) 放置元件。放置元件有多种方式。①在菜单栏中选择 Place→Part 命令,如图 4-14 所示,也可以按键 P 两次;②在菜单栏中选择 View→Panels→Components 面板,如图 4-15 所示;③通过单击快捷工具栏中的放置元件按钮,如图 4-16 所示。

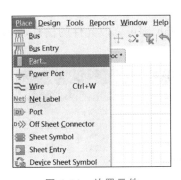

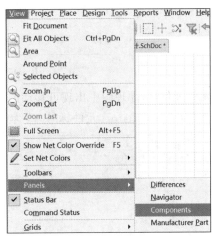

图 4-14 放置元件　　　　图 4-15 打开 Components 面板

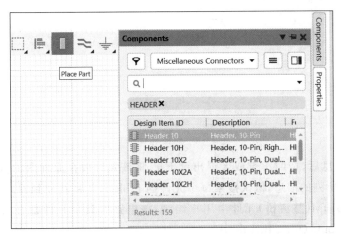

图 4-16 快捷工具栏放置元件

以上三种方式最终都弹出 Components 面板,用户可以根据自己的绘图习惯选择。

(2)搜索元件。在 Components 面板中选择合适的原理图库,在搜索框中输入元件的名称。例如,搜索 2P 的接线端子,搜索 Header,选择 Header 2,如图 4-17 所示。

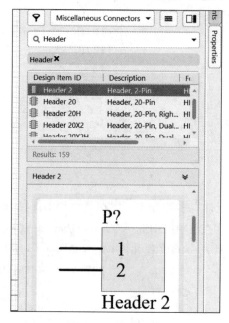

图 4-17 搜索元件

单击该元件后,原理图中出现可移动的该元件,按 Tab 键可修改元件的信息,如图 4-18 所示。本例将 Designator(元件标号)改为 P1,其余不变。

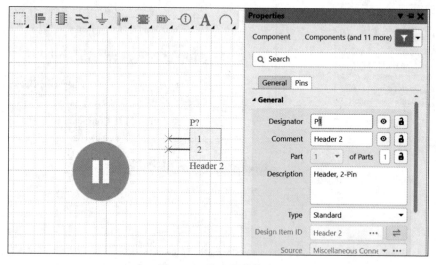

图 4-18 修改元件信息

修改元件信息后,按回车键或者退出键 Esc,将该元件放在原理图中合适的位置。

按照表 4-1 所列的信息,依次搜索每个元件的 LibRef,并将其放到原理图中,如图 4-19 所示。其中 MB10M(整流桥)元件由用户绘制,该电路中其余元件都在常用插件集成库 Miscellaneous Connectors.IntLib 中。

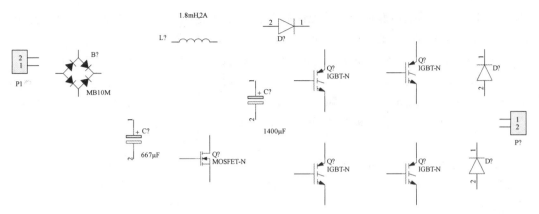

图 4-19　放置元件

（3）选择元件。可通过鼠标左键进行单一元件的选择，按住 Shift 键多次执行按鼠标左键，也可以通过两点（选中一个点后，按照鼠标左键拖动确定第二个点）确定矩形框选中包含的元件，如图 4-20 所示选中矩形框的元件。

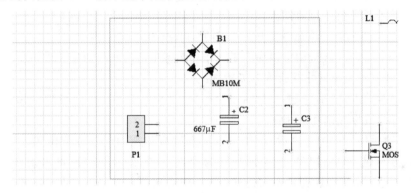

图 4-20　选中元件

此外，还可通过选择 Edit→Select 命令实现元件的选中。Altium Designer 22 提供了 8 种选择方式。

- Lasso Select：滑行选择。选择该命令后，鼠标变成"十"字形，把需要选择的元件包含在滑选行的范围之内即可完成选择，如图 4-21 所示。

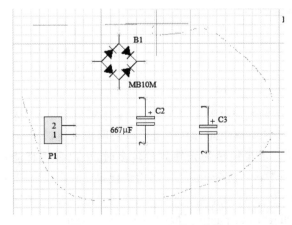

图 4-21　Lasso Select（滑行选择）

- Inside Area：内部框选。选中该命令后通过两点绘制矩形,把完全包含在框选范围内的物体进行选中,与鼠标确定矩形框的方法相同。

- Outside Area：外部框选。与内部框选的选择范围相反,把框选范围之外的所有物体进行选中。

- Touching Rectangle：接触框选。该命令是选中触碰到矩形框的对象,如图 4-22 所示。

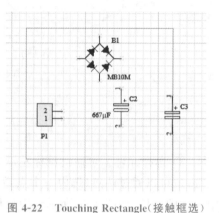

图 4-22 Touching Rectangle(接触框选)

注意：该命令与 Inside Area 命令的区别在于,Inside Area 不会选中边界上的元件,而 Touching Rectangle 边界上的元件也会被选中。

在图 4-22 中,若采用 Inside Area 命令,则选中 P1、B1、C2;若采用 Touching Rectangle 命令,则选中 P1、B1、C2、C3。

- Touching Line：接触线选。该命令是选中鼠标直线经过的元件。

- All：全部选中。该命令是选中当前原理图中所有的元件。

- Connection：连接选中。该命令是选中与鼠标单击的元件通过导线相连的所有元件。

注意：只有在原理图中连上导线后才有意义。

- Toggle Selection：多选。激活该命令后,可单击多个元件。与按住 Shift 键,多次执行按鼠标左键功能相同。

(4) 移动元件。选中元件后,可按住鼠标左键将其拖动到合适的位置。按住鼠标左键时,再按空格键,该元件以"十"字形指针为中心,逆时针 90°旋转,可多次按空格键,旋转到合适位置。按 X 键后元件左右旋转,按 Y 键后元件上下旋转。也可以通过上述方式单独移动 Designator(元件标号)和 Comment(标注)文字的位置。

也可在菜单栏中选择 Edit→Move→Drag 进行拖曳,选择 Edit→Move→Move 进行移动。前者会将元件和与元件相连的导线一起移动,后者只移动元件。

放置元件时,若元件不在光标位置处,或者放置在原理图图纸外,可选择 Edit→Select→Outside Area 命令,然后绘制合适的框选范围,框选外的元件被选中,可通过移动命令移动到合适位置。

(5) 复制元件。原理图中有相同的元件时,放置其中一个元件后,可以使用复制命令。首先要选中复制的对象,复制命令才可以激活。在菜单栏中选择 File→Exit→Copy 命令,也可以使用快捷键 Ctrl+C。复制命令不仅可以复制元件,还可以单独复制元件的文本信息。

(6) 粘贴元件。粘贴是与复制对应的命令,采用复制命令后,才可以激活粘贴命令。在菜单栏中选择 File→Exit→Paste 命令,也可以使用快捷键 Ctrl+V,可以将复制的信息粘贴到鼠标指定位置。如果粘贴的元件数量较多时,可以采用智能粘贴,在菜单栏中选择 File→Exit→Smart Paste 命令,也可以使用快捷键 Shift+Ctrl+V,弹出如图 4-23 所示的对话框。

- Choose the objects to paste 区域中显示可以粘贴的信息。

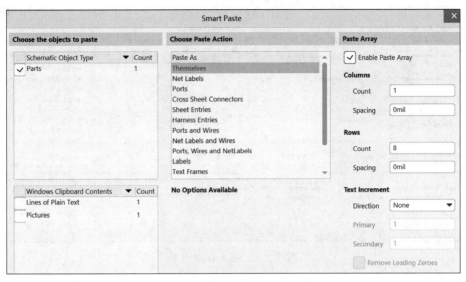

图 4-23　智能粘贴

- 在 Choose Paste Action 中可选择要粘贴的属性。
- Paste Array 用于选择粘贴的阵列,设置对应 Columns(行)和 Rows(列)的 Count (个数)与 Spacing(相邻元件的距离)。

(7) 删除元件。若某些元件不需要,可选中后,按 Delete 键删除元件。不能单独删除元件的属性,可单击元件后将不需要的信息隐藏。

(8) 元件对齐。相同的元件使用对齐命令后,原理图中显示更加美观,也方便后续的连线。选中对象后,可以激活对齐按钮,对齐方式主要有左对齐(以选中的某些元件中最左边的元件为参考线对齐)、右对齐、水平中心对齐、水平分布、顶对齐、底对齐、垂直中心对齐和对齐到栅格等几种方式,如图 4-24 所示。

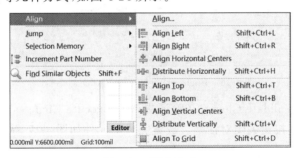

图 4-24　对齐方式

注意:为了连接导线方便,可将所有元件对齐到栅格中。选中全部元件后,选择 Align→Align To Grid 命令或者按快捷键 Shift+Ctrl+D。

(9) 元件标号设置。原理图中放置的元件,默认标号的属性带"?",可以通过双击元件,在属性设置中将 Designator 中的"?"用数字代替,并且相同类型的元件 Designator 中的数字不能相同。

若原理图中元件数目较多,则可以采用注解的方式统一修改。在菜单栏中选择 Tools→Annotation→Annotate Schematics 命令后,系统弹出如图 4-25 所示的对话框。

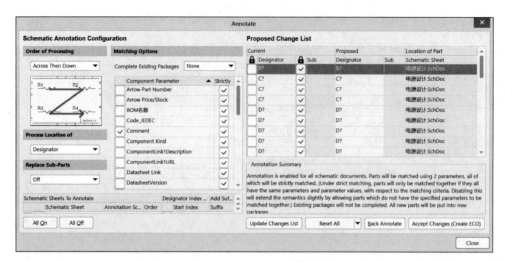

图 4-25　Annotate 对话框

依次单击右下角的 Reset All(全部重置)、Update Changes List(更新列表)、Accept Changes(Create ECO)(接受更改)按钮后,系统弹出如图 4-26 所示的对话框。

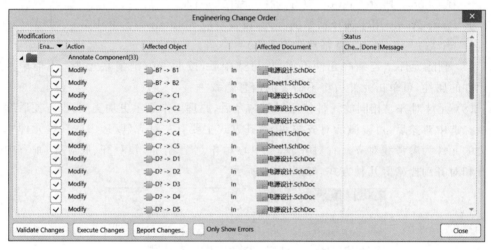

图 4-26　Engineering Change Order 对话框

然后依次单击 Validate Changes(验证更改)、Execute Changes(执行更改)按钮,再单击右下角的 Close 按钮关闭对话框。放置完成的元件如图 4-27 所示。

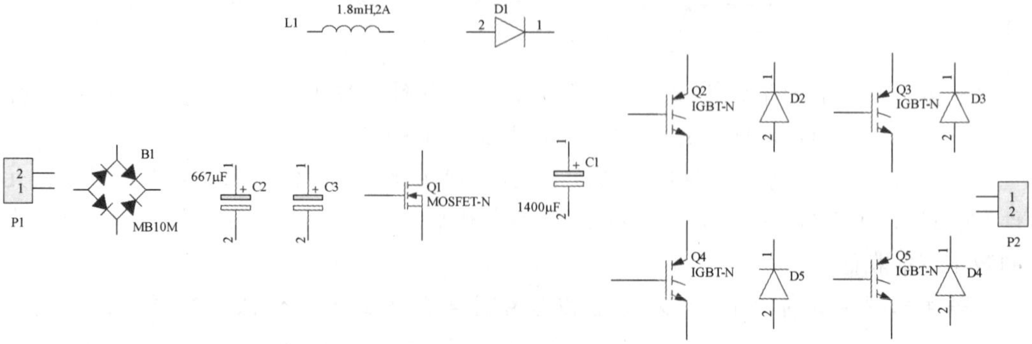

图 4-27　设置元件标号

2. 绘制导线

放置完元件后,需要将对应的元件连接起来。在菜单栏中选择 Place→Wire 命令,快捷键为 Ctrl＋W 或者 P＋W,也可以直接单击快捷工具栏中的第 6 个图标 ≈ 打开布线命令。

将鼠标的"十"字中心移动到 P1 的引脚 1 处,此时鼠标中心的"×"会高亮显示,如图 4-28 所示。按鼠标左键确定连线的起点,然后按住鼠标左键拖动将十字指针移动到其他位置绘制导线,若导线需要拐弯时,在拐弯处单击,如图 4-29 所示,最终将导线拖动到所连接的元件上,如图 4-30 所示。可通过鼠标右键或 Esc 键结束导线绘制的命令。

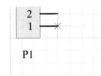

图 4-28　绘制连线的起点

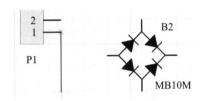

图 4-29　绘制连线的拐点

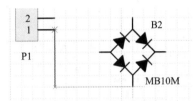

图 4-30　绘制连线的终点

注意:两条线不相交,绘制时直接越过已有连接即可,如图 4-31 所示,若两条线相交,则绘制第二条线时,在相交的点上按鼠标左键会自动产生节点,同时会显示黑色的节点,如图 4-32 所示。绘制拐弯连线时,默认拐角为 90°,通过多次按 Shift＋空格键可以修改拐角的度数,依次为 90°、45°、任意角。

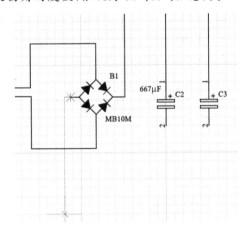

图 4-31　绘制不相交的连线

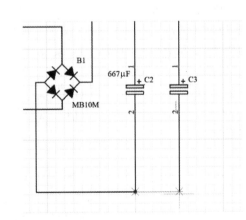

图 4-32　绘制相交的连线

双击连线打开线的属性,如图 4-33 所示。每个相连的线称为一个 Net(网络),每一个网络对应一个名称,在 General(Net)列表下可以修改网络的名称和颜色,在 Parameters (Net)列表下可以修改线的宽度和颜色。本例采用默认参数。

绘制原理图的过程中,有时需要对原理图修改,若需要切断连接好的导线,则在菜单栏中选择 Edit→Break Wire 命令或者依次按快捷键 E、W,光标变成打破线的图标,移动图标到需要切断线的位置按鼠标左键,即可切断导线。

此外,在某些大规模电路中,通常用总线(Bus)连接元件,总线是多条并行导线的集合。但是总线不具备电气属性,只有通过网络标号实现电气连接。总线通常伴随着Label 和 Bus Entry。元件通过导线连接到 Bus Entry,并且总线两端的网络标号要相同。

3. 绘制电源和地

电路图中必不可少的是电源和地,在菜单栏中选择 Place→Power Port 命令,鼠标变成带有 VCC 标识的十字形状,在原理图中选择合适的位置后按鼠标左键放置。也可通过实用工具栏中第 3 个按钮"电源端口"放置电源端口,如图 4-34 所示。

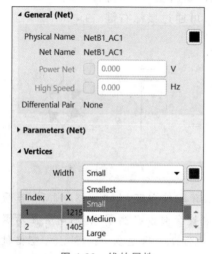

图 4-33 线的属性

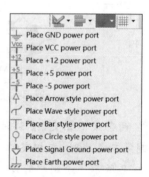

图 4-34 电源端口

其中包括 Place GND power port(放置地平面端口)、Place VCC power port(放置电源端口)、Place+12 power port(放置+12V 端口)、Place+5 power port(放置+5V 端口)、Place -5 power port(放置-5V 端口)、Place Arrow style power port(放置箭头型电源端口)、Place Wave style power port(放置波浪线型电源端口)、Place Bar style power port(放置条形电源端口)、Place Circle style power port(放置圆形电源端口)、Place Signal Ground power port(放置信号地电源端口)、Place Earth power port(放置屏蔽地电源端口)。

补充:

在电路中经常会见到多种电源,表达的意义不一样,以下是常见的电源。

- VCC:C=circuit,表示电路的意思,即输入电路的电压。
- VDD:D=device,表示器件的意思,即器件内部的工作电压。
- VSS:S=series,表示公共连接的意思,通常指电路公共接地端电压。
- VEE:负电压供电;场效应管的源极(S)。
- VBAT:当使用电池或其他电源连接到 VBAT 脚上时,如果 VDD 断电,则可以保存备份寄存器的内容和维持 RTC 的功能。如果应用中没有使用外部电池,VBAT 引脚应接到 VDD 引脚上。
- VPP:编程/擦除电压。

- GND：在电路里常被定义为电压参考基点。
- V 与 VA 的区别是：数字与模拟的区别。
- CC 与 DD 的区别是：供电电压与工作电压的区别(通常 VCC＞VDD)。

由于本例中的电源是通过 P1 外接其他设备接入电路中,故只需要单击 Place Earth power port 放置电源地的端口。双击该地端口,可以设置端口的 Name(名称)、Style(类型)、Font(字体)和颜色,如图 4-35 所示。

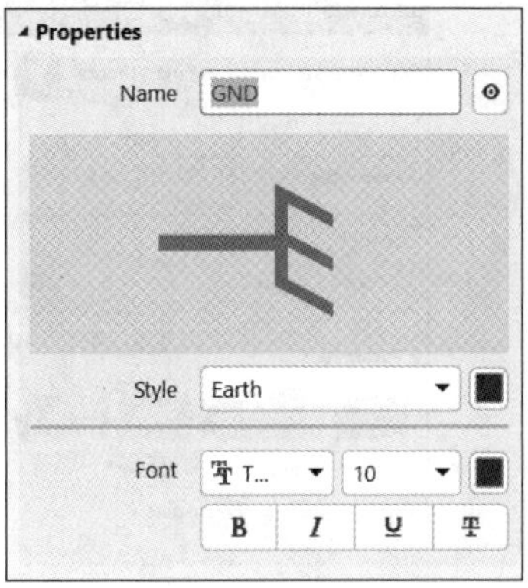

图 4-35　设置端口属性

4. 绘制网络标签

原理图中元件的连接方式,除了使用连线连接外,还可以使用网络标签。具有相同网络标签的连在一起,网络标签也具有电气意义,作用与连线相同,通常适用于元件相连线路比较远,或者两个及以上元件的相互连接。

在菜单栏中选择 Place→Net Label 命令,激活网络标签命令,这时鼠标变成"十"字形,并带有显示标签 Netlabel1,将鼠标"十"字形与元件引脚的"十"字形或者导线的"十"字形相连,同时将需要连接的另一端使用相同的网络标签相连。单击 NetLabel 可以设置网络标签的名称和字体信息。

注意：相连的两部分采用完全同名的网络标签,此处区分英文大小写。

本例中的四路 IGBT 元件和 MOS 管元件的驱动信号以及 GND 信号与元件 P5 相连,直接采用导线进行相连显得过于杂乱,可采用网络标签进行连接。

按照图 4-13,依次放置网络标签,并设置网络标签的 Net Name(网络名)。

为了方便观察可设置网络的颜色,在菜单栏中选择 View→Set New Colors 命令,即可选择颜色,也可以通过 Custom 项自定义颜色,将十字形光标移动到需要添加颜色的网络线上单击鼠标左键,该网络变为对应的颜色,原理图中相连的线都显示为该种颜色。可通过 Clear Net Color 单独删除或者 Clear All Net Color 全部删除网络颜色。

5. 放置参数设置

绘制原理图时可以在连线上放置网络、参数和 PCB 规则等,预先设计的参数设置会自动导入 PCB 中,如本例中从 P1 座子引出的电源线电流较大,可以预先设置 PCB 线宽,其余部分采用默认设置即可。

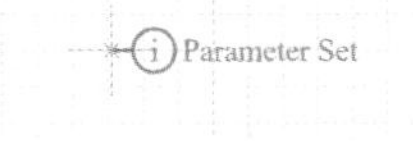

图 4-36　放置指示

在菜单栏中选择 Place→Directives→Parameter Set 命令,出现带有 Parameter Set 的"十"字形状,如图 4-36 所示。

将该指示放置到对应连线后双击,可以设置参数信息,如图 4-37 所示。可以设置该指示所在的位置(X、Y 坐标)、名称、类型和颜色等信息。

本例修改 Label 为 PCB_100mil,类型和颜色默认不变,添加 PCB 布线规则,单击下方的 Add→Rule,弹出选择规则类型的对话框,如图 4-38 所示。选择 Routing 中的 Width Constraint,单击下方的 OK 按钮,进行线宽设置。

图 4-37　设置指示参数

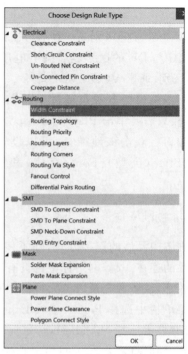

图 4-38　选择规则类型

单击 Min Width,将最小线宽设置为 30mil;单击 Preferred Width,将优先线宽设置为 40mil;单击 Max Width,将最大线宽设置为 50mil,如图 4-39 所示。

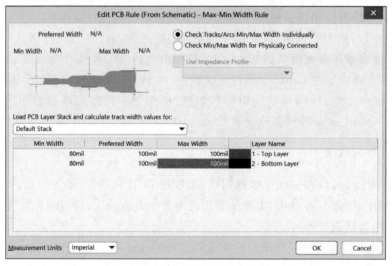

图 4-39　设置线宽参数

6. 放置文本字符串

完善的原理图增加某些标注方便阅读,在原理图中加文本信息不具备电气属性,同样软件不会检测出错误。在菜单栏中选择 Place→Text String 命令,或者单击快速工具栏中倒数第 2 个图标"A",或者单击实用工具栏中第 1 个绘图按钮中的 Place Text String,如图 4-40 所示,都可以激活文本命令。

用鼠标把带有显示 Text 的十字形放到原理图中合适的位置,单击该 Text,在属性中可以设置文本内容、颜色、字体、文本位置等信息,如图 4-41 所示。

图 4-40 放置文本

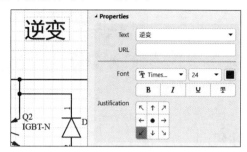

图 4-41 设置文本属性

补充:

文本信息主要分为固定文本和动态文本,除了上述设置固定文本以外,放置动态文本的方法和前面固定文本的放置方法一致,只不过动态文本需要在 Text 下拉框中选择对应的文本属性,例如在 Text 下拉框中选择=Date 选项,按回车键在图纸上会自动显示当前的时间。

- =Address1/2/3/4:显示地址 1/2/3/4。
- =ApproveBy:图纸审核人。
- =Application_BuildNumber:软件版本号。
- =Author:图纸作者。
- =CheckBy:图纸检验人。
- =CompanyName:公司名称。
- =Current:显示当前的系统时间。
- =CurrentDate:显示当前的系统日期。
- =Date:显示文档创建日期。
- =DocumentFullPathAnName:显示文档的完整保存路径。
- =DocumentName:显示当前文档的完整文档名。
- =ModifieDate:显示最后修改的日期。
- =DrawnBy:绘图者。
- =Engineer:工程师,须在文档选项中预设数值,才能被正确显示。
- =Organization:显示组织/机构。
- =Title:显示标题。
- =DocumentNumber:文档编号。
- =Revision:显示图纸版本号。
- =SheetNumber:图纸编号。
- =SheetTotal:图纸总页数。
- =ImagePath:图像路径。
- =Rule:规则,需要在文档选项中预设值。

实验 8:绘制驱动电路的原理图

绘制驱动设计的电路,如图 4-42 所示。元件信息如表 4-2 所示。

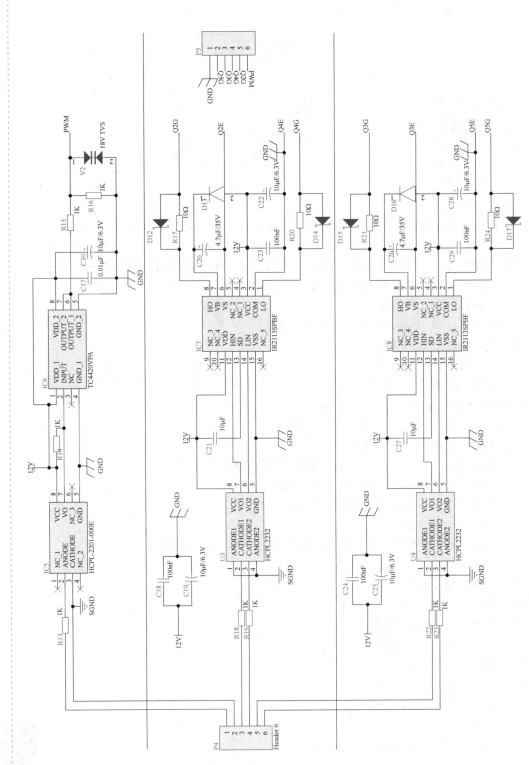

图 4-42 驱动设计的电路图

表 4-2　元件信息表

Comment	Description	Designator	LibRef	Quantity
Cap	Capacitor	C17，C18，C21，C23，C24，C27，C29	Cap	7
Cap Pol	极性电容	C19，C20，C22，C25，C26，C28，C30	Cap Pol	7
D Schottky	肖特基二极管	D12，D14，D15，D17	D Schottky	4
Diode	二极管	D13，D16	Diode	2
HCPL-2201-000E	Integrated Circuit	IC5	HCPL-2201-000E	1
TC4420VPA	Integrated Circuit	IC6	TC4420VPA	1
IR2113SPBF	Integrated Circuit	IC7，IC8	IR2113SPBF	2
Header 6	Header，6-Pin	P4，P5	Header 6	2
Res2	Resistor	R13～R24	Res2	12
HCPL2232	光耦合逻辑门	U3，U4	HCPL2232	2
TVS	DOUBLE Z	V2	DT36V	1

（1）原理图纸区域划分。若原理图中模块较多，为了有序地绘制每个模块，同时增强图纸的阅读性，首先将图纸划分区域。在菜单栏中选择 Place→Drawing Tools→Line 命令，绘制方式与 Wire 相同，如图 4-42 所示，将整张图纸分成三部分。若原理图中元件较多，可修改原理图的图纸大小，在原理图图纸框外任意空白位置双击，在弹出的对话框中可以修改原理图图纸的大小，设置 Sheet Size 参数即可。

注意：Line 与 Wire 在图纸中绘制方法和显示效果相似，都可以通过双击修改属性值。但 Line 不具备电气属性，只方便阅读，不能连接元件，Wire 具备电气属性，是真正意义上的导线。Wire 默认显示颜色为蓝色，而 Line 默认显示颜色为黑色。此外，通过该绘图工具还可以绘制圆弧、圆、椭圆弧、椭圆、矩形、多边形、贝塞尔曲线和图片等。

（2）放置元件、电源端口、标签，按照图 4-42 所示连接起来。在原理图中，快捷键 Ctrl＋F 用于查找文本，快捷键 J(Jump Component)用于查找元件标号。

（3）放置 No ERC。在电路设计中，某些元件的输入/输出引脚可能悬空，根据芯片手册的工作原理可以正常使用，但系统默认下，在原理图后续进行规则检查时，要求所有的输入引脚必须连接，否则提示错误，可在相关引脚放置 No ERC 标记，系统不再检测该处，不产生错误报告。在菜单栏中选择 Place→Directives→Generic No ERC，也可以单击工具栏中的"×"图标，将该"十"字指针放到对应的元件引脚上。

（4）本例中，将所有元件的 Designator 颜色设置为红色，并将 Designator 放到元件左上角位置，可以通过全局编辑统一设置。将鼠标移动到某个元件的 Designator 上，右击，从弹出的快捷菜单中选择 Find Similar Objects 命令，如图 4-43 所示。

弹出查找相似项的对话框，如图 4-44 所示。单击 Kind 栏中 Designator 右侧的 Any，在下拉菜单中选择 Same，同时选中下方的 Select Matching 复选框，单击 OK 按钮。

原理图中符合上述筛选的部分高亮显示，其余部分变为掩膜状态，如图 4-45 所示。

在图 4-46 中，单击 Font 的颜色，将其修改为红色，单击 Justification 中左上角箭头。按鼠标右键，从弹出的快捷菜单中选择 Clear Filter 命令，快捷键为 Shift＋C，清除掩膜状态，窗口恢复正常。此外，相似元件的参数值、封装等信息都可以使用全局修改。

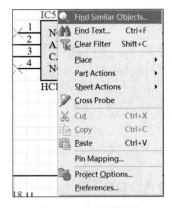

图 4-43 查找相似项

图 4-44 Find Similar Objects 对话框

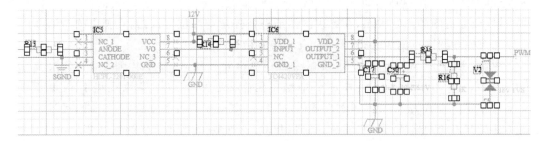

图 4-45 查找结果

(5)原理图编译。自由文件不能编译,工程中的文件才可以编译。原理图绘制完成以后,在菜单栏中选择Project→Validate PCB project 命令进行工程文件的编译。文件编译后,通过在菜单栏中选择 View→Panels→Messages命令打开信息面板,检测结果显示在 Messages 面板中。面板中信息为空,表示原理图绘制正确。

错误等级分为 Warning(警告)和 Error(错误),Warning 默认不显示,可手动打开 Messages 面板查看,Warning 信息对于将来转换成 PCB 不会造成验证问题,通常可以忽略,但也可以提供一些参考。例如,Unconnected pin 能告诉我们哪些引脚没有连接。常见的出现 Warning 的主要有以下几种情况。

图 4-46 属性设置

- Has No Driving Source(没有驱动源):主要是由于芯片引脚属性设置了电气属性,在原理图库中将对应引脚的 Electrical Type 设置为 Passive 即可。
- Have Multiple Names(有多个名称):同一网络有多个名称,需要检查原理图是否连接有误、网络标号名称是否一致。例如,将一个电压对应多个名称 3.3V、3V3、3.3v、+3.3V 等。

- Off Grid Pin(引脚没有对齐栅格):若引脚没有对齐栅格,容易使得连线"虚连接",通过快捷键 Ctrl+Shift+D 即可对齐。
- Floating Net Label(网络标签悬空):主要是由于网络标签没有与元件引脚或者导线连接,网络标签的十字光标要与引脚或者导线的十字重合。

原理图编译有 Error 时,Messages 面板会自动打开,Error 必须修改。常见的错误主要有以下几种情况。

- Unconnected Line(线没有连接):导线与元件引脚没有连接,重新连接使得十字光标重合即可。
- Duplicate Part Designator(元件标号重复):复制相同元件后产生的,标号重新标注即可。

本例中绘制完成后,Messages 面板提示信息如图 4-47 所示。没有 Error,有 1 条警告:Nets Wire Q4E has multiple names,即该连线有多个网络名称。本例中,该网络连接的几个部分,最终都是接地。设计电路图时,根据各个模块起多个名字,不影响使用,故不修改。

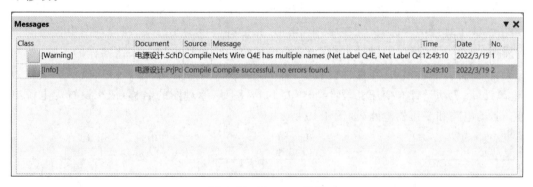

图 4-47 Messages 面板

实验 9:绘制层次原理图

随着科技的发展,电子产品集成度越来越高,前面学习的方法通常适用于小规模和结构简单的电路。大规模的电路设计,在一张原理图中很难绘制完整,通常采用层次化的方法设计。将整个电路系统分成若干个相对独立的模块,分别绘制各个模块电路,最终将每个模块进行系统的连接。各个模块可以由一人绘制,也可以由多人绘制,提升了工作的效率。

层次化的设计方法按照设计理念可以分成两类:自上而下和自下而上。自上而下的设计方法要求设计者掌握整个电路系统,把整个系统分成若干个模块,确定每个模块的主要内容,分别对各个模块进行设计,逐步细化,通常用于项目设计之初,也可以避免一些电磁兼容的问题,是现在电子系统设计方法的总趋势。不同功能模块的不同组合会形成不同的电路系统,自下而上的设计方法是根据不同的模块设计每个子原理图,然后由子原理图生成系统电路。

本实验设计的电路系统主要包括电源部分、驱动部分、变压器部分三个基本模块。采用两种层次方式设计系统电路。

1. 自上而下的原理图设计方式

根据要求,总共有三个模块,设计流程如图4-48所示。

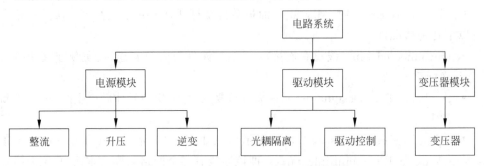

图 4-48　自上而下的原理图设计流程

(1) 新建工程,命名为脉冲电源.PrjPcb,并向工程中添加新的原理图,命名为Top.SchDoc。

(2) 放置页面符。在Top.SchDoc原理图中选择Place→Sheet Symbol命令,也可以单击快捷工具栏中图标,鼠标变成"十"字形,并带有蓝色的小方块,在原理图中合适的位置确定两个点,按鼠标右键结束当前绘制,形成第一个模块电路。采用同样的方式,绘制三个页面符。双击模块,在属性设置中,将Sheet Symbol(页面符的名称)值依次设置为电源设计、驱动设计和变压器设计,将File name(下层原理图的名称)依次设置为电源电路、驱动电路和变压器电路,如图4-49所示。

图 4-49　放置页面符

(3) 添加图纸入口。在菜单栏中选择Place→Sheet Entry命令,也可以单击布线工具栏中的按钮。将鼠标的十字形放到页面符中,依次放置其余入口,右击结束放置命令,如图4-50所示。

(4) 设置图纸入口属性。双击图纸入口可打开属性编辑框,如图4-51所示。该属性主要包括以下几个。

- Name:图纸入口名称,具有相同名称的图纸入口在电气上是连通的。
- I/O Type:入口的输入/输出类型,可设置为Unspecified、Input、Output和Bidirectional 4种类型。
- Kind:图纸入口的箭头类型。

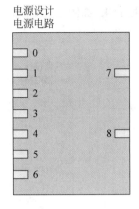 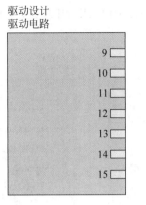 

电源设计
电源电路

驱动设计
驱动电路

变压器设计
变压器电路

图 4-50　添加图纸入口

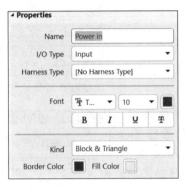

图 4-51　图纸入口属性编辑

各个图纸入口属性如表 4-3 所示。

表 4-3　端口属性表

Designation	Name	I/O Style
电源设计	Power Out $+/-$	Output
	Signal In1...Signal In5	Input
驱动设计	Signal Out1...Signal Out5	Output
变压器设计	Trans In $+/-$	Input

按表 4-3 修改属性后，如图 4-52 所示。

电源设计
电源电路

Signal In1
Signal In2
　　　　Power Out+
Signal In2−
Signal In3
Signal In3−　Power Out−
Signal In4
Signal In5

驱动设计
驱动电路

Signal Out1
Signal Out2
Signal Out2−
Signal Out3
Signal Out3−
Signal Out4
Signal Out5

变压器设计
变压器电路

Trans In+

Trans In−

图 4-52　设置图纸入口属性

（5）连接模块。按照功能将各个模块中的图纸入口用导线连接起来，如图 4-53 所示。

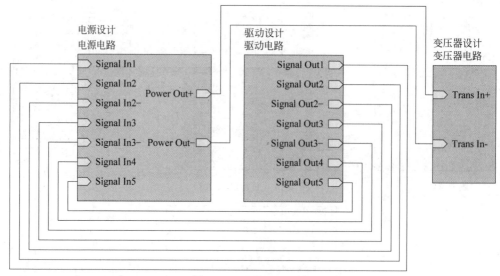

图 4-53　连接图纸入口

（6）绘制各个模块的电路原理图。从页面符创建图纸，在菜单栏中选择 Design→Create Sheet From Sheet Symbol 命令，单击电源设计的页面符后，工程中自动添加原理图文件：电源电路.SchDoc，并且原理图中生成对应的输入/输出端口，如图 4-54 所示。

依次绘制其余模块电路，完成本系统的电路设计。

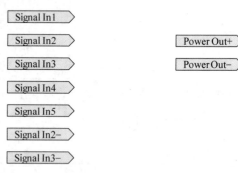

图 4-54　生成原理图文件

2. 自下而上的原理图设计方式

自下而上的设计方式与自上而下的设计方式相反，自下而上的层次方法是先设计各个模块电路图，然后由子图生成页面符。

（1）新建工程，命名为脉冲电源.PrjPcb，并向工程中添加新的原理图文件，电源电路、驱动电路和变压器电路分别如图 4-55、图 4-56 和图 4-57 所示。

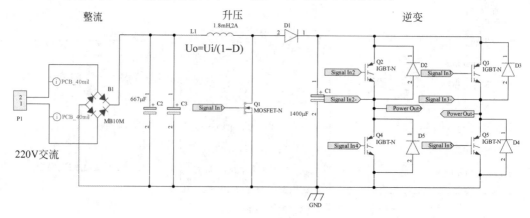

图 4-55　电源电路

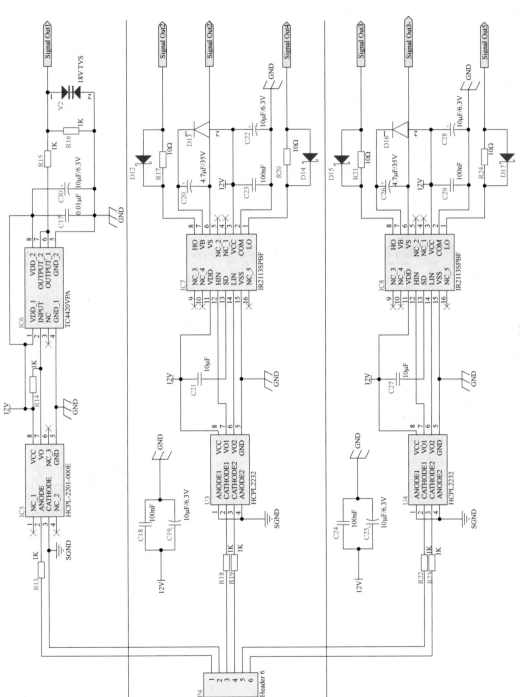

图 4-56　驱动电路

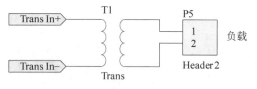

图 4-57　变压器电路

（2）添加输入/输出端口。在菜单栏中选择 Place→Port 命令，通过两点绘制端口，双击端口设置 Name 和 I/O Style 参数值，用导线将该端口与原理图中对应的元件连接起来。

（3）生成页面符。向工程中添加顶层原理图文件后，打开顶层原理图文件，在菜单栏中选择 Design→Create Sheet Symbol From Sheet 命令，系统弹出 Choose Document to Place 对话框，如图 4-58 所示。

选择电源电路.SchDoc 选项，单击 OK 按钮后，顶层原理图中出现电源电路的页面符，如图 4-59 所示。

图 4-58　Choose Document to Place 对话框

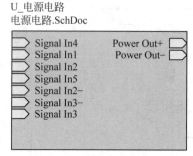

图 4-59　生成页面符

双击该页面符即可修改相关属性，如将 Designator 内容设置为 Repeat(U_电源电路,3)，表示重复 3 个 U_电源电路的模块。

（4）绘制顶层原理图，生成所有的页面符后，用导线将页面符连接起来，如图 4-60 所示。

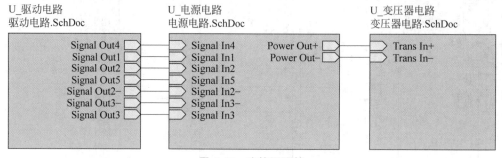

图 4-60　连接页面符

4.4　原理图文件的输出

4.4.1　库文件

绘制完原理图，可以将当前原理图中所有种类元件创建成元件符号库或者集成库，方便后续同类的系统电路直接使用。

在菜单栏中选择 Design→Make Schematic Library（生成原理图库）或者 Make Integrated Library（生成集成库）命令，打开 Component Grouping 对话框，如图 4-61 所示。

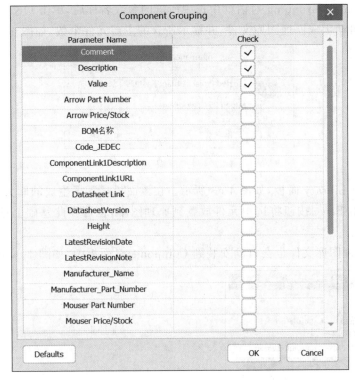

图 4-61 Component Grouping 对话框

- Arrow Part Number：箭形部件编号。
- Arrow Price/Stock：箭头部件价格/库存。
- Code_JEDEC：JEDEC 码，JEDEC（固态技术协会）是微电子产业的领导标准机构。
- Component Link1 Description：元件连接 1 的描述。
- Component Link1 URL：元件连接 1 的 URL。
- Datasheet Link：数据表连接。
- Datasheet Version：数据表版本号。
- Height：高度。
- Latest Revision Date：最新的修订日期。
- Latest Revision Note：最新修订版。
- Manufacturer_Name：制造商名称。
- Manufacturer_Part_Number：制造商的零件编号。
- Mouser Part Number：零件编号。
- Mouser Price/Stock：价格/库存。
- Package Description：封装说明。
- Package Reference：封装参考。
- Package Version：封装版本。

- Published：发表于哪里。
- Publisher：编辑人。

在 Component Grouping 对话框中选中所需的参数名称后，单击 OK 按钮，若检测没有错误，系统自动生成原理图库文件，并提示所含的主要元件个数，如图 4-62 所示。

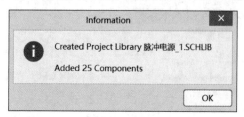

图 4-62　生成原理图库文件

打开 SCH Library 面板，如图 4-63 所示。在该面板显示了生成的库文件所包含的全部元件，可单击 Place 按钮将选中元件放置到原理图中，也可在此基础上进行增加、修改和删除等操作。

生成的原理图库文件也会自动安装到 Components 面板中，如图 4-64 所示。

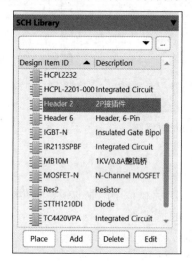

图 4-63　SCH Library 面板

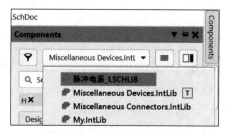

图 4-64　Components 面板

4.4.2　网络表

网络表是记录元件和元件间连接关系的文件，可以在不同软件中使用，可以生成工程的网络表和原理图的网络表。

在菜单栏中选择 Design→Netlist For Project/Document 命令后，根据需要生成 Cadetix/Orcad/PADS/PCAD/Protel 等不同软件的网络表，生成的网络表自动保存在当前工程下，如图 4-65 所示。

图 4-65　网络表

4.4.3 元件报告

在菜单栏中选择 Reports→Bill of Materials 命令，打开元件材料清单对话框，如图 4-66 所示，该对话框包括了元件的参数信息，主要有 Comment、Description、Designator、Footprint、LibRef 和 Quantity 6 类信息。

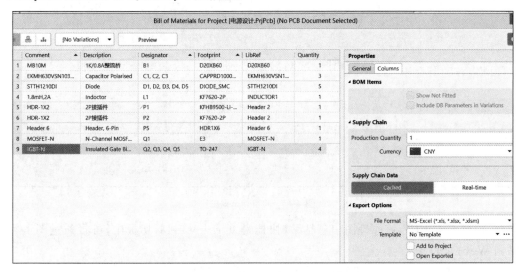

图 4-66　Bill of Materials 对话框

（1）General 栏主要设置常用参数。
- File Format（文件格式）：用于为元件报表设置文件输出格式。可随意设置的格式有 CSV、Excel、PDF、html、XML。
- Template（模板）下拉列表：用于为元件报表设置显示模板。单击右侧的按钮，可以使用曾经用过的模板文件，也可以重新选择显示模板。
- Add to Project：选中后，创建的报告添加到项目中。
- Open Exported：选中后，创建的报告会自动打开。

（2）Columns 栏列出元件的属性信息，如图 4-67 所示。
- Drag a column to group：用于设置元件归类标准，如单击 Comment，则元件按注释进行分类。
- Columns：所有的信息内容，可通过单击每项符号打开或者关闭某些信息的显示，可将某个信息拖动到 Drag a column to group 列。

单击 Export 按钮，可以输出 Bill of Materials. Excel 材料清单。

4.4.4 打印原理图

原理图文件需要安装 Altium Designer 软件才能打开，可将其保存到 Word、PDF 或者进行打印。

打开原理图后选择需要打印的部分，通常全部选中（快捷键 Ctrl＋A），然后复制该图

图 4-67　Columns 栏

形(快捷键 Ctrl+C),该原理图信息粘贴(快捷键 Ctrl+V)到剪切板中,可将矢量图形粘贴到 Word 文件中。

在菜单栏中选择 File→Smart PDF 命令,可输出 PDF 文件。

在菜单栏中选择 File→Page Setup,打开页面设置对话框,如图 4-68 所示。

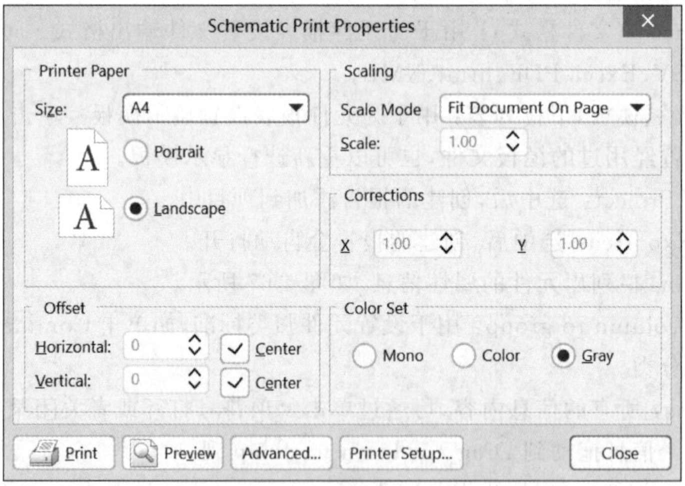

图 4-68　页面设置对话框

可通过 Size 设置图纸大小,Portrait(垂直)或 Landscape(水平)设置显示方式,Offset设置页边距,Scaling 设置缩放比例,Corrections 进行矫正,Color Set 进行颜色设置。

单击 Print 按钮进行打印,Preview 按钮用于打印预览,Advanced 按钮用于高级选项设置,Printer Setup 按钮用于打印机设置。

4.4.5 输出任务配置文件

在菜单栏中选择 File→New→Output Job File 命令,系统弹出输出任务配置文件,如图 4-69 所示。单击某个文件夹可以看到下级菜单选项,使用该设置可以批量生成报表文件。

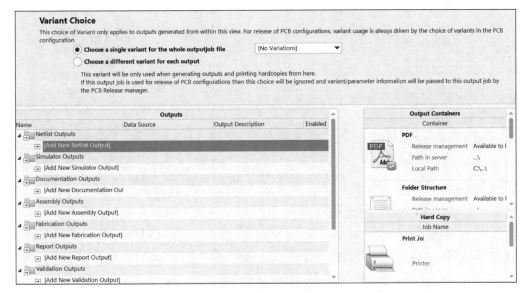

图 4-69 输出任务配置文件

- Netlist Outputs:网表输出文件。
- Simulator Outputs:仿真分析报告文件。
- Documentation Outputs:电路原理图和 PCB 的打印文件。
- Assembly Outputs:PCB 汇编输出文件。
- Fabrication Outputs:PCB 加工文件。
- Report Outputs:报告输出文件。
- Validation Outputs:生成的文件。
- Export Outputs:输出文件。
- PostProcess Outputs:接线端子加工输出文件。

习题 4

(1) 绘制线性电源直流稳压电路图,如图 4-70 所示。

(2) 绘制多级解调对数放大器电路图,如图 4-71 所示。

(3) 绘制 IV 转换电路图,如图 4-72 所示。

(4) 绘制压控增益放大器电路图,如图 4-73 所示。

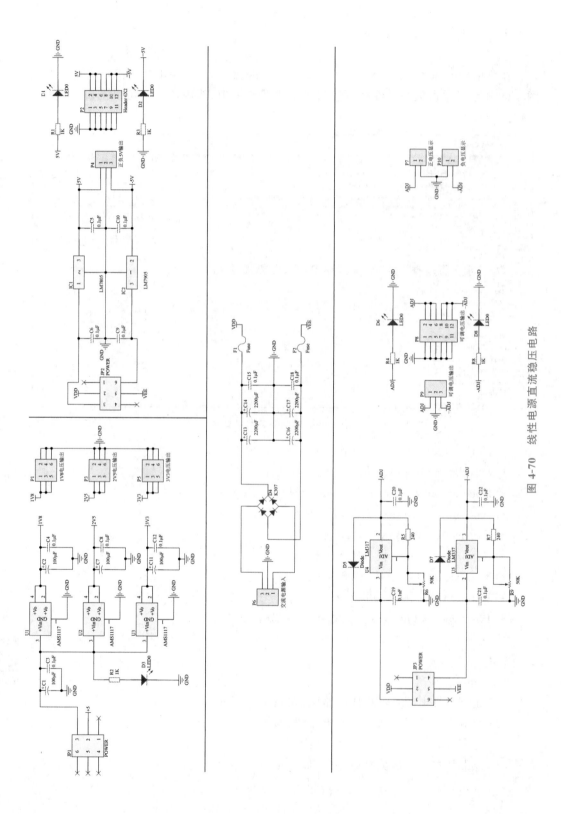

图 4-70　线性电源直流稳压电路

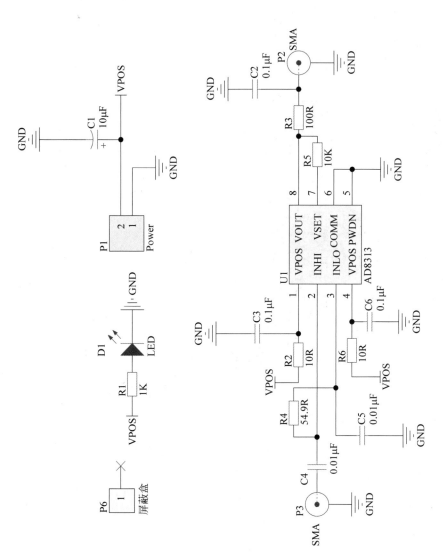

图 4-71 多级解调对数放大器电路

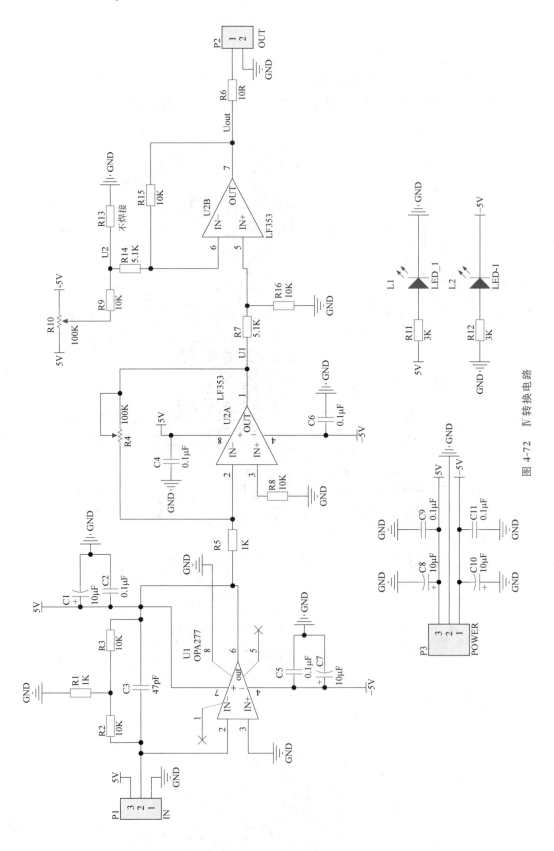

图 4-72 Ⅳ 转换电路

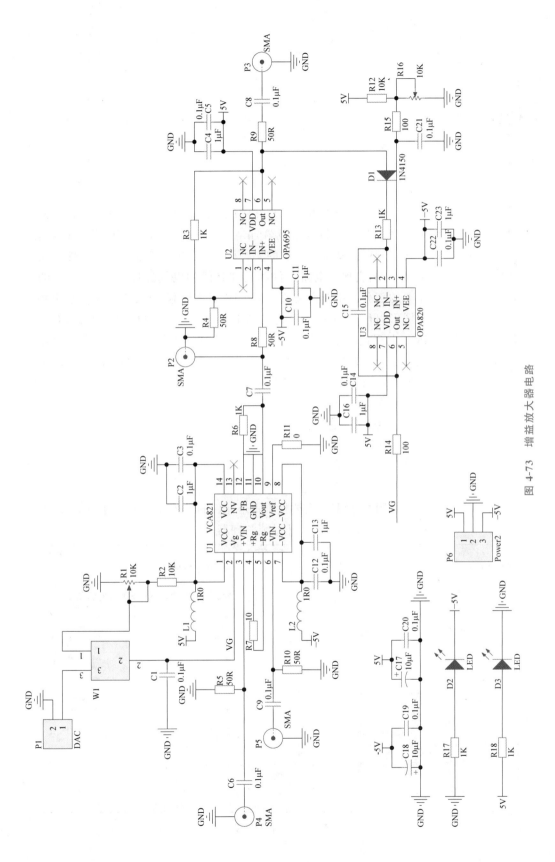

图 4-73 增益放大器电路

第5章 PCB设计基础

原理图是根据电路原理在图纸上绘制的图形，本质上是各个元件的连接关系。印制电路板（Printed Circuit Board，PCB）简称印制板，是在原理图的基础上绘制的实物模型，是电子产品中电路元件与元件的支撑件，实现了电路元件和元件之间的电气连接，是整个工程的最重要的部分。制造商按照 PCB 图生成电路板，在覆铜板上刻蚀出相关的图形，再经过钻孔等特定的加工工艺，形成可供用户使用的 PCB，在 PCB 上焊接各个元件，经过调试和测试等工作，就完成了产品设计的硬件部分。根据导电层数，PCB 可分为单层板、双层板和多层板，本章主要学习双层 PCB 的绘制。

5.1 PCB 设计流程

5.1.1 检查元件封装

绘制原理图后，需要检查每个元件的封装，在菜单栏中选择 Tools→Footprint Manager，打开封装管理器，如图 5-1 所示。

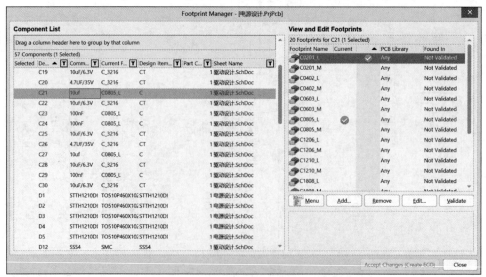

图 5-1　封装管理器

左侧 Component List 列出了该工程中每个原理图中所有元件的信息,包括 Designator（元件标号）、Comment（元件标注）、Current Footprint（当前封装类型）、Design Item ID（符号在原理图库的名称）、Sheet Name（来自的原理图文件的名称）。

单击某个元件,如 C21,右侧列出可查看和编辑的封装。其中,Current 列表示当前原理图中元件的封装,若需要修改为其余的封装,只需选中封装,单击 Validate 按钮,使更改生效。

注意：若没有可选的封装或者封装尺寸不合适,则需要用户自行创建封装,详见第 3 章,最终使每个元件都匹配合适的封装。

5.1.2 创建 PCB 文件

选择工程文件后,右击,在弹出的快捷菜单中选择 Add New to Project→PCB 命令,即可在同一个工程中添加 PCB 文件,保存时可设置文件名称,如"脉冲电源.PcbDoc"。软件自动打开的 PCB 编辑器如图 5-2 所示。

图 5-2　PCB 编辑器

图 5-2 下方有多个可选择的页面,表示 PCB 的工作层。

- Top Layer：顶层,默认显示为红色。
- Bottom Layer：底层,默认显示为蓝色。

以上两层主要放置元件和导线。

- Top Overlay：顶层丝印层。
- Bottom Overlay：底层丝印层。

以上两层主要放置元件的丝印部分,如元件符号轮廓、元件标注等文字信息。

- Top Paste：顶层助焊层。

- Bottom Paste：底层助焊层。

以上两层主要涂制比焊盘略大的膜，用于提高焊盘焊接性能。

- Top Solder：顶层阻焊层。
- Bottom Solder：底层阻焊层。

以上两层主要涂制焊盘外铜箔处的膜，阻碍该部分的焊接。

- Drill Guide：过孔引导层。
- Drill Drawing：过孔钻孔层。

以上两层前者用于引导钻孔定位，后者用于查看钻孔孔径。

- Mechanical：机械层，用于绘制 PCB 的机械外形轮廓。
- Keep-out Layer：禁止布线层，在该层绘制图形后，相关区域不能布线。
- Multi-Layer：多层，在该层绘制图形后，所有层都会出现该图形。

下面以绘制电气边界为 6 000mil×3 000mil 的双层板为例进行介绍。

（1）设置栅格。在菜单栏中选择 View→Grids→Set Global Snap Grid，快捷键为 Shift＋Ctrl＋G，进行栅格设置，在弹出的对话框中输入 1 000mil，此时每两个相邻栅格点距离为 1 000mil，方便快速设置电路板大小。

（2）绘制电气边框。在 Keep-out Layer 层中单击快捷工具栏中的 Place Line，绘制封闭的直线，水平连接 7 个点（即 6 000mil），竖直连接 4 个点（即 3 000mil），如图 5-3 所示。

（3）定义板框形状。全部选中该直线框，在菜单栏中选择 Design→Board Shape→Define Board Shape from Selected Objects，或者依次按 D、S、D 键，即可从所选择的区域绘制电路板的形状，如图 5-4 所示。

图 5-3　绘制直线框　　　　　　　　图 5-4　定义板形状

注意：定义板框时，所选的边框线一定是一个闭合的区域，否则会弹出 Could not find board outline using 的错误提示。

电路板尺寸设置完后，应重新设置栅格，或使栅格值恢复原来大小，默认值为 5mil，否则后续无法连接元件。

5.1.3　导入网表

导入网表，即把元件以及元件间的相连关系导入 PCB 文件中。

（1）在 PCB 编辑器的菜单栏中选择 Design→Import Changes form 脉冲电源.PrjPcb，即从原理图中导入信息，弹出工程变更指令的对话框，如图 5-5 所示。

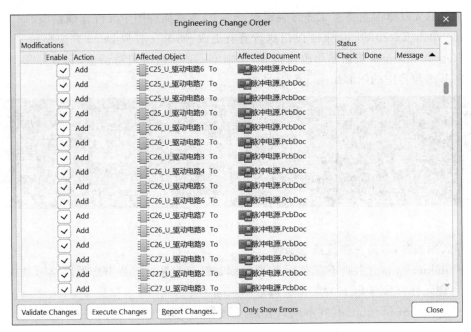

图 5-5 工程变更指令

注意：原理图文件和 PCB 文件要放在同一工程文件中，否则无法导入。

（2）单击左下角的 Validate Changes 按钮，验证变更，系统扫描所有元件和连线关系，如图 5-6 所示。

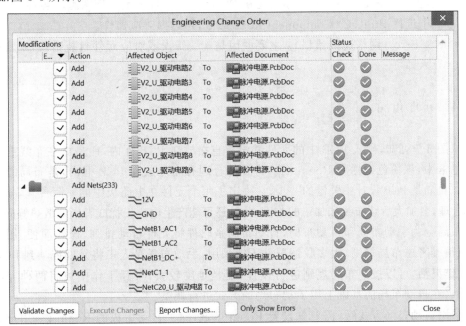

图 5-6 验证变更和执行变更

若有效，则在右侧 Check 列显示"√"标记；若无效，则 Check 列中对应行显示"×"，无效的地方必须进行改进。修改后重新导入验证更改。

常见的无效原因主要有元件封装错误或丢失,或者原理图中元件连线错误。

(3)单击 Execute Changes 按钮执行所有更改,同时在右侧 Done 列中显示"√",可单击 Report Changes 按钮输出改变报表,单击 Close 按钮关闭对话框,完成原理图的导入。PCB 编辑器中的图形如图 5-7 所示。

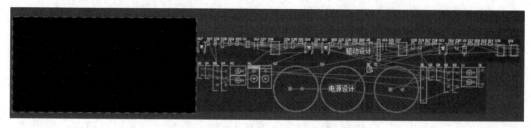

图 5-7　导入网表后的 PCB 编辑器

导入网表时,常见一些报错与警告。

- unknown pin(引脚不存在):主要原因是没有封装;封装引脚的网络号缺失;原理元件符号与 PCB 封装中引脚号不匹配。
- footprint not found(找不到封装):主要原因是原理图中的器件没有添加 PCB 的模型,需要重新添加。
- failed to match * of * components using unique identifiers(元件的唯一标识符未能匹配):主要原因是元件 Unique ID 重复,解决办法是在原理图中双击相应的元件,在 Unique ID 项后面单击 Reset;另一个原因是 PCB 中封装进行过修改,但并未做过更新,解决办法是在 PCB 编辑界面(不是原理图编辑界面)的菜单栏中选择 Project→Component links 命令,再选择对应器件。
- Net Error(网络连接错误):主要原因是连线错误或对应元件封装错误,重新检查导入即可。

5.1.4　元件布局

从图 5-7 可知,导入 PCB 中的元件并没有直接放在 PCB 框内,而是放在布线框外面的粉色框中,该粉色框称为 Room 框。将元件合理有序地放在 PCB 框内,是布局的主要任务。布局是 PCB 设计中关键的一步,它决定了每个元件在电路板中的实际位置,如果布局不合理,会加大后续布线和加工的难度,此外还可能产生电磁干扰或者影响散热等问题。

布局分为手动布局和自动布局,自动布局是软件将元件自动排列,操作简便,用时较短,但很难考虑布局规则,大多数情况并不能采用,手动布局是人工将元件拖动到 PCB 框内,操作灵活,可以按照布局规则进行设计,但是难度较大,实际工作中可将两种方法结合起来,在自动布局的基础上用手动布局的方式进行调整。

采用自动布局方式时,需要先设置 Room 区域,除了自动生成的 Room 框,用户也可手动创建 Room。常用的 Room 有矩形和多边形两类。

1. 创建矩形 Room

(1)在菜单栏中选择 Design→Rooms→Place Rectangular Room,光标变成"十"字

形,进入 Room 放置模式。

（2）定位并单击(或按 Enter 键),确定 Room 的第一个边角。

（3）移动光标调整 Room 的大小,然后单击(或按 Enter 键)放置 Room 的斜对角,从而完成一个 Room 的放置。

（4）继续放置其他的 Room,然后右击或按 Esc 键退出放置 Room 模式。

2. 创建多边形 Room

（1）在菜单栏中选择 Design→Rooms→Place Polygonal Room,光标变成"十"字形,进入 Room 放置模式。

（2）定位并单击(或按 Enter 键),确定 Room 的第一个边角。

（3）定位光标,单击(或按 Enter 键)定义多边形的一系列的端点。

（4）最后一个端点放置完成后,右击或按 Esc 键退出放置 Room 模式。没有必要手动闭合多边形,软件会自动连接起始点和终止点闭合多边形。

定义 Room 外形时,可以使用快捷键 Shift＋Space 在多种转角模式之间切换,包括任意角度、45°、45°圆弧、90°和 90°圆弧。圆弧半径可以通过"Shift＋."增大,通过"Shift＋,"减小。在放置时使用 Backspace 键,可以删除刚刚放置的端点,重复该操作可以删除多边形,返回起始点。

3. 通过元件自动创建 Room

（1）按住鼠标左键选择元件,如图 5-8 所示,选中 Q2、Q3、Q4、Q5、D2、D3、D4、D5。

（2）在菜单栏中选择 Design→Rooms→Create Orthogonal/Non-Orthogonal/Rectangle (直角/非直角/矩形)Room from selected components,此时 Room 和 Component Class 会自动创建,如图 5-9 所示。Room 尺寸会按照元件边界裁剪到适合所有选中的元件,并且关联到 Component Class。

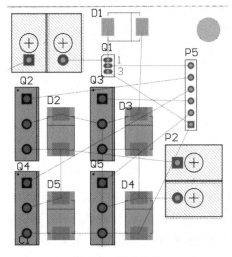

图 5-8　选中元件

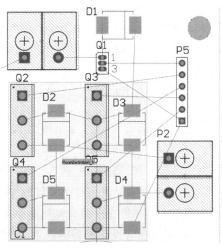

图 5-9　使用元件创建 Room

4. 对 Room 形状和属性进行更改

选中 Room 后,在菜单栏中选择 Design→Rooms→Wrap Orthogonal/Non-Orthogonal/Rectangle(直角/非直角/矩形)Room Arounds components,可更改为不同形状的包围元件的 Room。例如在图 5-9 中选中 Room 后,更改为 Wrap Orthogonal Room Arounds components,生成如图 5-10 所示的 Room。

此外,也可以在菜单栏中选择 Design→Rooms→Slice Room,对 Room 进行切割。

双击 Room 框可修改 Room 的参数,如名称、位置,锁定 Room 或者锁定 Room 中的元件等信息,如图 5-11 所示。

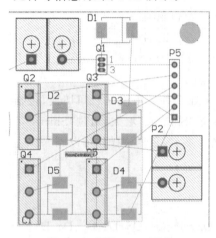

图 5-10　修改 Room 形状

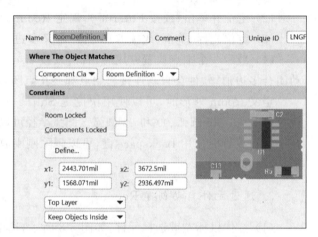

图 5-11　修改 Room 属性

在 PCB 主工作区创建或放置一个 Room 图形时,会在 Design→Rules→Placement→Room definition 中自动产生与这个 Room 关联的设计规则。反之,当用户在上述位置添加一个 Room 新规则,在 PCB 主工作区也会相应地创建一个 Room 空间。

选中图 5-11 中的 Room 区域,将之移动到 PCB 框中,适当调整 Room 的长度和宽度,使之刚好落在 Keep Out Layer 所画的边界线内。在菜单栏中选择 Tools→Component Placement,可以使 Room 中的元件进行自动布局。

5.1.5　布局原则

将每个元件拖到 PCB 图中即为手动布局,合理的布局主要遵循以下原则。

1. 元件排列规则

(1) 在通常条件下所有的元件均应布置在印制电路的同一面上,只有在顶层元件过密时,才能将一些高度有限并且发热量小的元件放在底层,如贴片电阻、贴片电容、贴片 IC 等。

(2) 在保证电气性能的前提下,元件应放置在栅格上且相互平行或垂直排列,分布均匀,重心平衡,版面美观。一般情况下不允许元件重叠,元件排列要紧凑,尽量满足总的连线尽可能短、关键信号线最短,高电压、大电流信号与低电压、小电流信号完全分开,模拟信号与数字信号分开,高频信号与低频信号分开,输入和输出元件远离,高频元件间隔充分。

（3）某些元件或导线之间可能存在较高的电位差，应加大它们的距离，以免因放电、击穿而引起意外短路。

（4）带高电压的元件应尽量布置在调试时手不易触及的地方。位于板边缘的元件，应离板边缘至少两个板厚的距离。

（5）根据结构图设置板框尺寸，按结构要素布置安装孔、接插件等需要定位的元件，并给这些元件赋予不可移动属性，按工艺设计规范的要求进行尺寸标注。

2. 信号走向原则

（1）通常遵照"先大后小，先难后易"的布置原则，即重要的单元电路、核心元件应当优先布局，应参考原理图，按照信号的流程逐个安排各个功能电路单元的位置，以每个功能电路的核心元件为中心，围绕它进行布局。相同结构电路部分，尽可能采用"对称式"标准布局。

（2）元件的布局应便于信号流通，使信号尽可能保持一致的方向。多数情况下，信号的流向安排为从左到右或从上到下，与输入或者输出端直接相连的元件应当放在靠近输入或者输出接插件或连接器的地方。

3. 电磁干扰原则

（1）对辐射电磁场较强的元件，以及对电磁感应较灵敏的元件，应加大它们相互之间的距离或加以屏蔽，元件放置的方向应与相邻的印制导线交叉。

（2）尽量避免高低电压元件相互混杂，避免强弱信号的元件交错在一起。

（3）对于会产生磁场的元件，如变压器、扬声器和电感等元件，布局时应减少磁力线对印制导线的切割，相邻元件磁场方向应相互垂直，减少彼此之间的耦合。

（4）对干扰源进行屏蔽，屏蔽罩应有良好的接地。

（5）在高频工作的电路，要考虑元件之间的分布参数的影响。

（6）IC去耦电容的布局要尽量靠近IC的电源引脚，并使之与电源和地之间形成的回路最短。

4. 热干扰原则

（1）对于发热元件，一般应均匀分布，应优先安排在利于散热的位置，必要时可以单独设置散热器或小风扇，以降低温度，减少对邻近元件的影响。

（2）一些功耗大的集成块、大或中功率管或者电阻等元件，要布置在容易散热的地方，并与其他元件隔开一定距离。

（3）热敏元件应紧贴被测元件并远离高温区域，以免受到其他发热功当量元件影响，引起误动作。

（4）双面放置元件时，底层一般不放置发热元件。

5. 生产工艺规则

（1）同类型插装元件在 X 或 Y 方向应朝一个方向放置。同一种类型的有极性分立元件也要力争在 X 或 Y 方向保持一致，便于生产和检验。

（2）元件的排列要便于调试和维修，即小元件周围不能放置大元件，需调试的元件周围要有足够的空间。

（3）需用波峰焊工艺生产的单板，其紧固件安装孔和定位孔都应为非金属化孔。当安装孔需要接地时，应采用分布接地小孔的方式与地平面连接。

（4）焊接面的贴装元件采用波峰焊接生产工艺时，阻容件的轴向要与波峰焊传送方向垂直，阻排及 SOP(PIN 间距大于或等于 1.27mm)元件轴向与传送方向平行；PIN 间距小于 1.27mm(50mil)的 IC、SOJ、PLCC 和 QFP 等有源元件避免用波峰焊焊接。

（5）BGA 与相邻元件的距离大于 5mm。其他贴片元件相互间的距离大于 0.7mm；贴装元件焊盘的外侧与相邻插装元件的外侧距离大于 2mm；有压接件的 PCB，压接的接插件周围 5mm 内不能有插装元件，在焊接面周围 5mm 内也不能有贴装元件。

（6）用于阻抗匹配目的阻容件的布局，要根据其属性合理布置。串联匹配电阻的布局要靠近该信号的驱动端，距离一般不超过 500mil。匹配电阻、电容的布局分清信号的源端与终端，对于多负载的终端匹配一定要在信号的最远端匹配。

5.1.6 PCB 布线

将 PCB 中元件的飞线用导线连接起来，就是布线。同样，布线也可以分成手动布线和自动布线。自动布线可以降低工作量，还可以减少布线时产生的遗漏；手动布线操作灵活，绘制过程中可以微调元件的布局。实际中通常将两者结合起来，以达到最优的布线路径。

布线时，应当注意以下几点。

（1）电源、模拟小信号、高速信号、时钟信号和同步信号等关键信号优先布线。

（2）从单板上连接关系最复杂的元件着手布线。从单板上连线最密集的区域开始布线。

（3）以铜皮厚度和承受的电流的大小进行线宽的设计，线宽与电流的关系如表 5-1 所示。通常线宽不小于 8mil。在条件允许的情况下，线宽取大不取小，地线应尽量宽，最好使用大面积覆铜，使整个板子有良好的接地。数字地与模拟地分开绘制，直流与交流分开绘制。

表 5-1 铜皮厚度和线宽与电流的关系

铜皮厚度 35μm		铜皮厚度 50μm		铜皮厚度 70μm	
线宽/mm	电流/A	线宽/mm	电流/A	线宽/mm	电流/A
0.15	0.20	0.15	0.50	0.15	0.70
0.20	0.55	0.20	0.70	0.20	0.90
0.30	0.80	0.30	1.10	0.30	1.30
0.40	1.10	0.40	1.35	0.40	1.70
0.50	1.35	0.50	1.70	0.50	2.00
0.60	1.60	0.60	1.90	0.60	2.30
0.80	2.00	0.80	2.40	0.80	2.80
1.00	2.30	1.00	2.60	1.00	3.20
1.20	2.70	1.20	3.00	1.20	3.60
1.50	3.20	1.50	3.50	1.50	4.20
2.00	4.00	2.00	4.30	2.00	5.10
2.50	4.50	2.50	5.10	2.50	6.00

注意：用铜皮做导线通过大电流时，设计时应预留安全余量，按载流量应该减少50％设计。

（4）连线要精简，尽可能短并且少转弯，不得有尖锐的倒角，拐弯处不得有直角，高压或高频信号线应圆滑，差分信号线应该成对走线，相互平行。

（5）从工艺角度上考虑，过孔内径设置为0.5～0.7mm，这样波峰焊时，焊锡会填充过孔，同时尽量减少过线孔，否则沉铜工艺可能留有隐患；同向并行线密度不宜过大，否则焊接时容易连成一片；焊点间距不宜过小，否则人工不易焊接；尽量不用埋盲孔。

（6）尽量为时钟信号、高频信号、敏感信号等关键信号提供专门的布线层，并保证其回路面积最小。必要时应采取手动优先布线、屏蔽和加大安全间距等方法，保证信号质量。

（7）高速数字电路设计中，电源与地层应尽量靠在一起，中间不安排布线。所有布线层都尽量靠近一平面层，优选地平面为走线隔离层。为了减少层间信号的电磁干扰，相邻布线层的信号线走向应取垂直方向。可以根据需要设计一两个阻抗控制层，将单板上有阻抗控制要求的网络布线分布在阻抗控制层上。

（8）根据工作频率进行接地线设计，主要分为以下几种情况：

① 频率小于1MHz时采用单点接地的方式。分为串联单点接地和并联单点接地。串联单点是用公共接地线接到地网络中，如图5-12所示，其接地方式结构简单，各个元件的接地引线较短，由于公共低阻抗的影响，接地性能较差。并联单点接地是将需要接地的各部分分别以接地导线直接连到地网络中，如图5-13所示，各路中的地电流互不干扰，因此并联单点接地是低频电路最好的接地方法。

注意：图中N1、N2、N3表示三个单元电路。

② 频率大于10MHz时采用多点接地的方式。多点接地是指各个接地点都直接接到距离它最近的接地平面上，如图5-14所示。高频电路中地线长度接近1/4波长时，就像一根终端短路的传输线，地线上的电流、电压呈驻波分布，地线就变成了"辐射天线"，因此高频应该采用多点接地的方式。

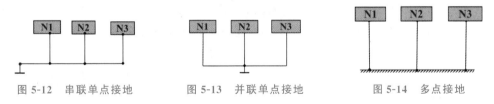

图 5-12　串联单点接地　　　图 5-13　并联单点接地　　　图 5-14　多点接地

③ 频率为1～10MHz时采用混合接地的方式。实际复杂的电路中，各种电路交叉，根据电路各自的性质对不同电路采用不同的接地方式，当接地线长度小于波长的1/20时，采用单点接地，否则采用多点接地。

5.2　PCB 设计规则

布线前，应首先设置布线规则。在 Altium Designer 22 中，PCB 编辑器集成了多种设计规则，选择 Design→Rules 命令，打开 PCB 设计规则对话框，如图5-15所示。

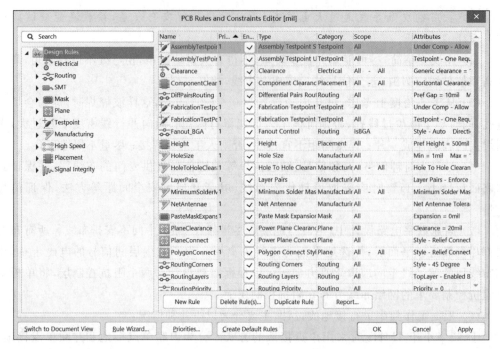

图 5-15　PCB 设计规则对话框

从图 5-15 中左侧可以看出,PCB 规则总共分为 Electrical、Routing、SMT、Mask、Plane、Testpoint、Manufacturing、High Speed、Placement 和 Signal Integrity 10 类,其中前 5 类使用较多,后 5 类通常采用默认设置。本节主要讲述前 5 类。

5.2.1　Electrical

Electrical 规则主要用于 DRC 电气校验,是 PCB 设计必须满足的规则。

(1) Clearance(安全间距规则)。主要用于在 PCB 电路板布置导线时设置焊盘与焊盘、焊盘与导线、导线与导线间的最小距离,如图 5-16 所示。可以选择 Simple(简单)模式或者 Advanced(高级)模式,通过选中 Ignore Pad to Pad clearances within a footprint复选框忽略同一封装内的焊盘间距(一般情况下不选中)。

Where The First(Second)Object Matches:优先(其次)应用项,默认为 All(全部),可以设置为网络、网络类、层、网络和层。

Constraints:约束项,可以设置 Track(走线)、SMD Pad(表贴焊盘)、TH Pad(通孔焊盘)、Via(过孔)、Copper(铜皮)、Text(文本)和 Hole(孔)的交叉参数。

图 5-16 中表示走线与走线的最小距离为 10mil,走线与表贴焊盘的最小距离是15mil,表贴焊盘与表贴焊盘的最小距离是 8mil。

(2) Short-Circuit(短路规则)。主要用于设置电路中是否允许导线交叉短路,如图 5-17 所示。

通常情况下不允许短路,如选中图 5-17 中的复选框,系统允许短路,则在出现相交线时不会报错。

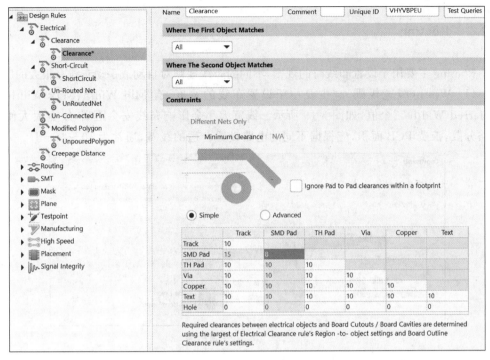

图 5-16　Clearance 约束设置

（3）Un-Routed Net（未布线网络规则）。主要用于设置是否允许出现未布线的网络，如图 5-18 所示。通过选中图 5-18 中的复选框，检查不完全连接的线。

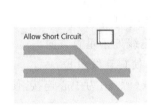

图 5-17　Short-Circuit 约束设置

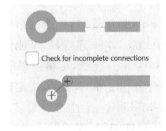

图 5-18　Un-Routed Net 约束设置

在 PCB 中未布线的部分用飞线连接，除覆铜网络外，通常情况下不允许出现未布线的网络。

（4）Un-Connected Pin（未连接引脚规则）。主要用于检查所有元件的引脚是否都布线，系统默认不设置。

（5）Modified Polygon（多边形覆铜规则）。主要用于防止覆铜时，当进行大铜皮套小铜皮操作时，由于外部修改，重新铺铜后，会忽略小铜皮而造成粘连。可以设置是否允许隐藏显示、是否允许修改。

（6）Creepage Distance（爬电距离规则）。主要用于设置两个相邻导体（焊盘）或一个导体（焊盘）与相邻电机壳表面的沿绝缘层测量的最短距离。

5.2.2 Routing

Routing 主要用于设置布线时的规则,不同的布线规则对自动或手动布线有很大的影响。

(1) Width(线宽规则)。主要用于设置布线的宽度,有 Min Width、Max Width 和 Preferred Width 三个值,如图 5-19 所示。线宽太小会影响布线安全距离,线宽太大使得电路分散,浪费 PCB 面积,应根据不同的电路设置合适的线宽,通常为 10~20mil。

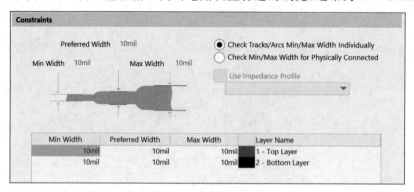

图 5-19　Width 约束设置

根据 3W 原则,线与线间的距离应不少于 3 倍线宽,这样可以减少线与线间的电场干扰。

(2) Routing Topology(布线拓扑规则)。该规则是指几条相连线的拓扑间关系,主要有以下几种。

- Shortest:最短连线,连通网络上所有节点的总长度最短。
- Horizontal:水平连线,尽可能使得所有连线处于水平方向。
- Vertical:垂直连线,尽量使得所选部分所有连线处于垂直方向。
- Daisy-Simple:简单雏菊,指定起点和终点后,使得连线最短。
- Daisy-MidDriven:中心雏菊,以指定的 Source(源点)为中心连接,使得两边节点数目尽可能相同,连续尽可能短。
- Daisy-Balanced:平衡雏菊,选择一个 Source(源点),将所有的中间节点按数量平均分组,所有的组都连接在源点上,并使连线尽可能短。
- Starburst:星状,选择一个 Source(源点),以星状方式去连接其他节点,且使连线最短。

以上几种拓扑连线如图 5-20 所示,用户可以根据自己的需要选择最优的拓扑。

(3) Routing Priority(布线规则的优先级)。在电路板中存在多个网络和若干线,需要合理规划才能达到最佳走线,可以设置走线的优先级决定布线的先后顺序,可以设置 0~100 的值,0 的优先值最低,如图 5-21 所示。

(4) Routing Layer(设置允许布线规则的层)。双层板默认允许 Top Layer 和 Bottom Layer。

(5) Routing Corners(设置导线拐角规则)。有 90°、45°和圆角三种方式,如图 5-22 所示,通常采用 45°拐角的方式。

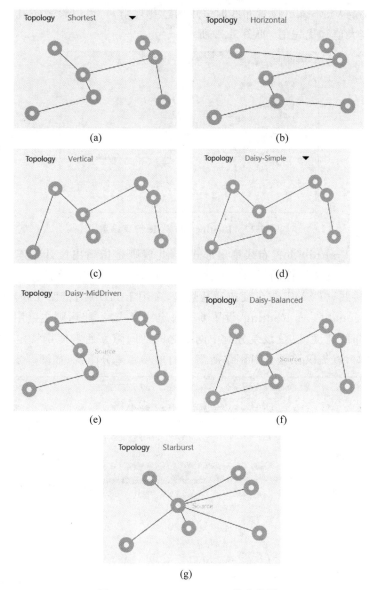

图 5-20　Routing Topology 约束设置

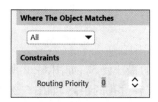

图 5-21　Routing Priority 约束设置

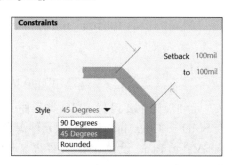

图 5-22　Routing Corners 约束设置

(6) Routing Via Style(设置布线时采用的过孔规则)。可以设置过孔直径及过孔孔径的最小值、最大值和优先值,如图 5-23 所示。

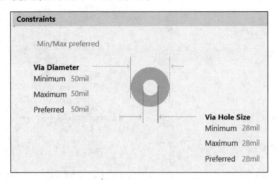

图 5-23　Routing Via Style 约束设置

(7) Fanout Control(设置布线扇出形式)。此规则是指扇出设计中连接到信号或电源平面网络的表面安装组件的焊盘时要使用的扇出选项。从布线角度来看,实际是通过添加通孔和连接线,将 SMT 焊盘变成通孔焊盘,多用于 HDI(高密度互联)产品设计。

(8) Differential Pairs Routing(设置差分对走线形式)。此规则主要用来定义差分对中每个网络的布线宽度,以及该差分对中网络之间的间隙。通常使用特定的宽度间隙设置来布线差分对,以提供该差分对网络所需要的单端和差分阻抗,如图 5-24 所示。

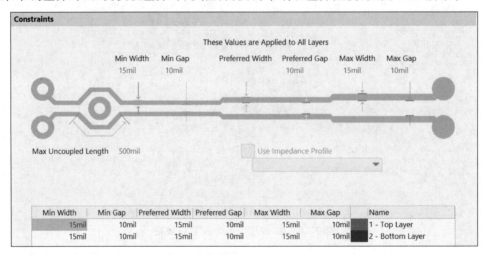

图 5-24　Differential Pairs Routing 约束设置

5.2.3　SMT

SMT 元件规则主要设置 SMD 类元件引脚和布线的规则。

(1) SMD to Corner 设置 SMD 元件焊盘与导线拐角的最小距离,如图 5-25 所示。

(2) SMD to Plane 设置 SMD 元件焊盘与电源层焊盘或者过孔的距离,如图 5-26 所示。

(3) SMD Neck-Down 设置 SMD 引出导线的宽度与 SMD 焊盘宽度的比值,如图 5-27 所示。

(4) SMD Entry 设置连接贴片元件焊盘时电器线引入的方向,如图 5-28 所示。

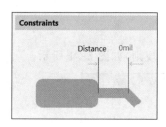

图 5-25 SMD to Corner 约束设置

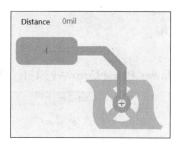

图 5-26 SMD to Plane 约束设置

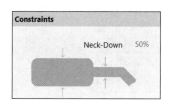

图 5-27 SMD Neck-Down 约束设置

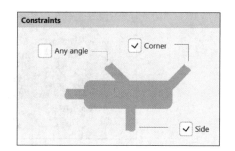

图 5-28 SMD Entry 约束设置

5.2.4 Mask

（1）Solder Mask Expansion（阻焊层扩张规则）主要用来设置在焊盘和过孔之间相对于焊盘大小的多余量，一般为 4mil，如图 5-29 所示。

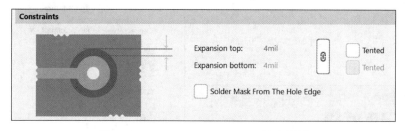

图 5-29 Solder Mask Expansion 约束设置

（2）Paste Mask Expansion（锡膏层扩张规则）主要用来设置表面黏着元件的焊盘和锡膏层的孔（即钢网的孔）之间的距离，如图 5-30 所示。

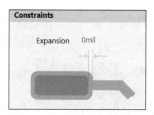

图 5-30 Paste Mask Expansion 约束设置

5.2.5 Plane

(1) Power Plane Connect Style(电源层连接方式规则)如图 5-31 所示。

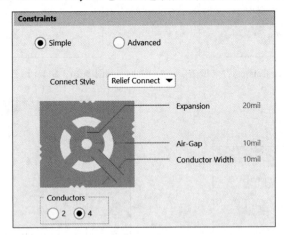

图 5-31　Power Plane Connect Style 约束设置

(2) Power Plane Clearance(电源层安全距离规则)用于设置电源层与穿过它的导孔之间的安全距离,即防止导线短路的最小距离,如图 5-32 所示。

(3) Polygon Connect Style(覆铜连接方式规则)主要用于设置多边形覆铜与焊盘、通孔和电器线之间的连接方式,如图 5-33 所示。

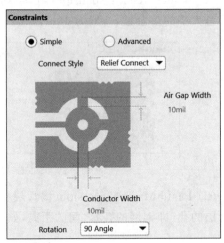

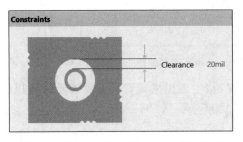

图 5-32　Power Plane Clearance 约束设置　　　图 5-33　Polygon Connect Style 约束设置

实验 10：自动布局与布线

将实验 8 生成的驱动电路原理图绘制成 PCB 文件。

(1) 新建工程。在菜单栏中选择 File→New→Project 命令,保存并命名为驱动电路.PrjPcb。

（2）添加原理图文件。选中工程后，右击，从弹出的快捷菜单中选择 Add Existing to Project 命令，在打开的对话框中选择实验 8 绘制的原理图文件——驱动设计. SchDoc。

（3）检查元件封装。前面绘制原理图时，除用户自己绘制的元件外，其余元件都是选择默认封装（没有手动修改），在实际电路中，需要考虑元件的封装，如电阻的不同封装 0402、0603、0805、1206 和 1210，所承载的功率各不相同，分别为 1/16W、1/10W、1/8W、1/4W、1/2W。电容的封装与电容值、耐压值、封装形式等都有关系，不同的电路所使用的封装不一样，同一电路中不同部分使用的封装也不一样，每个元件的封装都需要用户自己选择与检查。

本例中，将电容 C17、C18、C21、C23、C24、C27、C29 的封装改为 0805 类型；将电容 C19、C20、C22、C25、C26、C28、C30 的封装改为 1206 类型；将所有电阻的封装改为 0805 类型。

由前面可知，若需要修改的同类元件数目较多，可使用全局修改。在原理图中选中标号为 C17 的元件，右击，从弹出的快捷菜单中选择 Find Similar Objects 命令，在弹出的对话框的 Current Footprint 栏右侧选择 Same，如图 5-34 所示。

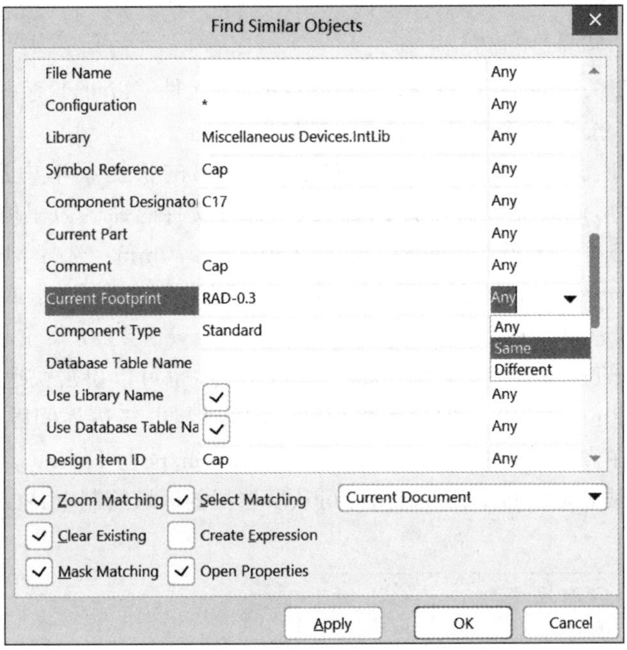

图 5-34　查找相似封装

在打开的 Properties 面板中，单击 Footprints 栏中的 Add 按钮，选择 Footprint 项，如图 5-35 所示。

在打开的 PCB Model 对话框的 Footprint Model 栏中单击 Browse 按钮，以便浏览文件，如图 5-36 所示。

进入 PCB 库/集成库选择界面，选择 Miscellaneous Devices. IntLib 库文件，由于该集成库中文件较多，可在 Mask 栏中输入"＊0805＊"进行查找，单击 6-0805_L 封装，如图 5-37 所示。

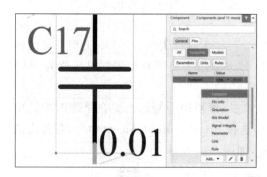

图 5-35　添加 Footprint

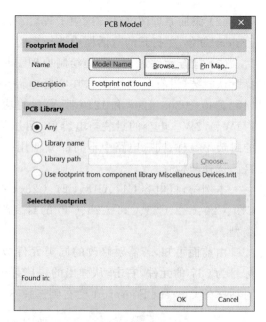

图 5-36　浏览 PCB 封装

单击 OK 按钮关闭对话框,在 PCB 编辑器中,与元件 C17 的封装相同的元件都高亮显示,确认无误后,按快捷键 Shift+C 清除掩膜状态。

(4) 添加 PCB 文件。选中工程后,右击,从弹出的快捷菜单中选择 Add New to Project→PCB 命令,向该工程中添加 PCB 文件,保存文件时命名为驱动设计. PcbDoc。

(5) 绘制 PCB 框。本例中,电路板尺寸为 50mm×70mm。选择 Mechanical 层,在菜单栏中选择 Place→Line 命令,绘制 50mm×70mm 的封闭矩形,右击或者按 ESC 键结束当前绘制,完成物理边界的设置。选择 Keep-Out Layer 层,在菜单栏中选择 Place→Keep-Out Layer→Track 命令,或者 Place→Line 命令,也可以单击快速工具栏中的 Place Line 按钮,绘制 48mm×68mm 的封闭矩形(物理边界与电气边界间隙为 1mm),全部选中该边界框后,在菜单栏中选择 Design→Board Shape→Define Board Shape from Selected Objects,或者依次按 D、S、D 键,即可从所选择的区域绘制电路板的形状,如图 5-38 所示。

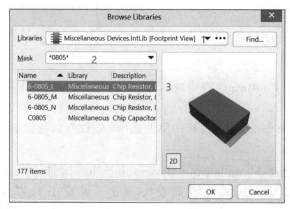

图 5-37　选择 PCB 封装

图 5-38　绘制 PCB 框

（6）导入网表。在 PCB 编辑器的菜单栏中选择 Design→Import Changes form 驱动设计.PrjPcb，即从原理图中导入信息，弹出工程变更指令的对话框，单击左下角的 Validate Changes 按钮，验证变更，右侧 Check 列全部显示"√"标记，单击 Execute Changes 按钮执行所有更改，右侧 Done 列全部显示"√"，如图 5-39 所示。元件较多或者连线等复杂时，为了快速找出错误或警告项目，可选中下方的 Only Show Errors 复选框，只显示错误信息，如图 5-40 所示。若有错误信息，则需要逐个进行修改。此外，还可单击 Report Changes 按钮输出改变的报表方便查验，单击 Close 按钮关闭对话框。

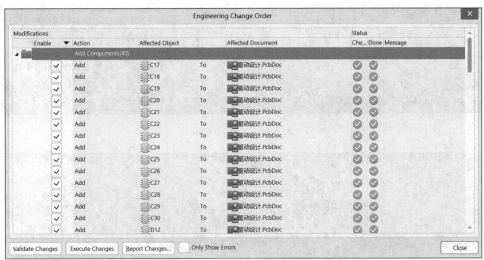

图 5-39　导入网表

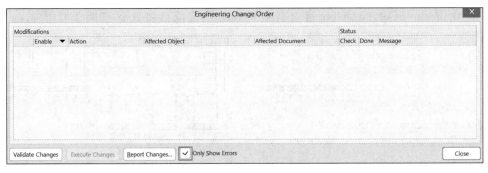

图 5-40　只显示错误项

导入网表后，在 PCB 编辑器中出现所有的元件和元件间的相连关系（图中黄色的线），如图 5-41 所示。其中包含所有元件的紫色区域称为 Room 框，Room 框的主要功能是便于元件管理，高效布局。当选择或者拖动 Room 框时，所有元件随着一起选择或者移动，但 Room 框以外的元件（本例没有）只能单独进行选择和移动。

（7）元件布局。选中图 5-41 中的 Room 区域，将之移动到 PCB 框中，如图 5-42 所示。单击图 5-42 中白色的圆点，调整 Room 的长度和宽度，使之刚好落在 Keep-Out Layer 所画的边界线内，如图 5-43 所示。

在菜单栏中选择 Tools→Component Placement→Arrange Within Room 命令，单击 PCB 编辑器中的 Room 框，所有元件移动到 Room 区域并自动排列，如图 5-44 所示。

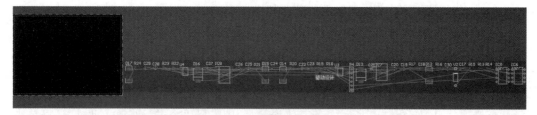

图 5-41　PCB 编辑器

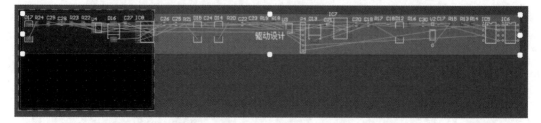

图 5-42　移动 Room

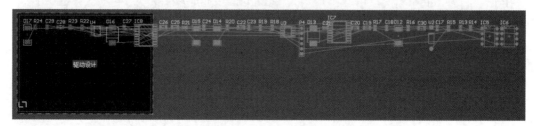

图 5-43　调整 Room 大小

单击 Room 框后,按 Delete 键可删除 Room 框,完成自动布局,如图 5-45 所示。

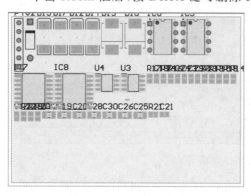

图 5-44　元件自动排列

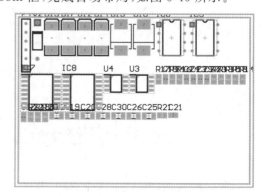

图 5-45　删除 Room 框

从图 5-45 中可以看出,所有元件分类整齐地排列在 PCB 框中,但是大多数情况下这种排列方式不满足布局规则,也不利于 PCB 布线,因此自动布局后往往需要采用对齐等操作进行手动调整。对于相同的电路图,不同设计师绘制的电路图会有一定的差异。本例中调整后的布局如图 5-46 所示。

元件布局调整后,需要对丝印进行调整,如图 5-46 中,有些文字和元件被遮挡,在菜单栏中选择 Edit→Align→Position Component Text,如图 5-47 所示,单击对应的"圆圈"可调整 Component 和 Text 所在的位置。

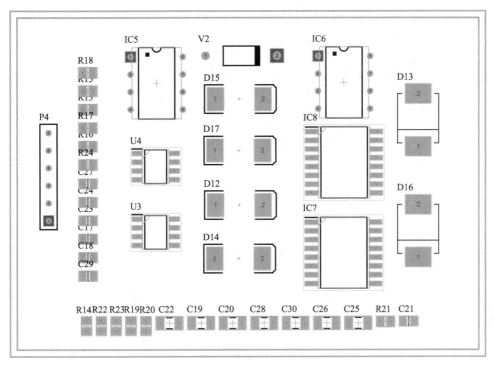

图 5-46 手动调整后的元件布局

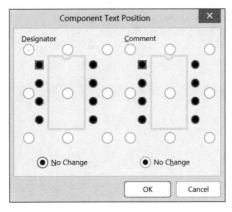

图 5-47 调整位置

此外,也可使用全局修改方式修改文字的字体和大小等。调整后的布局如图 5-48 所示。

(8)元件布线。元件布线有手动布线和自动布线两种方式,本例采用自动布线的方式。布线之前,往往需要设置布线规则,本例电路不属于高频电路,而且元件数较少,连接关系较为简单,因此采用默认规则,暂不修改。

在菜单栏中选择 Route→Auto Route→All 命令,打开布线策略对话框,默认选择 Default Multi Layer Board(多层板的布线策略),如图 5-49 所示。

单击图 5-49 中的 Route All 按钮,软件开始自动布线,并自动打开 Messages 面板显示布线的进度,如图 5-50 所示。

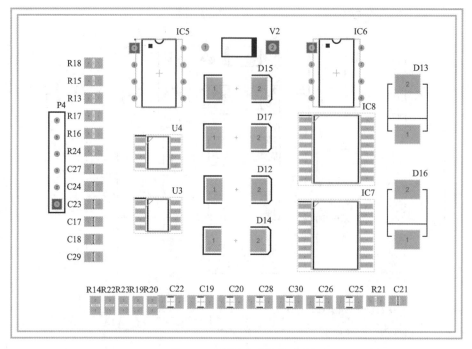

图 5-48　设置文字的格式

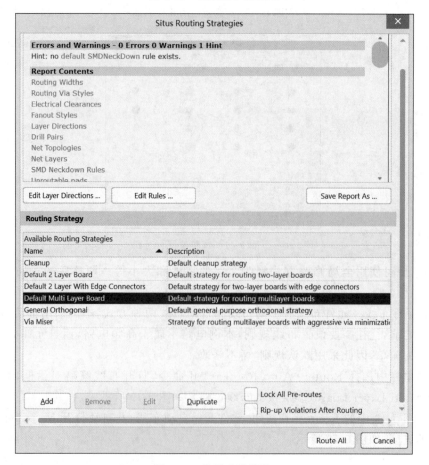

图 5-49　设置布线策略

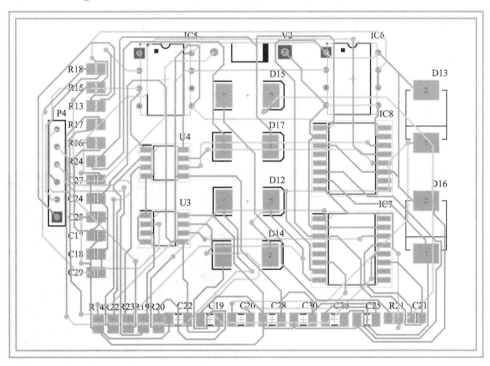

Messages							
Class	Document	Source	Message		Time	Date	No.
Situs Event	驱动设计.PcbDoc	Situs	Starting Layer Patterns		19:41:42	2022/3/29	7
Routing St	驱动设计.PcbDoc	Situs	26 of 88 connections routed (29.55%) in 1 Second		19:41:43	2022/3/29	8
Situs Event	驱动设计.PcbDoc	Situs	Completed Layer Patterns in 1 Second		19:41:44	2022/3/29	9
Situs Event	驱动设计.PcbDoc	Situs	Starting Main		19:41:44	2022/3/29	10
Routing St	驱动设计.PcbDoc	Situs	Calculating Board Density		19:42:15	2022/3/29	11
Situs Event	驱动设计.PcbDoc	Situs	Completed Main in 31 Seconds		19:42:15	2022/3/29	12
Situs Event	驱动设计.PcbDoc	Situs	Starting Completion		19:42:15	2022/3/29	13
Situs Event	驱动设计.PcbDoc	Situs	Completed Completion in 0 Seconds		19:42:15	2022/3/29	14
Situs Event	驱动设计.PcbDoc	Situs	Starting Straighten		19:42:15	2022/3/29	15
Routing St	驱动设计.PcbDoc	Situs	88 of 88 connections routed (100.00%) in 38 Seconds		19:42:19	2022/3/29	16
Situs Event	驱动设计.PcbDoc	Situs	Completed Straighten in 4 Seconds		19:42:20	2022/3/29	17
Routing St	驱动设计.PcbDoc	Situs	88 of 88 connections routed (100.00%) in 38 Seconds		19:42:20	2022/3/29	18
Situs Event	驱动设计.PcbDoc	Situs	Routing finished with 0 contention(s). Failed to complete 0 connection(s) in 38 Seconds		19:42:20	2022/3/29	19

图 5-50　布线 Messages 面板

不同的电路,自动布线所需的时间也不相同,从 Messages 面板上可以看出,本例中 1 秒之内完成 29.55% 元件的相连,完成所有的布线总用时 38 秒。

关闭 Messages 面板后,可以看到该电路的 PCB 设计如图 5-51 所示。

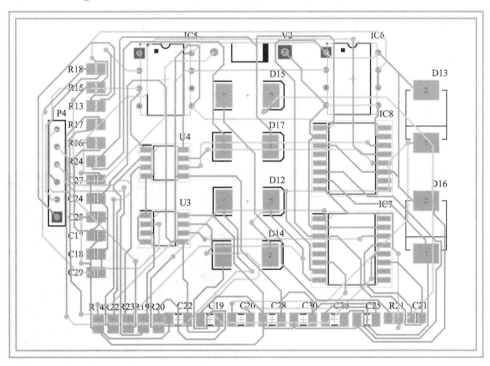

图 5-51　自动布线结果

实验 11:手动布局与布线

将实验 7 生成的电源电路原理图绘制为 PCB 文件。

要求:C1、C2、C3 的封装改为高度为 50mm,直径为 35mm,脚距为 10mm,引脚直径为 1.5mm;P1 采用 9.5mm 的 Header2;P2 采用 7.62mm 的 Header2;L1 同样采用

7.62mm 的 Header2 进行固定。

（1）新建工程、绘制原理图，检查原理图元件封装。

（2）添加 PCB 文件，设置 PCB 框尺寸。某些工程对 PCB 框尺寸无具体要求，考虑到 PCB 后期加工费用与板框的面积近似成正比，因此在满足设计要求的情况下，尽可能使电路板框面积越小，本例预先设置 Keep-Out Layer 尺寸为 200mm×150mm。

（3）导入网表，如图 5-52 所示。

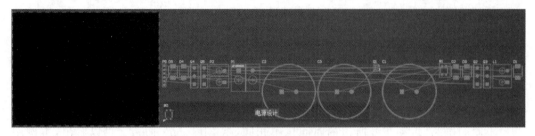

图 5-52　导入原理图网表

（4）元件布局。本例采用手动布局的方式，删除 Room 框，按照信号走向布局的原则。布局时可以单独打开 PCB 文件进行布局，也可以同时利用原理图文件和 PCB 文件进行交互式布局，交互式布局是将原理图根据电路功能进行粗划分，再进行细布局，可以大大提高布局效率。

分别打开原理图文件和 PCB 文件，将原理图和 PCB 放在两个窗口中，在菜单栏中选择 Window→Title Horizontally(水平上下显示)或者 Title Vertically(垂直左右显示)，可以将两个文件同时显示，本例选用垂直左右显示的方式，工作界面如图 5-53 所示。

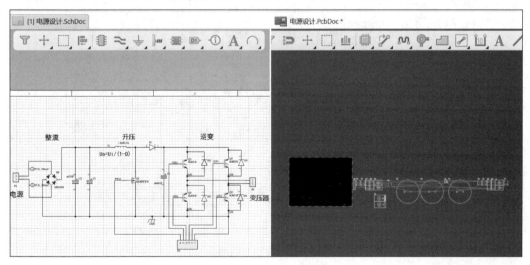

图 5-53　窗口垂直显示

打开原理图文件，在菜单栏中选择 Tools→Cross Select Mode 命令，快捷键为 Shift＋Ctrl＋X，同理，打开 PCB 文件，在菜单栏中选择 Tools→Cross Select Mode 命令，实现原理图与 PCB 的互相关联。在菜单栏中选择 Tools→Preference→System→Navigation 命令，在对话框中设置交互模式的参数，交互模式有选择、放大、遮蔽变暗等模式，交互对象可以是元件、网络或者引脚，如图 5-54 所示，本例采用默认参数。

System
  General
  View
  *Account Management
  Transparency
  Navigation
  Design Insight
  Projects Panel
  Default Locations
  File Types
  New Document Defaults
  Printer Settings
  Mouse Wheel Configuration
  Installation
  Product Improvement
  Network Activity
Data Management
Schematic
PCB Editor
Text Editors
Scripting System
CAM Editor
Simulation
Draftsman
Multi-board Schematic
Multi-board Assembly

System – Navigation

Highlight Methods

Choose here the methods used to highlight graphical objects during navigation. These options are used during navigation, cross probing, and when exploring differences between documents or compiler messages.

☐ Selecting   ☑ Zooming   Far ▭━━━━━━▮ Close

☐ Connective Graph   ☑ Dimming   None ▭━━━▮━━ Invisible

☐ Include Power Parts

Objects To Display

Choose here the objects to display in the Navigator Panel.

☑ Pins   ☑ Net Labels
☑ Ports   ☐ Sheet Entries
☑ Sheet Connectors   ☑ Sheet Symbols
☐ Graphical Lines

Cross Select Mode

This mode gives the ability to select objects between the Schematic and PCB editors. When this mode is on each selected object in one editor will be selected in the open documents of the other editor. For finding objects from a PCB in a closed schematic document it is necessary to use the cross probe tool.

☑ Cross Selection   Objects for cross selection
☐ Dimming   ☐ Zooming   ☑ Components
☐ Reposition selected component in PCB (Hotkey: Ctrl+Shift+Y) ☑ Nets
☐ Focus document containing selection if visible   ☑ Pins

图 5-54　设置交互模式参数

设置坐标原点后,用户可以单击元件或者连线等,在左下角 Messages 面板中看到当前所指示的位置,可以粗略估计位置信息。PCB 编辑器中的原点表示该文件中 $x=0$、$y=0$ 的位置,用户可以自定义原点的位置,在菜单栏中选择 Edit→Origin→Set 命令,单击的位置即为原点的位置。本例设置电路板左下角的位置为坐标原点。

在原理图中选中整流电路部分(包括 P1、B1、C2、C3,以及这些元件相连的线),此时 PCB 图纸中相应元件和连线被选中并高亮显示,可将该部分放在 PCB 框上方,以便后续精细调整位置,如图 5-55 所示。

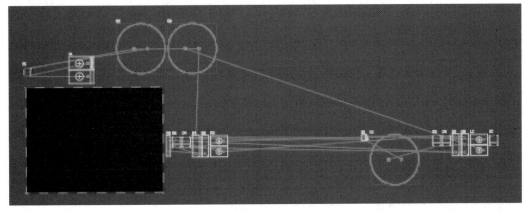

图 5-55　移动所选的元件

首先放置 P1,接线端子通常位于电路板边缘,以便接线,四周留有一定的空间,本例设置栅格为 20mil,P1 元件距水平边框为 100mil。接着放置第二个元件 B1,放置元件时,可按空格键调整元件的方向,使得飞线尽可能不交叉或者少交叉,同时考虑到布线因素、元件的焊接和电磁干扰等的因素,相邻的元件保持一定的距离。电路板上任意两点的距离可通过在菜单栏中选择 Reports→Measure Distance 命令,或者按快捷键 Ctrl＋M 进行查询。

此外,相同的元件要使用对齐命令对齐。同一网络相连的元件尽可能使飞线保持水平直线或者垂直直线。整流部分元件布局如图 5-56 所示。

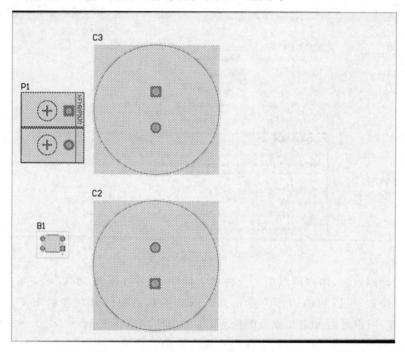

图 5-56　整流部分元件布局

放置元件过程中,由于 PCB 框尺寸过小,可能导致某些元件无法放置,可删除 Keep-Out Layer 层的边界线重新绘制板框边界。若需要微调元件的位置,可按快捷键 M,选择 Move Selection by X,Y 命令,通过 X、Y 坐标的偏移量移动元件。

同理,放置升压模块的元件和逆变模块的元件,如图 5-57 和图 5-58 所示。

PCB 设计的时候,当有两个元件相隔很远,或者为了连线方便时,需将它们进行位置互换,若在 PCB 布线完成之后直接拖动进行位置互换会引起非常多的报错,且需要修改很久,最直接的方法是采用元件交换命令。

长按 Shift 键＋鼠标左键依次选中需要交换的元件(通常是并联的元件,注意不要选中走线),在菜单栏中选择 Tools→Component Actions→Swap Components 命令即可交换元件的位置。

电路板绘制完成之后,在实际使用的过程中,一般都需要固定到设备上。此时需要在电路板的四周提前绘制好 4 个固定孔。

PCB 定位孔的常见规范和要求如下:

- 通常情况下,PCB 的定位孔直径尽量在 2mm 以上 10mm 以下,这样定位柱才不会变形,太大了也不便于操作。
- PCB 的定位孔误差范围,一般要在 0.01mm 以内,在 PCB 制作时,误差大,会造成探针接触不准,接口连接器对位不准。

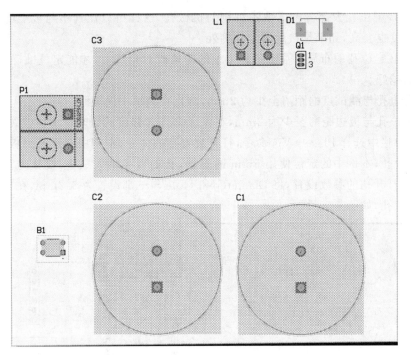

图 5-57 升压模块的元件布局

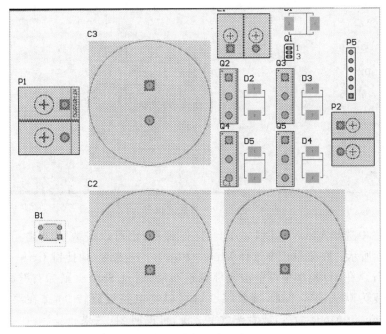

图 5-58 逆变模块的元件布局

- 钻孔种类分为金属化孔和非金属化孔。金属化孔的孔壁内有沉铜,能起导电作用,用 PTH 表示。非金属化孔的孔壁内没有沉铜,不能起导电作用,用 NPTH 表示。金属化孔直径的外径与内径之差应大于 20mil,否则焊盘的焊环太小不宜加工,也不利于焊接。如果条件允许,可设计成孔径是焊盘的半径。

- PCB定位孔大部分都需要不沉铜的机械孔,这样可以让其不与板上电路联系且精度也会高,如果是接地固定孔例外。
- PCB定位孔的布局:需要在PCBA的四角或对角线上,才能定位准确,且距离越远越好。
- 定位孔与测试点的距离至少为2mm,防止在测试中误短路。
- 定位孔与板边距离至少为2mm,在保证PCBA强度的同时也不易破裂。

在菜单栏中选择Place→Via命令,打开放置孔的命令,本例中在距电路板边框5mm处放置定位孔,本例中的定位使用5mm的螺丝,孔的直径稍大一些,设置为5.2mm,双击定位孔,打开孔的参数设置,将Diameter和Hole Size都设置为5.2mm,在电路板上绘制4个定位孔,如图5-59所示。

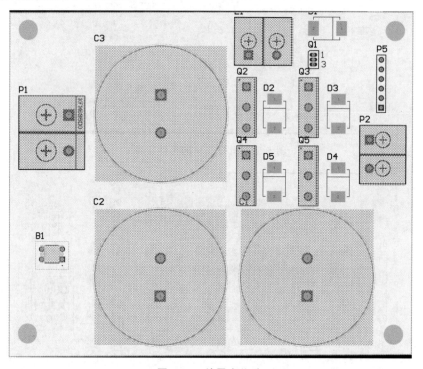

图5-59　放置定位孔

在菜单栏中选择View→3D Layout Mode命令,也可以按数字3键,可查看3D模型,如图5-60所示。在菜单栏中选择View→Flip Board命令(快捷键Ctrl+F)可翻转电路板进行查看。在3D模型中可单击元件调整布局,通过Shift+鼠标右键旋转PCB,按数字0键恢复为默认的零平面,按数字9键可以将电路板旋转90°。在菜单栏中选择View→2D Layout Mode命令,或者按数字2键,可返回2D效果。

(5) PCB布线。布线对电路板的性能有很大的影响。首先设置布线规则,本例中电源接线端子的电流为3~5A,已在原理图中添加参数设置。升压电路的电流为3A,将B1_DC网络设计为100mil的线宽,在菜单栏中选择Design→Rules命令,打开规则编辑器,在Routing栏中右击Width项,从弹出的快捷菜单中选择New Rules命令设置新的布线线宽规则,将该线宽规则命名为Width_B1_DC+,设置该规则的应用范围为Net→

图 5-60　3D 模型

NetB1_DC+,将线宽宽度设置为 100mil,如图 5-61 所示。同理设置线宽 Width,应用范围为 All,将线宽宽度设置为 Min Width 30mil、Preferred Width 40mil、Max Width 50mil,如图 5-62 所示。

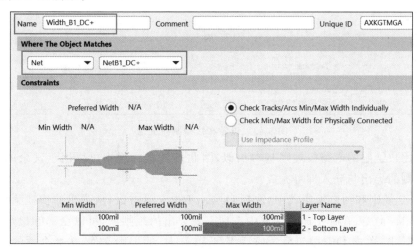

图 5-61　设置 DC+线宽参数

　　下面调整布线规则的优先级。布线时若遇到多个规则,选择优先级最高的进行绘制,因此需要设置多个布线规则的优先级。单击 Priorities 按钮,弹出优先级设置对话框,其中列出了用户设置所有的布线规则。其中最上面的优先级最高,最下面的优先级最低,通过 Increase Priority 按钮可以增加优先级,通过 Decrease Priority 按钮可以减小优先级。本例调整结果如图 5-63 所示。

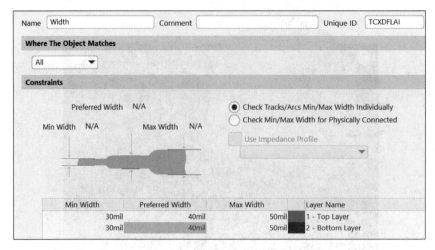

图 5-62　设置所有线宽参数

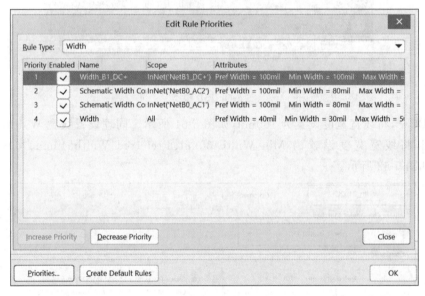

图 5-63　设置布线规则优先级

通常用户绘制的电路板规则基本相似,因此设置好的规则可以用于其余的工程,只需通过规则的导出与导入即可完成。

在 PCB 规则和约束编辑器中,选择 Design Rules 后右击,从弹出的快捷菜单中选择 Export Rules 命令,在弹出的对话框中选择需要导出的规则项,可以全部导出,或者选择部分规则导出,单击 OK 按钮后生成后缀名为 .RUL 的规则文件,选择合适的路径保存即可。

在另一个 PCB 文件中,选择 Design Rules 后右击,从弹出的快捷菜单中选择 Import Rules 命令,再选择已保存的规则即可导入。

本例电路板采用双层板,布线可以在 Top Layer 或 Bottom Layer 进行。选择 Top Layer 界面后,在菜单栏中选择 Place→Track 命令(快捷键为 Ctrl+W),或者通过 P+T 键,也可单击快速工具栏中的布线命令(第 7 个图标),打开布线命令。首先单击 P1 元件的引脚 1,观察飞线连着 B1 的引脚 3,接着单击 B1 的引脚 3,即可完成该布线,如图 5-64 所示。单击鼠标右键或者按 Esc 键结束布线命令。

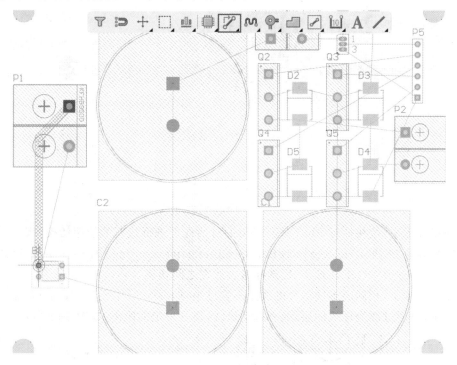

图 5-64　PCB 布线

布线时,选中元件的一个焊盘后,按 Ctrl 键和鼠标左键可直接完成该飞线的连接。

布线时,若遇到交叉的线,在同一层无法通过该线进行布线时,如图 5-65 所示,可以通过切换到另一层进行布线,可以单击 Bottom Layer 界面,也可按"∗"键切换到 Bottom Layer 进行布线,如图 5-66 所示。该软件默认设置下,Top Layer 的线显示为红色,Bottom Layer 的线显示为蓝色。此外,可以通过数字键 2 放置 Via 实现导线在不同层的连接。

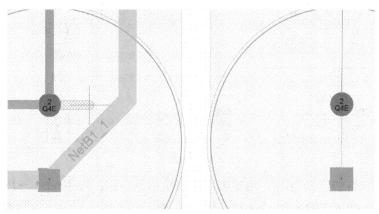

图 5-65　相交连线

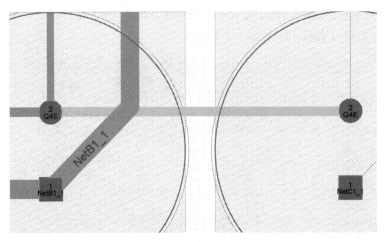

图 5-66　切换 Bottom 布线

布线过程中,按快捷键 Shift+W 弹出的对话框可进行线宽的快速切换,该对话框中的线宽列表可在 Preference→PCB Editor→Interactive Routing 中的 Favorite 项进行设置,也可以通过数字 3 键在最小、优选和最大线宽之间切换。

布线过程中,相同层不同信号的线距不宜过小,如图 5-67 中元件 Q1 与 P5 红色框中的线所示,可通过改变该线的层,或者拖动该线,离开一定的距离,如图 5-68 所示。

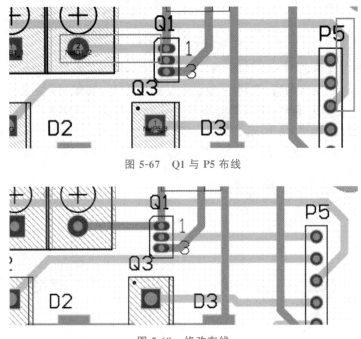

图 5-67　Q1 与 P5 布线

图 5-68　修改布线

移动元件时,若不希望与之相连接的线跟随移动,可在 Preference→PCB Editor→Interactive Routing 中的 Dragging 项进行设置,将 Unselected via/track 设置为 Move。

PCB 提供了优化布线的功能,选中需要修改的某些线,通过快捷键 Ctrl+Alt+G 即可优化。

本例最终布线效果如图 5-69 所示。

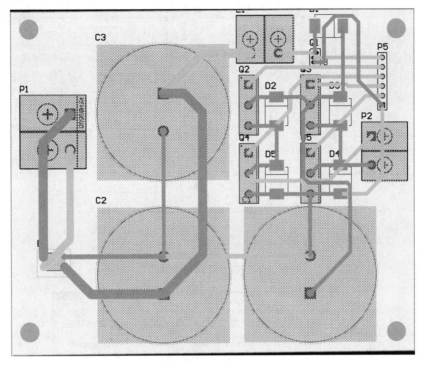

图 5-69　布线效果

通常为了检查导线、过孔、焊盘连接,通过快捷键 Ctrl+D 打开 View Configuration 对话框,在 Object Visibility 选项中将部分信息隐藏,需要将其余项目隐藏,在 Draft 栏选中 Vias、Arcs、Tracks,将其设置为透明状态,方便观察。

(6) 修改元件。在本设计中,电源电路的功率为 500W,接线端子的电流预计为 3~5A,MB10M 元件不符合要求,需要更换其他元件,查找相关资料确定更换为 D20XB60(该元件的元件符号和 PCB 封装不再叙述,读者可查找相关参数手册绘制),可以从原理图中进行修改,也可以从 PCB 图中进行修改。

① 从原理图中更改,更新到 PCB 中。

在原理图中修改元件 B1,如图 5-70 所示,在菜单栏中选择 Design→Update PCB Document 电源设计. PcbDoc,或者在 PCB 文件的菜单栏中选择 Design→Import Changes From 电源设计. PrjPcb,系统弹出元件连接对话框,选择 Automatically Create Component Links,如图 5-71 所示。

在弹出的工程指令变更对话框中,如图 5-72 所示,可以看到删除、修改和增加的元件,以及连接、封装等信息,依次单击 Validate Changes 和 Execute Changes 按钮,无错误和警告提示后,单击 Close 按钮关闭对话框。

在 PCB 设计文件中,可以看到许多绿色的线条和元件,如图 5-73 所示,这是不符合设计规则导致的,本例是由 B1 元件和 Room 框造成的,选择 Room 框后,按 Delete 键删除 Room 框,在菜单栏中选择 Route→Un Route→Connection 命令,再依次单击与 B1 相连的线,即可删除。

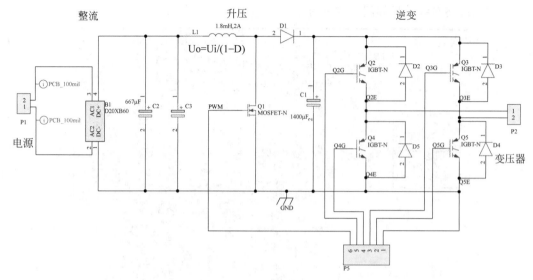

图 5-70　在原理图中修改元件

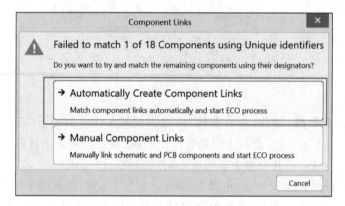

图 5-71　元件连接对话框

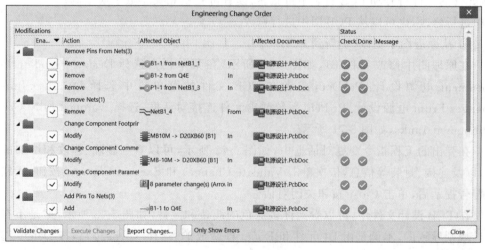

图 5-72　工程指令变更对话框

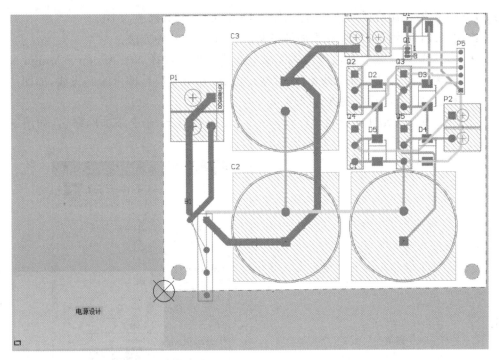

图 5-73　更改元件后的 PCB 文件

② 从 PCB 文件中更改，更新到原理图中。

打开图 5-69 所示的 PCB 文件，在菜单栏中选择 Route→Un Route→Components 命令，选中 B1 元件，即可删除该元件的所有连线，按鼠标右键，结束取消布线命令。

若只修改元件封装，则双击该元件，打开 Components 面板，在 Footprint 栏的 Footprint Name 中单击右侧的选项，打开浏览库文件，选择合适的封装，如图 5-74 所示。

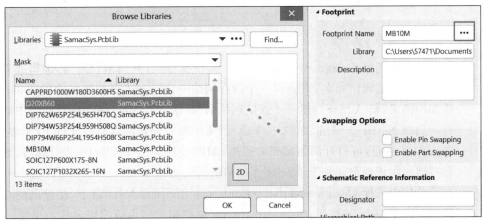

图 5-74　更改元件 PCB 封装

若原理图中元件连线有差异或者 PCB 封装 Designator 不一致，则需删除元件后，添加飞线重新绘制。本例中，采用删除元件的方式，双击该元件，按 Delete 键删除该元件。

在菜单栏中选择 Place→Components 命令，或者单击快速工具栏中的 Place Component 按钮打开放置元件命令，从 Properties 面板中选择集成库/PCB 封装库，找到元件 D20XB60

后,放置到 PCB 图中合适的位置,将元件的 Designator 参数修改为 B1。

绘制飞线,即为元件的焊盘添加网络名,主要有以下几种方法:

- 选中 B1 的 2 号焊盘,右击,从弹出的快捷菜单中选择 Net Action→Assign Nets 命令,即可打开添加飞线命令,依次单击 B1_1 和 P1_1,即可绘制飞线,如图 5-75 所示。其余焊盘绘制方式同理。

在 PCB 中双击元件的焊盘,在 Properties 面板的 Nets 栏中添加网络名,如图 5-76 所示,PCB 图中相同网络名的焊盘自动用飞线连接。

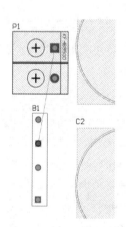

图 5-75　绘制飞线效果

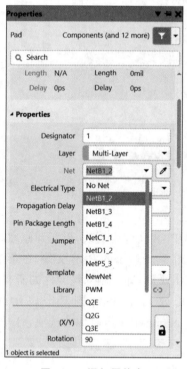

图 5-76　添加网络名

- 在菜单栏中选择 Design→Netlist→Edit Nets 命令,打开网络管理器,编辑或者添加网络。若编辑网络名,则选择一个现存网络→Edit→选择此网络中的成员;若添加网络名,则 Add→创建一个新的网络名(默认 NewNet)→选择此网络中的成员。例如 NetB1_2 网络,如图 5-77 所示,从中可看到该网络只有元件 P1-1 焊盘。单击 Edit 按钮,可打开网络编辑对话框,如图 5-78 所示,选中 B1-2 引脚后,单击"＞"即可将该焊盘添加上 NetB1_2 网络名。
- 在菜单栏中选择 Design→Netlist→Configure Physical Nets 命令,在弹出的对话框中单击 Executed 按钮,然后单击 Continue 按钮即可完成网络名称的添加。

在 PCB 文件的菜单栏中选择 Design→Update Schematics in 电源设计.PrjPcb,即可将 PCB 中修改的信息更新到原理图中。

将 B1 元件调整到适当位置后,重新绘制该部分电路,如图 5-79 所示。

(7) 放置热过孔。PCB 为多层复合结构,主要由基板树脂材料和铜箔组成,信号层、电源层和地层之间等必须通过绝缘的树脂材料进行隔开。而实际上信号层也就是铜箔

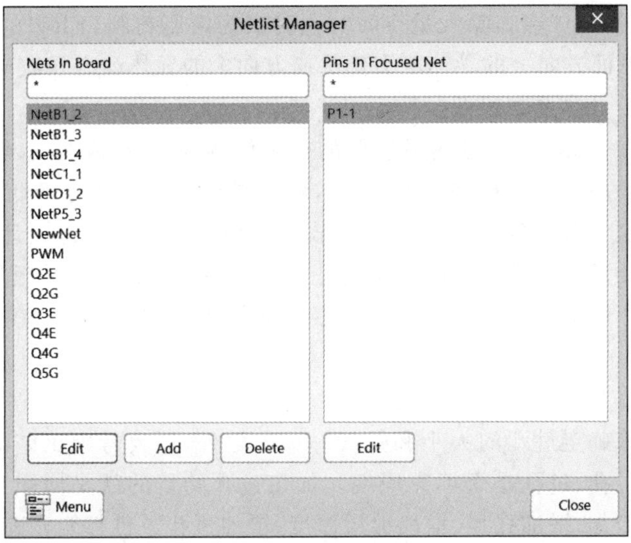

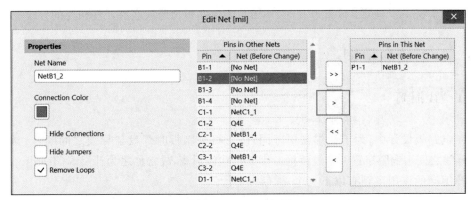

图 5-77　网络管理器

图 5-78　网络编辑器

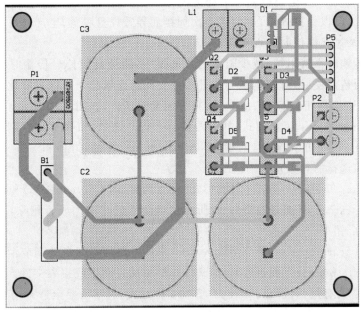

图 5-79　最终布线结果

层往往非常薄,树脂层才会占据大量空间。同时因为树脂材料(FR4)的导热率远低于铜箔,通常 PCB 在平面方向上的导热能力比法向方向上的导热能力强数十倍,因此 PCB 在厚度方向上的综合导热系数很低。

当热量从芯片结发出,经过热阻较低的衬底传输到 PCB 顶面后,就需要进入 PCB。这时,如果不施加过孔,热量在进入 PCB 后,就必须经由导热性能极低的 FR4 才能散发到单板的背面。这显然非常不利于热量的散失。热过孔是除风道设计和散热器设计之外另一个非常重要的散热强化手段。尤其是对于那些贴片封装和结板热阻较低的芯片。对于某些尺寸很小和加装散热器困难的小芯片而言,热过孔甚至可能是唯一的散热强化手段。

在实际中,我们需要考虑散热过孔的大小和数量,这个可以根据实际的元件放置位置和走线的限制来确定过孔的大小和数量。除此之外,还要考虑工艺的实际生产问题,如焊盘能否增加过孔、过孔是否填充绿油。加热过孔的目的就是增强导热的能力,让发热面的元件快速冷却,增加孔径、增加镀层厚度、增加过孔数目都能显著强化导热。

选择 Place→Via 命令,在 PCB 图中可放置过孔。本例中,在 Q1～Q5 周围放置过孔,孔的直径为 0.3mm。注意:放置过孔时,不可位于电路板顶层或底层元件相连的导线上。

5.3 补泪滴和覆铜

5.3.1 补泪滴

在电路板设计中,为了让焊盘更坚固,防止机械制板时焊盘与导线之间断开,常在焊盘和导线之间用铜膜布置一个过渡区。因其形状像泪滴,故常称之为补泪滴(Teardrops)。

补泪滴的作用主要有以下三个:

- 避免在电路板受到巨大外力的冲撞时,导线与焊盘或者导线与导孔的接触点断开,也可使 PCB 电路板显得更加美观。
- 焊接时,可以保护焊盘,避免因多次焊接而导致焊盘脱落,生产时可以避免蚀刻不均,以及过孔偏位时出现裂缝等。
- 信号传输时平滑阻抗,减少阻抗的急剧跳变,避免高频信号传输时由于线宽突然变小而造成反射,可使走线与元件焊盘之间的连接趋于平稳过渡化。

在菜单栏中选择 Tools→Teardrops 打开泪滴对话框,如图 5-80 所示。

- Working Mode:工作模式,共有两种,即 Add(增加)和 Remove(删除)泪滴。
- Objects:适用的对象,有两种,即 All(作用于所有的对象)和 Selected only(作用于当前选择的对象)。
- Options:Teardrop style(泪滴形式)共有两种,即 Curved(弧形)和 Line(线)。
- Force teardrops(强制泪滴):对所有的焊盘或过孔添加或者删除泪滴,有可能导致 DRC 错误。
- Adjust teardrop size(调节泪滴大小):根据电路板空间自动调节泪滴大小。
- Generate report(生成报告):泪滴操作结束后自动生成报表文件。
- Scope:共有过孔、焊盘、导线、T 形线 4 种方式,通常需要全选。

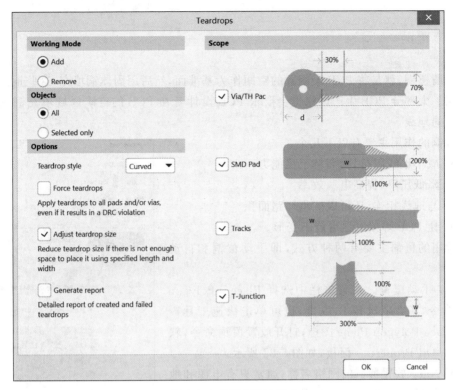

图 5-80　设置泪滴参数

单击图 5-80 中的 OK 按钮，即可完成补泪滴。图 5-51 所示的 PCB 设计图进行全部补泪滴后，如图 5-81 所示。

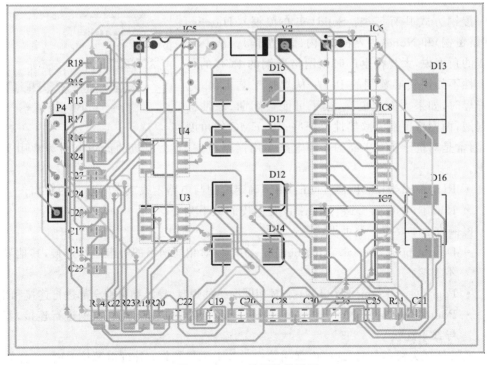

图 5-81　PCB 补泪滴效果图

5.3.2 覆铜

所谓覆铜,就是将 PCB 上闲置的空间作为基准面,然后用固体铜填充,这些铜区又称为灌铜。大部分 PCB 生产厂家也会要求 PCB 设计者在 PCB 的空旷区域填充铜皮或者网格状的地线。

覆铜的作用主要有以下几个:

- 减小地线阻抗,提高抗干扰能力。
- 降低压降,提高电源效率。
- 与地线相连,还可以减小环路面积。
- 让 PCB 焊接时尽可能不变形。

常用的覆铜主要有两种方式,即手动覆铜和自动覆铜。

(1) 手动覆铜。在菜单栏中选择 Place→Polygon Pour 命令,或者依次按 P、G 键,也可单击快速工具栏中的 Place Polygon Plane 图标,打开放置覆铜命令,软件自动弹出 Properties 面板,如图 5-82 所示。

- Net:放置覆铜的网络名称,通常只有电源和地信号放置覆铜,可以下拉列表中选择电源,如 12V。
- Layer:放置覆铜的层,可选择 Top Layer 或者 Bottom Layer。

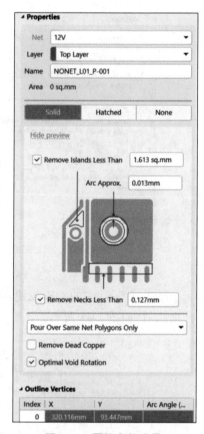

图 5-82　覆铜参数设置

覆铜方式共有三类:Solid(实心覆铜)、Hatched(网格覆铜)和 None(边界覆铜,内部无覆铜)。从 PCB 加工的角度说,大规模生产时用网格覆铜的 PCB 的可生产性不如用实心覆铜的 PCB;从焊接工艺上讲,过波峰焊时,如果大面积覆铜,板子可能会翘曲、绿油甚至起泡,而网格覆铜的散热性要好些;从 EMC 的角度讲,通常是对抗干扰要求高的高频电路多用网格覆铜,有大电流的低频电路等常用实心覆铜。

- Remove Islands Less Than:用于确定覆铜与电路走线或者焊盘间的距离。
- Remove Necks Less Than:设置铜皮的最小宽度。

覆铜方法主要有三类可供选择:

- Do not pour over all same net objects:仅对相同网络的焊盘进行连接,其他导线不连接。
- Pour over all same net objects:对相同网络的焊盘、导线和覆铜全部进行连接和覆盖。
- Pour Over Same Net Polygons Only:仅对相同网络的焊盘、覆铜进行连接,其他导线不连接。

通常处理无线信号时,地线内部用第一类加上网格覆铜;处理电源信号时,选择第二类加实心覆铜；处理电源层时，选择第三类加实心覆铜；处理大功率电源地线时，在铜箔层选择第二种加全覆铜，然后在相应铜箔层的焊盘层加入第一种和网格覆铜。

为了避免铜皮灌进器件焊盘中间，应该增大覆铜安全间距，或者在器件焊盘中间放置多边形覆铜挖空区域。

修改覆铜时，通常在覆铜面板中选中 Remove Dead Copper（移除死铜）。距离相近的相同网络名的覆铜可进行合并，选中合并的覆铜后，按鼠标右键，从弹出的快捷菜单中选择 Polygon Actions→Combine Select Polygon 命令，即可进行合并。

将图 5-79 的 Top Layer 和 Bottom Layer 添加 GND 网络后，如图 5-83 所示。

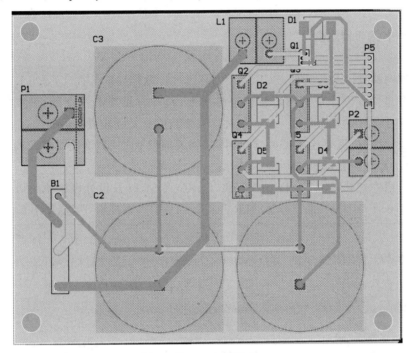

图 5-83　覆铜

（2）自动覆铜。进行大面积覆铜时，常规的操作是用覆铜命令沿着板框绘制一个闭合的区域，然后完成覆铜操作。但是若遇到不规则的异形板框，沿着板框绘制覆铜区域的方法就显得不是很方便，这时可以使用覆铜引理器来实现快速的整板覆铜。

在菜单栏中选择 Tools→Polygon Pour→Polygon Manager，或者依次按 T、G、M 键，打开覆铜引理器，单击 New Polygon from 按钮，可选择 Select Polygon（根据选定区域）或者 Board（板外框）两种类型，覆铜参数设置后，单击 Apply 按钮，即可完成自动覆铜。

注意：Fill、Polygon Pour、Polygon Pour Cutout 和 Plane 的区别。

Fill 表示填充区域。绘制一块实心的铜皮，将区域中的所有连线和过孔连接在一块，而不考虑是否属于同一个网络。若绘制的区域中有 VCC 和 GND 两个网络，用 Fill 命令把这两个网络的元素连接在一起，会造成短路。

Polygon Pour 表示覆铜，作用与 Fill 相近，也是绘制大面积的铜皮。区别在于覆铜能主动区分覆铜区域中的过孔和焊点的网络。如果过孔与焊点同属一个网络，覆铜将根据设定好的规则将过孔、焊点和铜皮连接在一起。反之，则铜皮与过孔和焊点之间会自动避让以保持安全距离。覆铜还能够自动删除死铜。

Polygon Pour Cutout 表示覆铜挖空区域。例如,某些重要的网络或者元器件底部需要进行挖空处理,如常见的 RF 信号、变压器下方区域以及 RJ-45 下方区域通常需要进行覆铜挖空处理。

Plane 表示平面层(负片)。适用于整板只有一个电源或者地网络。如果有多个电源或者地网络,则可以用无电气属性的线条在某个电源或者地区域画一个闭合框,然后双击这个闭合框,给这一区域分配相应的电源或者地网络(电源分割),它比正片层可以减少很多工程数据量,在处理高速 PCB 时计算机的反应速度更快。

5.4　设计规则检查

与原理图检查(ERC)类似,PCB 设计也必须进行设计规则检查(Design Rule Check,DRC),主要是检查设计是否满足所设置的规则,检查有没有不符合设计规则要求的问题,是 PCB 完成前最为重要的一步。通过检查来判定是否满足设计的要求,检查时,可以设置一些设计参数,需要检查哪些项,就打开相关的检查选项,该设置涉及检查 PCB 内容,需要每次都重新配置相关内容。

在菜单栏中选择 Tools→Design Rule Check 命令,打开设计规则检查对话框,其中主要包括 Report Options(报告选项)和 Rules To Check(检查规则)两项,如图 5-84 所示。

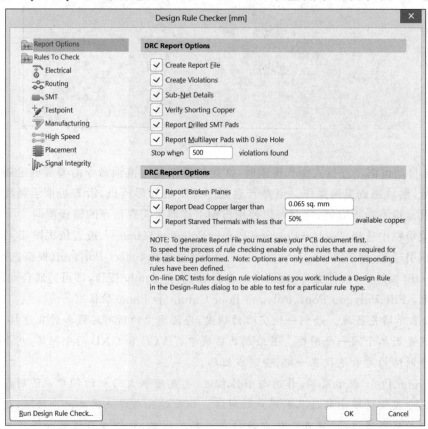

图 5-84　设计规则检查

5.4.1 DRC 报告

DRC 规则检测完生成 DRC 报告,详细列出 PCB 设计是否满足所检查的规则,DRC 报告主要是对报告形式和报告内容进行设置。

(1) Create Report File:创建报告文件,执行完 DRC 之后,Altium Designer 会创建一个关于 DRC 的报告,对报错信息会给出详细的描述并会给出报错的位置信息,方便设计者对报错信息进行解读。

(2) Create Violations:创建冲突检查次数,将创建冲突检查次数设置为 5000,表示当系统检测到 5000 个 DRC 报错时直接停止并再次检查,系统默认设置一般是 500,但是设置到 500 时有些 DRC 会显示,有些 DRC 不显示,只有修正已存在的错误,再次 DRC 时才会显示。

(3) Sub-Net Details:子网络详细描述,生成报告中列出网络关系的检查结果。

(4) Verify Shorting Copper:检查短路覆铜,主要用于对覆铜或非网络连接造成的短路进行检查。

(5) Report Drilled SMT Pads:启用此选项以包括 DRC 报告中错误钻探的任何 SMT(表面贴装技术)焊盘。例如,SMT 焊盘可以是短引脚、平接触、球矩阵(BGA)之一、元件主体上的端接(无源元件)或 QFP 中的短引线。此选项仅用于检测带有定义孔的 SMT 焊盘,要检查 SMD 焊盘下的过孔,必须将 SMD 下的过孔规则(在"高速"类别中)添加到设计中,并为 Batch DRC 启用该过孔。

(6) Report Multilayer Pads with 0 size Hole:报告具有 0 大小孔的多层焊盘,在设计中找到的任何无效的多层焊盘。无效的多层焊盘是指孔尺寸为零的焊盘,否则会使其成为 SMT 焊盘。

(7) Report Broken Planes:报告损坏的平面,启用此选项可让批处理规则检查过程查找并报告损坏的平面。当与网络相连的平面区域与平面的其余部分在电气上断开连接时,就会发生平面损坏。例如,跨拆分平面放置但未连接到该平面的连接器。引脚周围的空隙连接以完全切穿平面铜,有效地将其分成两部分。

注意:要检查损坏的平面,必须为批处理 DRC 启用未布线网络规则(在"电气"类别中)。

(8) Report Dead Copper larger than:启用此选项可让批处理规则检查过程查找并报告大于指定区域的死铜区域。死铜是指与网络没有连接的铜部分,并且也与基准面发生电气断开连接。例如,具有紧密间隔引脚的连接器(未连接到平面),其中引脚周围的空隙连接以将平面铜区域与平面的其余部分隔离开。默认设置的最小允许的死铜面积的值为 0.065 sq. mm。

注意:要检查死铜,必须为批处理 DRC 启用未布线网络规则(在"电气"类别中)。

(9) Report Starved Thermals with less than:报告可用铜缆缺热的百分比,检查过程查找并报告大于指定百分比的热连接。热连接是到平面,其周围有散热"切口",以降低对平面铜的热导率。当其与平面的铜辐条的表面积因空隙面积而减少时,热会变得"缺乏"。此选项还会检查热的表面积(不仅仅是辐条),防止任何侵入热的空隙区域。默认最小允许连接铜缆百分比的值为 50%,低于该值将被视为违反规则。

5.4.2　DRC 规则列表

设计规则检查项目总共有 Electrical、Routing、SMT、Testpoint、Manufacturing、High Speed、Placement 和 Signal Integrity 8 种类别，与对应的布线规则相对应。单击其中的某一项，如 Electrical，如图 5-85 所示。

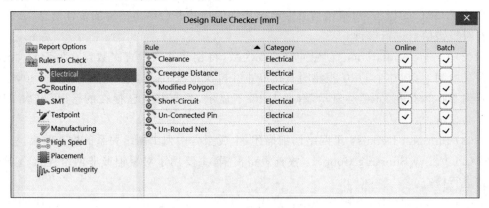

图 5-85　Electrical 规则检查

Online 表示在 PCB 设计过程中会实时显示 DRC 检查结果，而 Batch 则只有当手动执行 DRC 检查后进行批量处理才会将存在问题的报错显示出来。在线检查会影响软件的流畅度，可关闭在线 DRC 检查，也可以在 Preference→PCB editor→General 中取消选中 Online DRC。

在 Electrical 选项卡中，由于 Creepage Distance 容易造成软件计算量过大而卡顿，通常在 PCB 设计过程中可以不用选中这一项，而其余的电气属性包括短路、开路、间距的问题，显然都是需要严格控制的，默认都选中。

用户可根据需要设置选项卡，通常情况下默认即可。单击 Run Design Rules Check 后，软件根据用户设置的选项进行 DRC 检查，以实验 10 为例，进行 DRC 检查后，输出如图 5-86 所示的报告，该报告记录了文件产生的时间和路径，右侧显示警告数目和违反规则的数目，本例为 0。

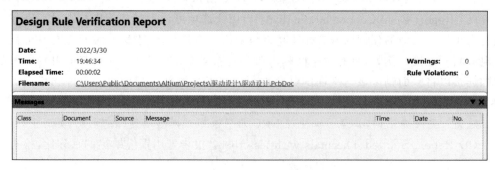

图 5-86　规则检查报告

5.4.3　DRC 错误类型

如果 PCB 的文件名和路径名不含有中文,单击 DRC 结果报告中的报错会跳转到 PCB 的相应位置。如果含有中文的话,通过双击 Messages 框中的报错,跳转到 PCB 的具体位置。有错误的地方必须进行修改,若确认无误,可按快捷键 T、M 取消 DRC 错误标注。

常见的 DRC 错误主要有以下几类。

1. Error Reporting 错误报告

(1) Violations associated with buses 有关总线电气错误的各类型(共 12 项)。
- Bus indices out of range 总线分支索引超出范围。
- Bus range syntax errors 总线范围的语法错误。
- Illegal bus range values 非法的总线范围值。
- Illegal bus definitions 定义的总线非法。
- Mismatched bus label ordering 总线分支网络标号错误排序。
- Mismatched bus/wire object on wire/bus 总线/导线错误地连接导线/总线。
- Mismatched bus widths 总线宽度错误。
- Mismatched bus section index ordering 总线范围值表达错误。
- Mismatched electrical types on bus 总线上错误的电气类型。
- Mismatched generics on bus(first index)总线范围值的首位错误。
- Mismatched generics on bus(second index)总线范围值的末位错误。
- Mixed generics and numeric bus labeling 总线命名规则错误。

(2) Violations associated with nets 有关网络电气错误(共 19 项)。
- adding hidden net to sheet 原理图中出现隐藏网络。
- adding items from hidden net to net 在隐藏网络中添加对象到已有网络中。
- auto-assigned ports to device pins 自动分配端口到设备引脚。
- duplicate nets 原理图中出现重名的网络。
- floating net labels 原理图中有悬空的网络标签。
- global power-objects scope changes 全局的电源符号错误。
- net parameters with no name 网络属性中缺少名称。
- net parameters with no value 网络属性中缺少赋值。
- nets containing floating input pins 网络包括悬空的输入引脚。
- nets with multiple names 同一个网络被附加多个网络名。
- nets with no driving source 网络中无驱动源。
- nets with only one pin 网络只连接一个引脚。
- nets with possible connection problems 网络可能有连接上的错误。
- signals with multiple drivers 重复的驱动信号。
- sheets containing duplicate ports 原理图中包含重复的端口。

- signals with load 信号无负载。
- signals with drivers 信号无驱动。
- unconnected objects in net 网络中的元件出现未连接对象。
- unconnected wires 原理图中有无连接的导线。

（3）Violations associated with others 有关原理图的各种类型的错误的提示(共 3 项)。

- No Error 无错误。
- Object not completely within sheet boundaries 原理图中的对象超出了图纸边框。
- Off-grid object 原理图中的对象不在格点位置。

（4）Violations associated with parameters 有关参数错误的各种类型(共 2 项)。

- same parameter containing different types 相同的参数出现在不同的模型中。
- same parameter containing different values 相同的参数出现了不同的取值。

2. Comparator 规则比较

（1）Differences associated with components 原理图和 PCB 上有关的不同(共 16 项)。

- Changed channel class name 通道类名称变化。
- Changed component class name 元件类名称变化。
- Changed net class name 网络类名称变化。
- Changed room definitions 区域定义的变化。
- Changed Rule 设计规则的变化。
- Channel classes with extra members 通道类出现了多余的成员。
- Component classes with extra members 元件类出现了多余的成员。
- Difference component 元件出现不同的描述。
- Different designators 元件标示的改变。
- Different library references 出现不同的元件参考库。
- Different types 出现不同的标准。
- Different footprints 元件封装的改变。
- Extra channel classes 多余的通道类。
- Extra component classes 多余的元件类。
- Extra component 多余的元件。
- Extra room definitions 多余的区域定义。

（2）Differences associated with nets 原理图和 PCB 上有关网络不同(共 6 项)。

- Changed net name 网络名称出现改变。
- Extra net classes 出现多余的网络类。
- Extra nets 出现多余的网络。
- Extra pins in nets 网络中出现多余的引脚。
- Extra rules 网络中出现多余的设计规则。
- Net class with extra members 网络中出现多余的成员。

（3）Differences associated with parameters 原理图和 PCB 上有关的参数不同(共 3 项)。

- Changed parameter types 改变参数类型。

- Changed parameter value 改变参数的取值。
- Object with extra parameter 对象出现多余的参数。

5.5 PCB 设计的输出文档

PCB 文件设置完成后,就可以进行文档的处理。

5.5.1 元件信息报告

打开 PCB 文件后,在菜单栏中选择 Reports→Bill of Material 命令,打开元件信息报告,如图 5-87 所示。

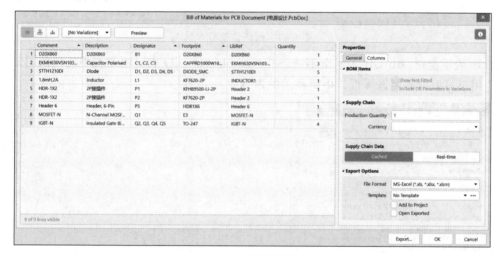

图 5-87 元件信息报告

图 5-87 中列出了 PCB 图中涉及的所有元件的信息,包括元件的描述、封装、标号和所使用的数量等。在右侧可以设置 General 和 Columns 两种显示方式,单击 Export 按钮,可输出元件信息的报告文件。

5.5.2 网络信息报告

在菜单栏中选择 Reports→Netlist Status 命令,打开网络信息报告,如图 5-88 所示。该报告显示了 PCB 图中所有网络,包括网络名、网络所在的层和网络的长度信息。

5.5.3 电路板信息报告

在菜单栏中选择 Reports→Board Information 命令,或者打开 PCB 文件后,在 Properties 面板的 Board 栏可以看到电路板尺寸、元件、层数、网络和图元等信息,如图 5-89 所示。

单击图 5-89 中的 Reports 按钮,系统弹出板级报告对话框,如图 5-90 所示。其中,

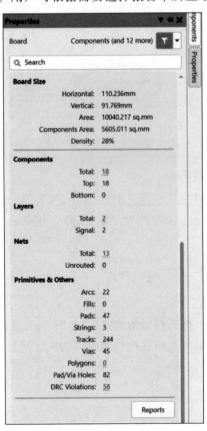

图 5-88 网络信息报告

All On 表示全选,All Off 表示全不选,Selected objects only 表示电路板中选择的图元信息。用户可根据需要选择报告中所显示的内容。

图 5-89 电路板参数图　　　　　　　图 5-90 板级报告

单击 Report 按钮,生成电路板级信息报告,格式为 html 文件,如图 5-91 所示。

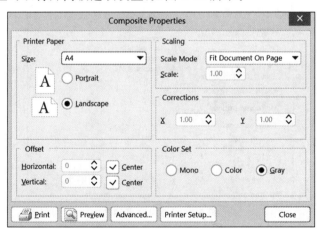

图 5-91 电路板级信息报告

5.5.4 PCB 图纸打印

在菜单栏中选择 File→Page Setup 命令打开页面设置对话框,如图 5-92 所示。其中,Print Paper 栏可设置打印纸的大小和方向;Offset 栏可设置图形的偏移方向,默认为居中显示;Scaling 栏可设置图纸的缩放方式和比例;Corrections 栏可对图纸 X、Y 方向进行比例微调;Color Set 栏用于设置图纸显示的颜色;Print 按钮可进行打印。此外,单击 Advanced 按钮可以打开高级选项设置,如图 5-93 所示。

图 5-92 页面设置对话框

图 5-93 中包含了打印输出的层、包含元件和打印输出项的内容,通过 Designator Print Settings 可进行标号的打印设置;Area to Print 栏可以设置打印的区域,可选 Entire Sheet(整个图纸)或者 Specific Area(限定区域,通过坐标进行选择)。单击 Multilayer Composite Print 前的文件图标,可以打开打印输出特性的参数设置对话框,

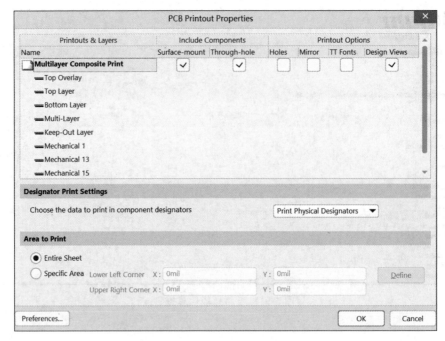

图 5-93　PCB 打印输出属性

如图 5-94 所示。

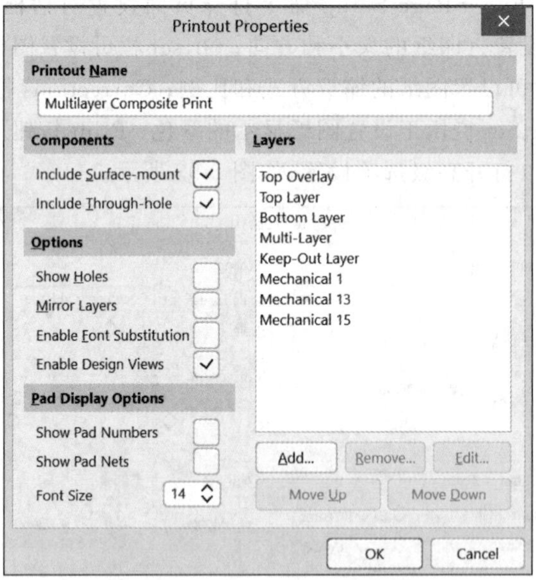

图 5-94　打印输出参数

在图 5-94 中可以添加或者取消打印的项目,主要包括元件的贴装、通孔;孔、镜像层、字体替代、设计视图,焊盘的编号和焊盘的网络名,字体的大小和各个层的元素,设置好后单击 OK 按钮,在菜单栏中选择 File→Print 命令进行打印。

此外,可以在菜单栏中选择 File→Smart PDF 命令输出 PDF 格式的图纸,也可以在菜单栏中选择 File→Export→PDF3D 命令导出 3D 类型的 PDF。

5.5.5　生成加工文件

Gerber 文件是线路板行业软件描述线路板（如线路层、阻焊层、字符层等）图像及钻和铣数据的文档格式集合，是线路板行业图像转换的标准格式，是 PCB 加工机器识别的标准文件，制造商通常采用 Gerber 文件生成 PCB。

在菜单栏中选择 File→Fabrication Outputs→Gerber Files 命令，打开 Gerber 参数设置对话框，如图 5-95 所示。

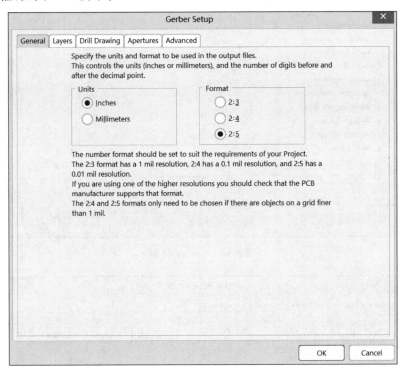

图 5-95　Gerber 参数设置

General 栏可以设置 Gerber 文件的单位和格式，其中格式列 2：5 表示数据含有 2 位整数和 5 位小数，小数部分越多，数据越精确。

Layers 栏可以设置 Gerber 文件所包含的层面，如图 5-96 所示。在 Plot 列选择所需要的层，通常全选即可；Mirror 为镜像层，通常不选择；如果 Mechanical 层有标注加工尺寸或者参数等，可将 Mechanical 层选上；通常选中下方的 Include unconnected mid-layer pads（包括未连接的中间层焊盘）复选框。

Drill Drawing 栏可以设置钻孔绘制图和钻孔栅格图，如图 5-97 所示。

Apertures 栏是设置 Gerber 文件建立的光圈参数，如图 5-98 所示，软件默认选择 Embedded apertures（RS274X）复选框，可自动建立光圈，取消选中后在右侧也可以自行设置光圈。

Advanced 栏用于设置胶片尺寸的参数，如图 5-99 所示，选择默认设置即可。

单击 OK 按钮即可生成 Gerber 文件，如图 5-100 所示。

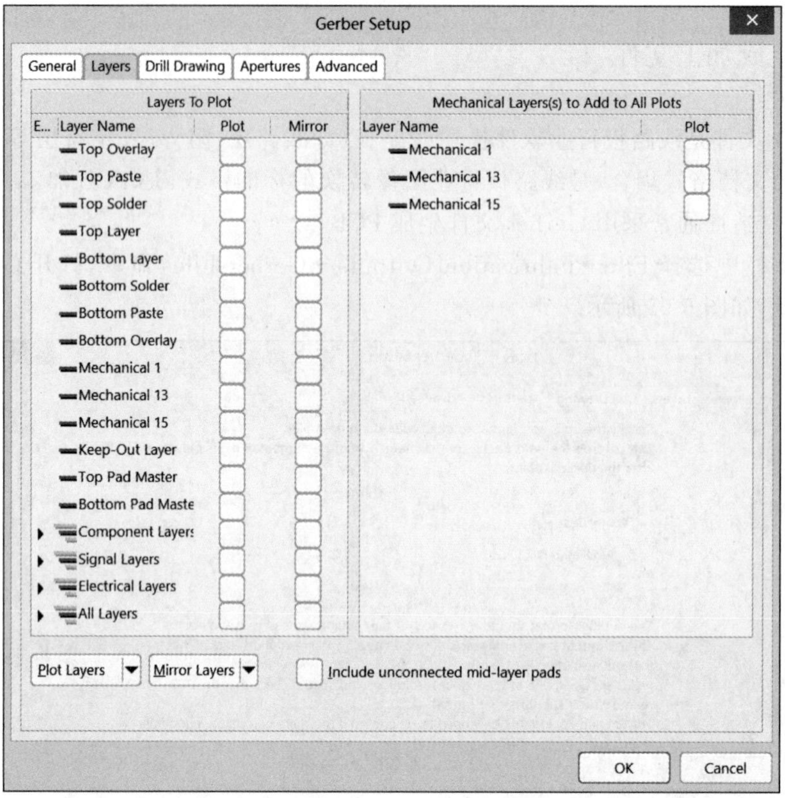

图 5-96　Layers 设置

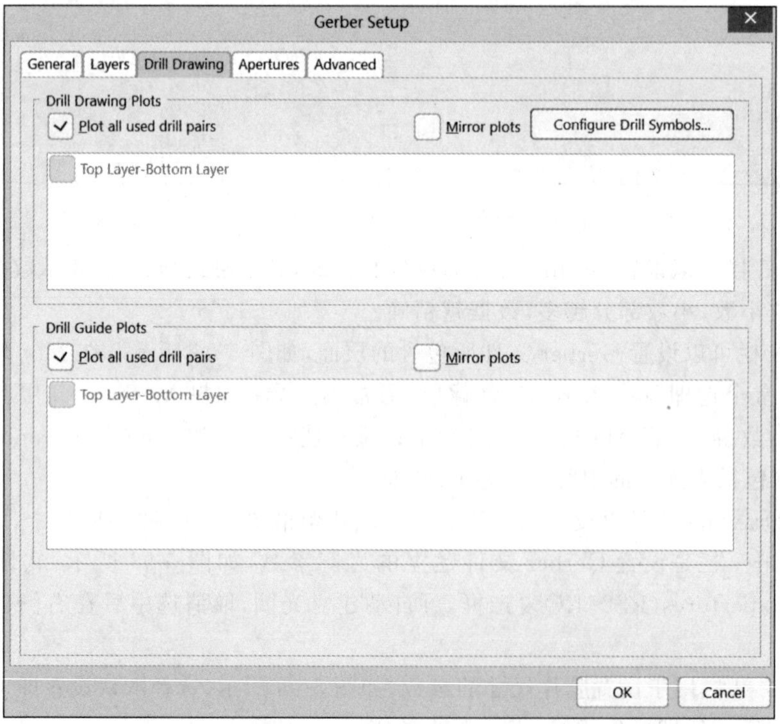

图 5-97　Drill Drawing 设置

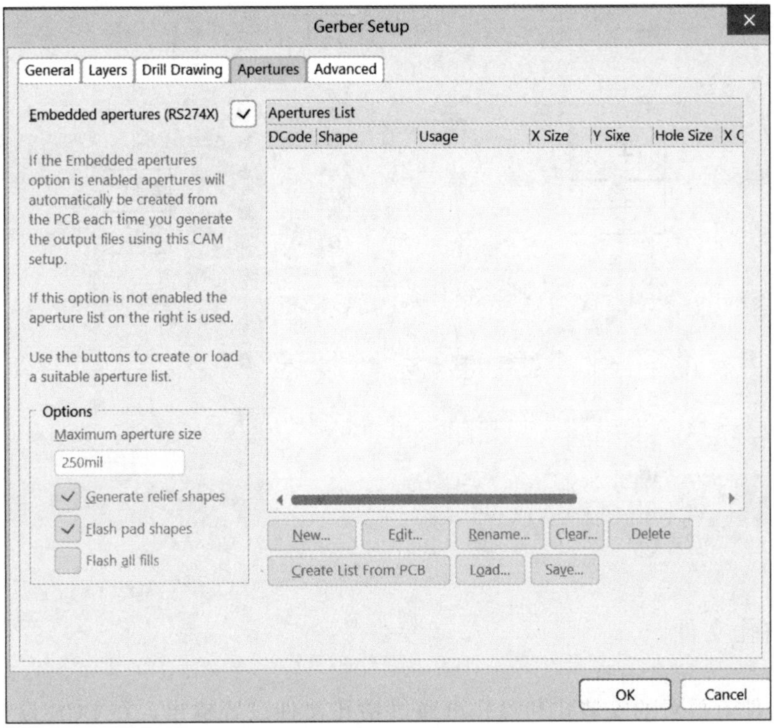

图 5-98　Apertures 设置

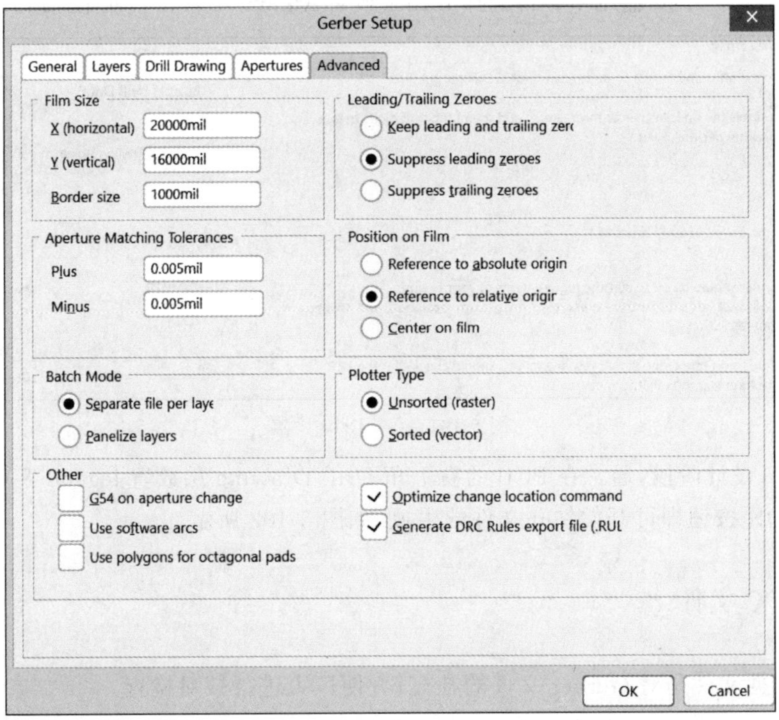

图 5-99　Advanced 设置

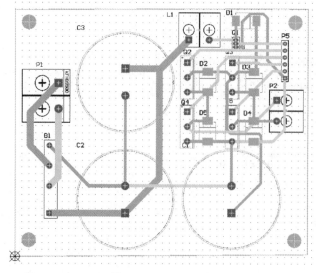

图 5-100　Gerber 图

5.5.6　钻孔文件

设计文件上放置的安装孔和过孔可通过钻孔文件设置输出。在 PCB 设计界面的菜单栏中选择 File→Fabrication Outputs→NC Drill Files 命令，进入钻孔文件的输出设置界面，如图 5-101 所示，输出单位可选择 Inches 或者 Millimeters，有三种比例格式可设置。

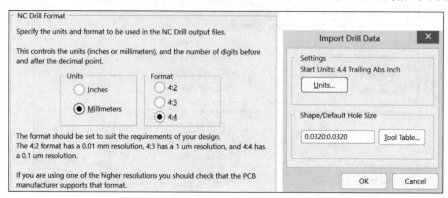

图 5-101　NC Drill 设置

在 PCB 设计阶段，通常在 PCB 的右下角 Drill Drawing 层放置 legend 字符，再输出。单击 OK 按钮即可开始钻孔文件的生成，如图 5-102 所示。

5.5.7　IPC 文件

IPC 数据文件是对 Gerber 文件的补充，方便厂家进行核对检查。

在 PCB 界面的菜单栏中选择 File→Fabrication Outputs→Test point Report 命令，进入 IPC 网表的输出设置界面，按照图 5-103 所示，设置相关参数后，单击 OK 按钮输出即可，如图 5-104 所示。

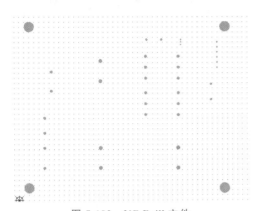

图 5-102 NC Drill 文件

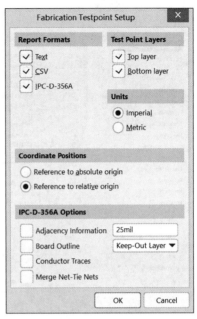

图 5-103 IPC 设置

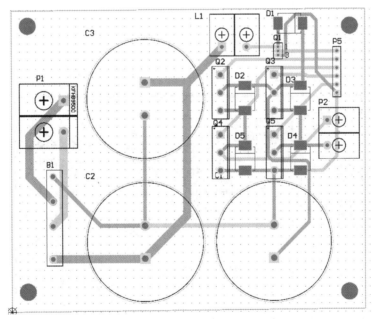

图 5-104 IPC 文件

5.5.8 贴片坐标文件

制板生产完成之后,后期需要对各个元件进行贴片,这需要用各元件的坐标图。Altium Designer 通常输出 TXT 文档类型的坐标文件。在 PCB 界面的菜单栏中选择 File→Assembly Outputs→Generate Pick and Place File 命令,进入贴片坐标文件的输出设置界面,选择输出单位和格式,如图 5-105 所示,单击 OK 按钮生成贴片坐标文件。

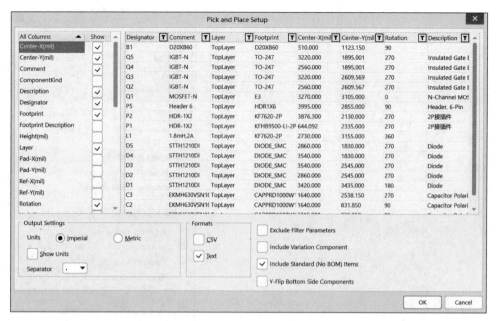

图 5-105　贴片坐标文件的输出设置

习题 5

（1）将图 4-69 所示的原理图绘制成 PCB，布局连线参考如图 5-106 所示。

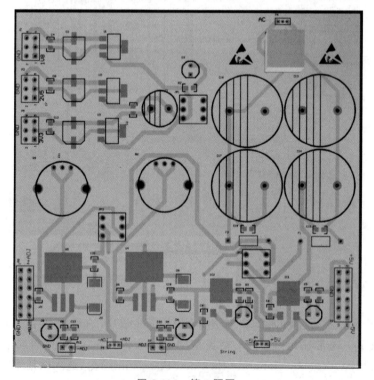

图 5-106　第 1 题图

（2）将图 4-70 所示的原理图绘制成 PCB，布局连线参考如图 5-107 所示。

（3）将图 4-71 所示的原理图绘制成 PCB，布局连线参考如图 5-108 所示。

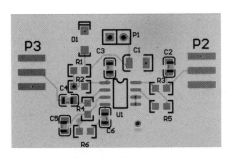

图 5-107　第 2 题图

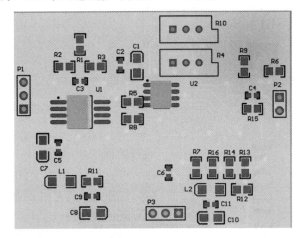

图 5-108　第 3 题图

（4）将图 4-72 所示的原理图绘制成 PCB，布局连线参考如图 5-109 所示。

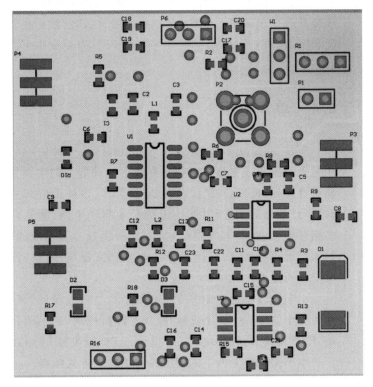

图 5-109　第 4 题图

通过前面的学习可知，一个完整的工程绘图步骤如下：

(1) 工程、原理图图纸、PCB图纸等文件的创建。

(2) 特殊元件符号的绘制。

(3) 原理图的设计。

(4) 相关PCB封装的绘制。

(5) PCB设计。

设计好的PCB文件进行加工与装配，即可完成电路板设计。本章主要从基于单片机STM32的电路板设计、四层核心板的设计、高速电路板的设计三个案例，进一步重点学习工程设计中PCB高级设计的技巧。

6.1 单片机板

单片机(Single-Chip Microcomputer)是一种集成电路芯片，是采用超大规模集成电路技术把具有数据处理能力的中央处理器(CPU)、随机存储器(RAM)、只读存储器(ROM)、多种I/O口和中断系统、定时器/计数器等功能(可能还包括显示驱动电路、脉宽调制电路、模拟多路转换器、A/D转换器等)集成到一块硅片上构成的一个小而完善的微型计算机系统，广泛用于工业、电力、建筑、航空、汽车、船舶和机械等各行业。

本节主要学习绘制基于STM32的电路板设计，该电路板包含的模块有电源模块、单片机模块、AD转换模块、FLASH模块、USB模块、E2P模块、时钟模块、TFT模块、LED模块和JTAG模块。

本节采用自上而下的层次原理图设计方式绘制。

6.1.1 工程与文件的建立

(1) 在菜单栏中选择File→New→Project命令，在打开的新建工程对话框中输入"单片机电路板"，单击Create按钮，完成工程"单片机电路板.PrjPcb"的创建。

（2）选中工程后右击，从弹出的快捷菜单中选择 Add New to Project→Schematic Library 命令，再在菜单栏中选择 File→Save 命令，并输入"单片机电路板"，完成向工程中添加原理图库文件，即单片机电路板.SchLib 文件。

（3）选中工程后右击，从弹出的快捷菜单中选择 Add New to Project→PCB Library 命令，再在菜单栏中选择 File→Save 命令，并输入"单片机电路板"，完成向工程中添加封装库文件，即单片机电路板.PcbLib 文件。

（4）选中工程后右击，从弹出的快捷菜单中选择 Add New to Project→PCB 命令，再在菜单栏中选择 File→Save 命令，并输入"单片机电路板"，完成向工程中添加 PCB 图纸，即单片机电路板.PcbDoc 文件。

（5）选中工程后右击，从弹出的快捷菜单中选择 Add New to Project→Schematic 命令，再在菜单栏中选择 File→Save 命令，并输入"main"，完成向工程中添加原理图文件，即 main.SchDoc 文件。

绘制好的工程与文件列表如图 6-1 所示。

图 6-1　工程与文件列表

6.1.2　特殊元件符号

（1）STM32F103。查阅相关手册，STM32F103 引脚对应关系如图 6-2 所示。

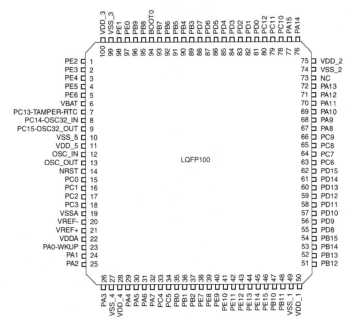

图 6-2　STM32F103 芯片引脚示意图

打开原理图库文件，即单片机电路板.SchLib 文件，在菜单栏中选择 Place→Rectangle 命令绘制外形边框，再选择 Place→Pin 命令绘制引脚，按图 6-2 要求逐个添加引脚。

事实上,引脚数目较多的元件,为了后续在原理图中方便连线,可以在原理图库中修改引脚的顺序,只需要引脚的 Designator 和 Name 对应即可(注意 PCB 封装不能修改),通常将同类的引脚绘制在一起,如图 6-2 中的 PA0～PA15、PB0～PB15、PC0～PC15、PD0～PD15、PE0～PE15,采用多部件元件的绘制方法(具体方法参考 2.3 节)。绘制结果如图 6-3 所示。

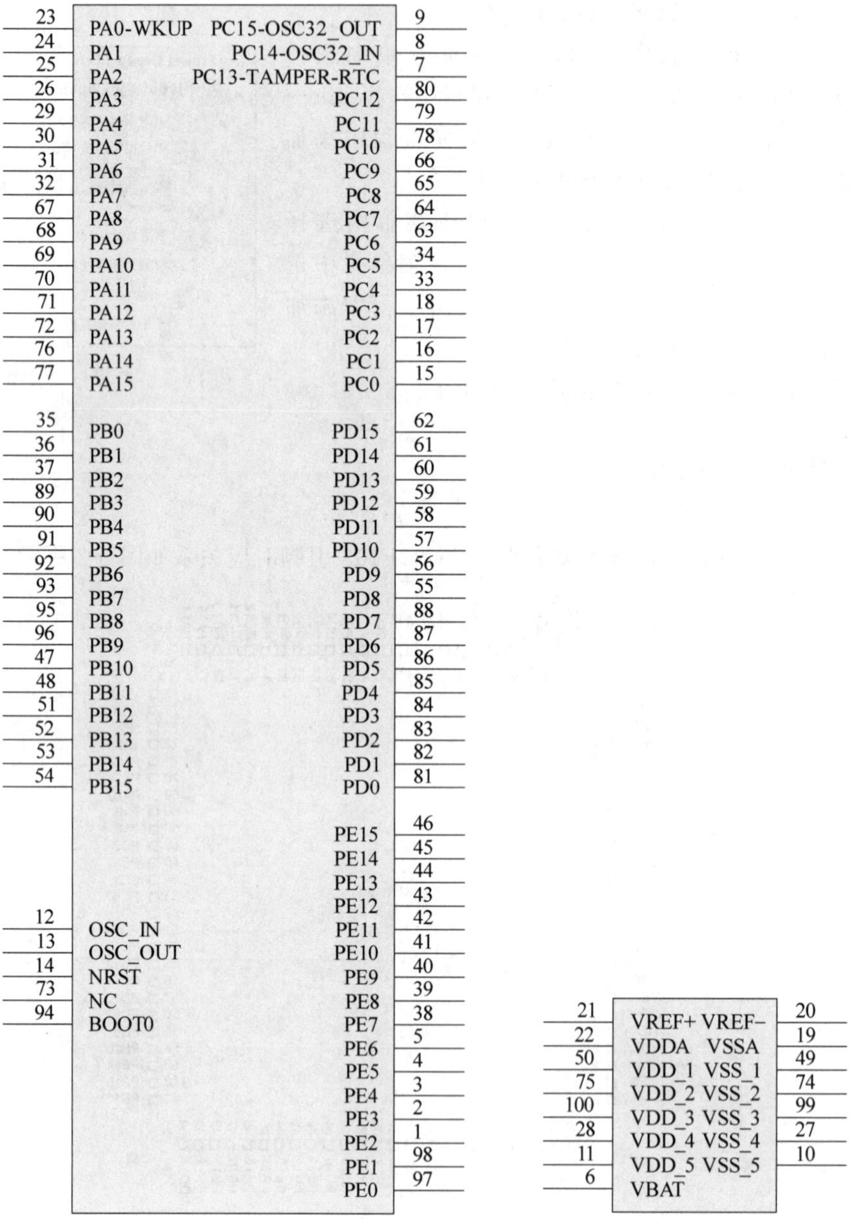

图 6-3　STM32F103 元件符号

(2) AD595。AD595 的芯片手册示意图和元件符号分别如图 6-4 和图 6-5 所示。

此外,还有一些电源芯片、连接件等,只需要查找对应的芯片,按照芯片手册引脚说明绘制即可,详细绘制方式可参考第 2 章。

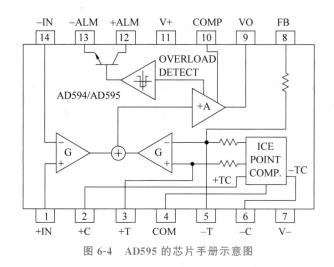

图 6-4　AD595 的芯片手册示意图

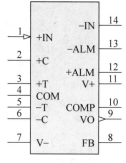

图 6-5　AD595 的元件符号

6.1.3　原理图的绘制

（1）绘制顶层原理图。在 main. SchDoc 原理图中选择 Place→Sheet Symbol 命令，在原理图中合适的位置确定两个点，按鼠标右键结束当前绘制，形成第一个模块电路。采用同样的方式，绘制放置三个页面符。双击模块，在属性设置中，将 Sheet Symbol（页面符的名称）值依次设置为 STM32、AD595、ADR、RS485 和 Out，将 File name（下层原理图的名称）依次设置为 STM32、AD595、ADR、RS485 和 Out。

在菜单栏中选择 Place→Add Sheet Entry 命令，添加图纸入口，并编辑图纸入口属性，按照功能将各个模块中的图纸入口用导线连接起来。绘制的顶层原理图如图 6-6 所示。

（2）从页面符创建图纸。在菜单栏中选择 Design→Create Sheet From Sheet Symbol 命令，然后单击顶层原理图中的 STM32 的页面符，工程中自动添加 STM32. SchDoc 的原理图文件，并在原理图中生成对应的输入/输出端口，在菜单栏中选择 File→Save 命令保存该原理图文件。依次单击各个页面符并保存文件，最终生成如图 6-7 所示的工程文件。

（3）分别绘制各个模块的电路原理图。按照电路原理绘制各个模块的原理图，通常采用信号走向的方式，也可以采用从中心到局部，或者从上到下或者从左到右的方式。

绘制方式可参考第 4 章的内容，绘制的 STM32、AD595、ADR、RS485 和 Out 的原理图分别如图 6-8～图 6-12 所示。

原理图绘制和编译后，在 Messages 面板中信息为空，表示原理图绘制正确。

6.1.4　导入网表

（1）添加封装。绘制完原理图，在菜单栏中选择 Tools→Footprint Manager 命令，打开封装管理器，为各个元件添加封装，若没有可选的封装或者封装尺寸不合适，则需要用户参照参数手册自行创建封装，具体绘制方式详见第 3 章，最终使每个元件都匹配合适的封装。

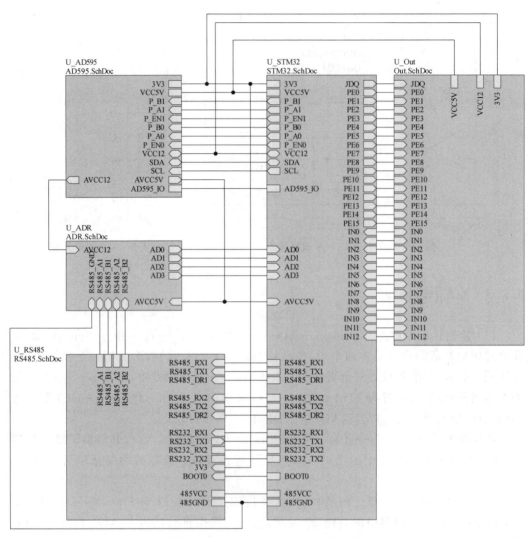

图 6-6　顶层原理图

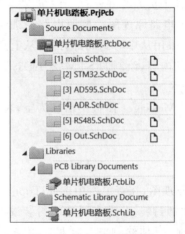

图 6-7　添加页面原理图

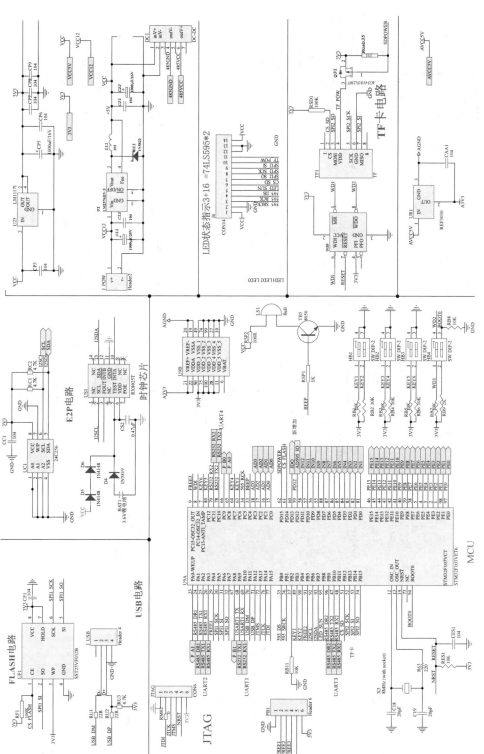

图 6-8 STM32 原理图

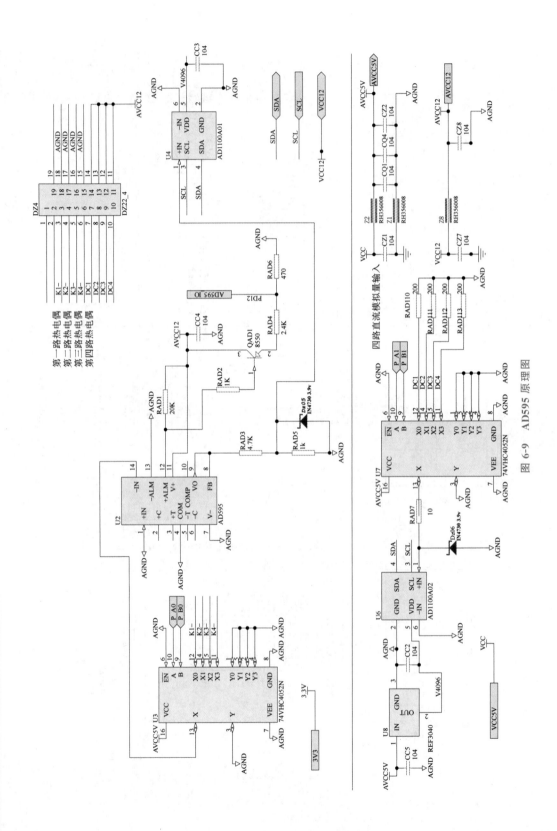

图 6-9 AD595 原理图

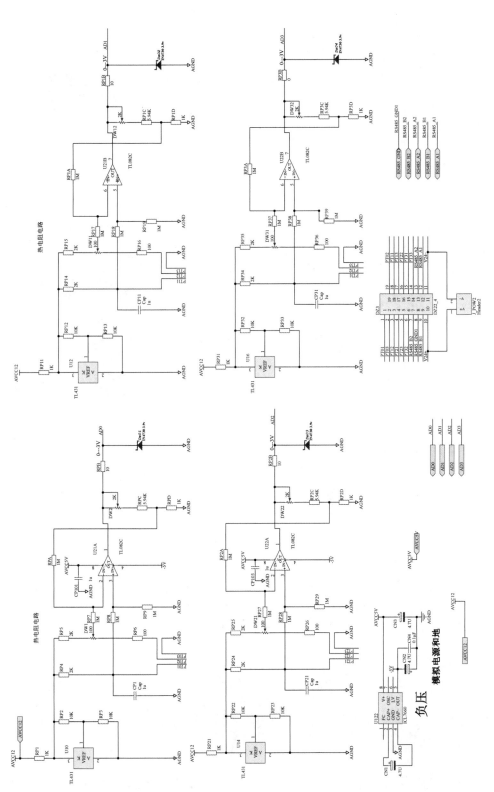

图 6-10　ADR 原理图

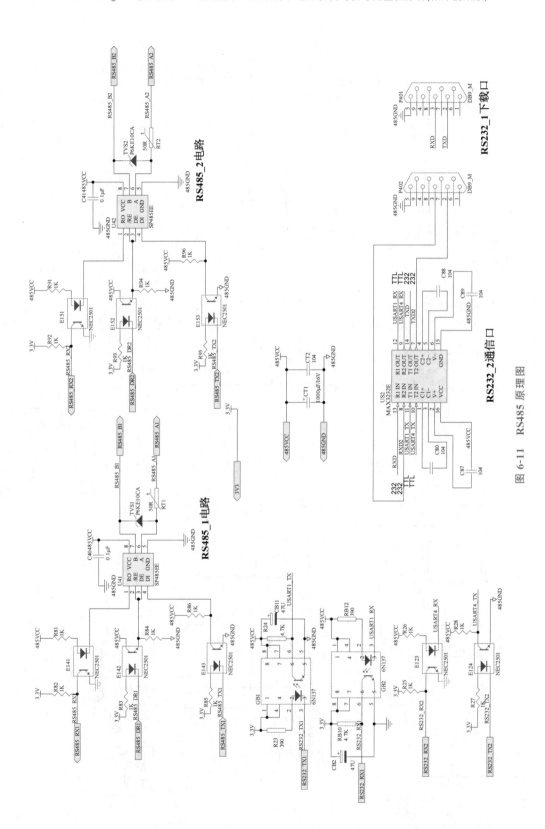

图6-11　RS485原理图

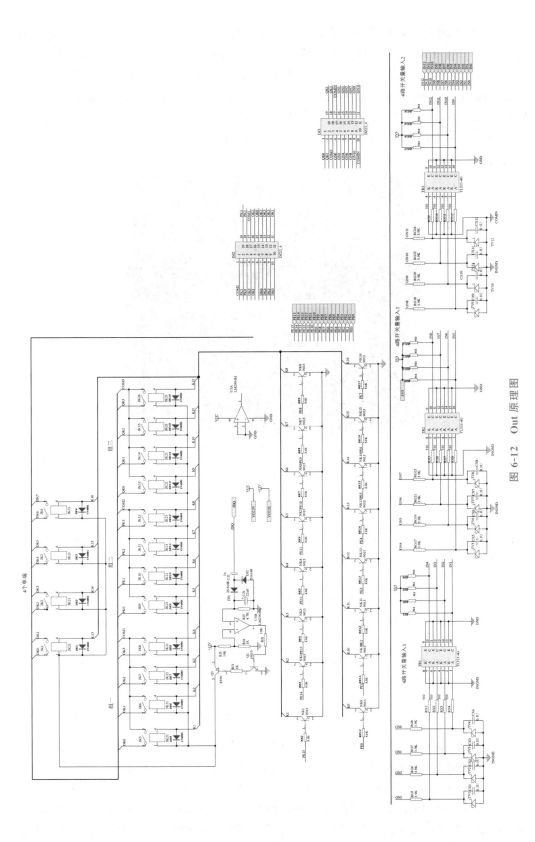

图 6-12　Out 原理图

（2）导入网表。在 PCB 编辑器的菜单栏中选择 Design→Import Changes form 单片机电路板.PrjPcb，即可将原理图中的所有元件和元件间的连接关系导入 PCB 文件中。

（3）设置 PCB 形状。PCB 的大小与形状需要考虑到所有元件的尺寸空间和信号间的电磁兼容以及机械结构等因素，本例中 PCB 尺寸设置为 250mm×170mm，选中 Mechanical 层，在菜单栏中选择 Place→Rectangle 命令，绘制 250mm×170mm 的矩形框，再在菜单栏中选择 Design→Board Shape→Define Board Shape from Selected Objects，即可完成 PCB 形状的设置，如图 6-13 所示。

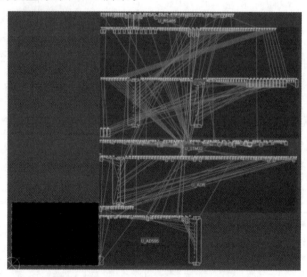

图 6-13　PCB 形状与导入网表后的元件

6.1.5　PCB 布局

（1）放置固定元件。固定元件的放置类似于固定孔的放置，也要进行精准的放置。这主要是根据设计结构进行放置的。元件的丝印和结构的丝印进行归中、重叠放置，板子上的固定元件放置好之后，可以根据飞线就近原则和信号优先原则对整个板子的信号流向进行梳理。考虑到电路板的装配和调试的方便性，通常将拔插的接插件放置在板子的边界处，方便顺手拔插；将显示部分放置在上方，方便直观地读取；将按键部分放置在右下角，方便右手进行按键。

（2）打开与隐藏飞线。为了观察方便，可将飞线隐藏，按 N 键后选择 Hide Connections→All 命令，即可隐藏所有飞线。其中还可以单独选择隐藏 Net 和 On Component。

- Net：针对单个网络的飞线进行打开或者关闭操作，命令激活之后，在 PCB 中选择网络即可。
- On Component：针对元件网络的飞线进行打开或者关闭操作，命令激活之后，单击相对应的元件，和这个元件相关联的所有网络都会进行飞线的打开或者关闭。

此外，也可以在 PCB 面板中进行飞线的隐藏与显示。在 PCB 文件中单击右下角的 Panels 面板，调出 PCB 面板，可选择 Nets、xSignals、Components 等选项进行编辑窗口。例如在显示的网络类中，选择 All Nets，在下面网络显示框中选中单独的某个网络或多个网络并按鼠标右键,从弹出的快捷菜单中选择 Connections-Show 命令可以打开飞线,选择 Connections-Hide 命令可以对其飞线进行关闭。

本例中,将 4 个插件 DZ1～DZ4 依次放置于上、下边框处,将 P401、P402、J_POW、J_POW2 放置于左侧,将继电器 JK1～JK16 依次放置于上下两侧,将 STM32 放置于图中间,并将相同类型的元件采用菜单栏中的 Edit→Align 的方式对齐,包括上对齐(Top),快捷键为 Ctrl+T;下对齐(Bottom),快捷键为 Ctrl+B;左对齐(Left),快捷键为 Ctrl+L;右对齐(Right),快捷键为 Ctrl+R,如图 6-14 所示。

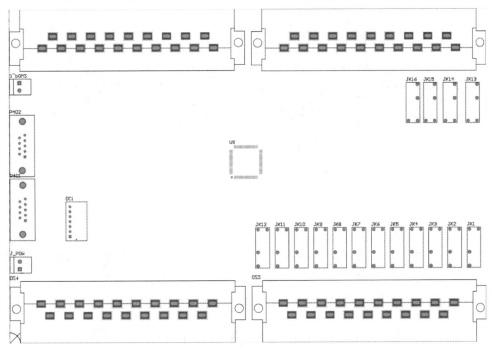

图 6-14　放置固定元件

(3) PCB 交互式布局。在菜单栏中选择 Tools→Cross Probe 命令,根据原理图的模块化和与 PCB 的交互,逐个放置各个模块元件,同时逐步显示飞线(按 N 键后选择 Show Connections→Components 命令),可以根据信号流向放置元件,通过调整元件位置和方向减少引线交叉。通常元件的放置顺序为先大后小,先放置主控部分的芯片,再放置体积较大的元件,逐步调整,对于已经确定位置的元件,可以通过按鼠标右键,从弹出的快捷菜单中选择 Component Locked 命令锁定该元件。

本例中元件的布局如图 6-15 所示。

6.1.6　PCB 布线

(1) 创建类。Class 就是类,同一属性的网络或元件或层或差分放置在一起构成一个类。把相同属性的网络放置在一起,就是网络类,如 GND 网络和电源网络放置在一起构成电源网络类。把属于 90Ω 的 USB、HOST、OTG 的差分放置在一起,构成 90Ω 差分类。把封装名称相同的 0603R 的电阻放置在一起,构成一组元件类。分类的目的在于对

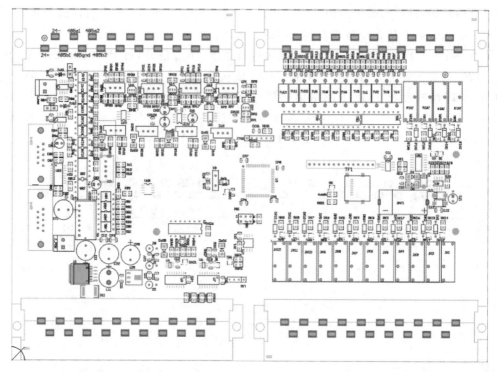

图 6-15　元件的布局

相同属性的类进行统一的规则约束或编辑管理。

依次按 D、C 键,或者在菜单栏中选择 Design→Class 命令,即可进入类管理器,如图 6-16 所示,可以看到主要有 10 个类。

图 6-16　创建类

- Net Classes:网络类,按照模块总线的要求,把相应的网络汇总到一起,如电源线、数据线等。
- Component Classes:元件类,按照元件组成一个类别。
- Layer Classes:层类,按照层组成一个类别。
- Pad Classes:焊盘类,按照焊盘组成一个类别。
- From To Classes:从……到类。
- Differential Pair Classes:差分类。
- Design Channel Classes:设计通道类。
- Polygon Classes:铜皮类。
- Structure Classes:结构类。
- xSignal Classes:信号类。

进入类管理器后,选择 Net Classes,按鼠标右键,可以创建(添加)类、删除类和重命名类,本例添加一个电源类,并命名为 PWR,如图 6-17 所示。

图 6-17 中左边框选的网络是目前没有分类的所有网络,右边是已经分类添加好的网络。在左边框中选中需要添加的网络,然后单击">"按钮,可把左边没有分类的网络添

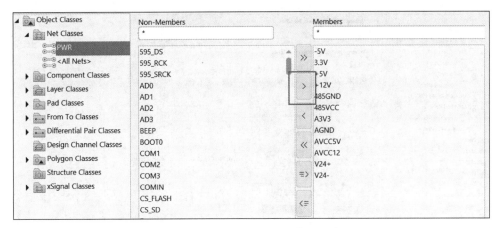

图 6-17 创建网络类

加到右边已经分类好的网络中。同理,单击"＜"按钮,可把右边已经分类的网络恢复到左边的网络中。

选择 Component Classes,可以看到以分层原理图命名的元件类,并包括了原理图中对应的元件,其中 Bottom Side Components 类包括了 Bottom 边的元件,本例中将插件归置到这一类中,如图 6-18 所示。

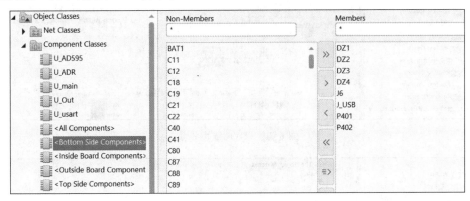

图 6-18 修改元件类

(2) 设置 PCB 规则。在菜单栏中选择 Design→Rules 命令,进入规则设置管理器。本例中设置最小间距为 15mil,Where The First Object Matches 和 Where The Second Object Matches 都选择 All,间距参数如图 6-19 所示。其余电气规则采用默认设置。

选择左栏中的 Routing(布线规则)选项,然后右击 Width 选项,在弹出的快捷菜单中选择 New Rules 命令,生成新规则 Width_1,将其命名为 PWR,并将 Where The Object Matches 选择为前面设置的网络类 PWR,Min Width 设置为 8mil,Preferred Width 设置为 40mil,Max Width 设置为 40mil,如图 6-20 所示。

将 Width 规则中的 Where The Object Matches 选择为 All,Min Width 设置为 8mil,Preferred Width 设置为 20mil,Max Width 设置为 20mil,如图 6-21 所示。

将 Routing Via Style 中过孔直径的最小值、最大值和优先值分别设置为 32mil、40mil 和 32mil,过孔孔径的最小值、最大值和优先值分别设置为 20mil、28mil、20mil,如图 6-22 所示。

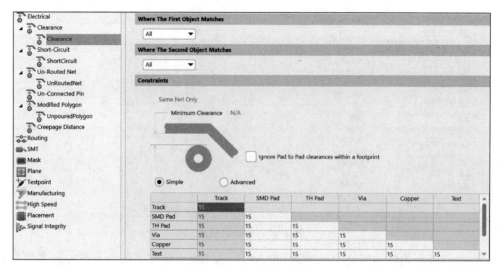

图 6-19　间距参数设置

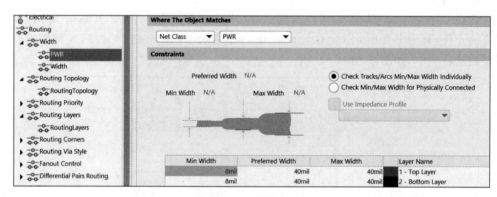

图 6-20　PWR 线宽设置

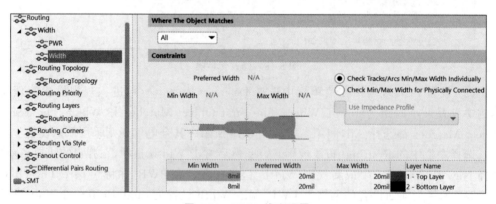

图 6-21　Width 线宽设置

单击左侧的 Routing 规则可查看所有已设置的布线规则,如图 6-23 所示。

在【Priorities...】中可以设置布线规则的优先级,将 PWR 的优先级设置为最高。

在制作电路板的时候,阻焊层要预留一部分的距离和空间给焊盘,以使绿油不至于覆盖到焊盘上,造成锡膏无法上锡到焊盘。这个距离的延伸量就是放置绿油和焊盘相重叠。考虑生产工艺和电路板特性,本例设置为 2.5mil,如图 6-24 所示。

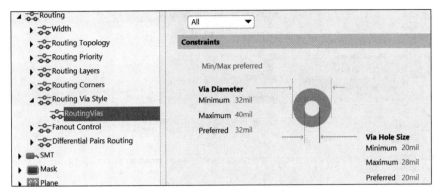

图 6-22 Routing Via Style 规则设置

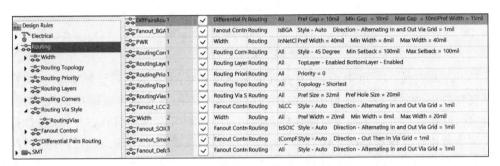

图 6-23 所有的 Routing 规则

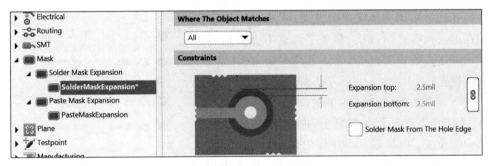

图 6-24 设置阻焊规则

为了加强抗干扰性,经常进行覆铜操作,覆铜的安全间距(Clearance)一般是布线的安全间距的 2 倍,在大面积对地覆铜时,接地焊盘与该覆铜相连接,其引脚连接方式的处理需要综合考虑。从电气性能方面考虑,引脚与覆铜直接连接(Direct Connect)最好,但是直接连接的覆铜面积大,焊接时散热快,焊接温度可能达不到要求,容易造成虚焊。因此,兼顾电气性能与工艺需要,接地焊盘做成十字花焊盘连接(Relief Connect),接地过孔为直接连接。Altium Designer 22 在 PCB 覆铜时,默认所有的过孔和焊盘都是十字花焊盘连接的。

本例中选中 Polygon Connect style,右击,从弹出的快捷菜单中选择 New Rule 命令新建一个规则,选中该规则,在 Name 框中可修改该规则的名称,默认是 PolygonConnect_1,现修改为 polygon via,选项 Where The Second Object Matches 选择 Custom Query,即查询方式,在 Full Query 中输入 IsVia,Constraints 栏中的 Connect Style 选择 Direct Connect,如图 6-25 所示,并单击 Priorities(优先权)把该规则优先级置为最高。

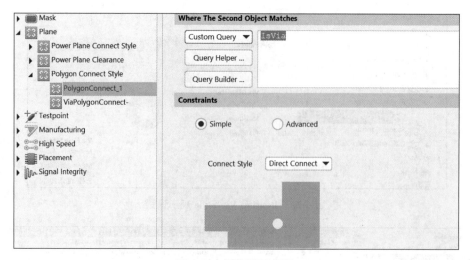

图 6-25 覆铜连接规则

（3）PCB 扇孔。在 PCB 设计中，过孔的扇出很重要，扇孔的方式会影响信号完整性、平面完整性、布线的难度，以至于影响生产的成本。扇孔一方面可以缩短回流路径，如 GND 孔，就近扇孔可以达到缩短路径的目的；另一方面可以预先打孔占位，预先打孔是为了防止若待走线很密集时无法打孔，绕远连线会形成很长的回流路径，这在进行高速 PCB 设计和多层 PCB 设计的时候经常遇到。预先打孔，删除很方便，但是等走线结束再想打孔则很难。

扇孔通常采用交替排列的方式，如图 6-26 所示。可以在内层两孔之间过线，参考平面也不会被割裂，否则增加了走线难度，也割裂了参考平面，破坏了平面完整性。

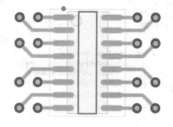

对于焊盘密度比较高的 BGA、LCC、SOIC 等芯片，过孔同样不宜打孔在焊盘上，推荐打孔在两个焊盘的中间位置，可以先手动计算出两个焊盘中间位置的 PCB 坐标值，然后再添加到过孔的坐标属性里，

图 6-26 交替扇孔

最后将过孔一个个复制到需要打孔的 BGA 焊盘处。这种方式较烦琐，Altium Designer 22 对该类芯片提供了自动扇出的功能，如图 6-27 所示。主要根据前面 PCB 规则中的间距规则（Clearance）、线宽规则（Width）、过孔规则（Routing Via Style）等进行计算。

在菜单栏中选择 Route→Fanout→Component 命令，系统弹出扇出选项设置对话框，如图 6-28 所示。

- Fanout Pads Without Nets：没有网络的焊盘进行扇出。
- Fanout Outer 2 Rows of Pads：前两排的焊盘进行扇出。
- Include escape routes after fanout completion：扇出后进行引线。
- Cannot Fanout using Blind Vias(no drill pairs defined)：无埋、盲孔扇出。
- Escape differential pair pads first if possible(same layer,same side)：在同层同边对差分对进行扇出。

不仅打孔，扇孔也会进行短线的拉线处理，需要注意以下要求：

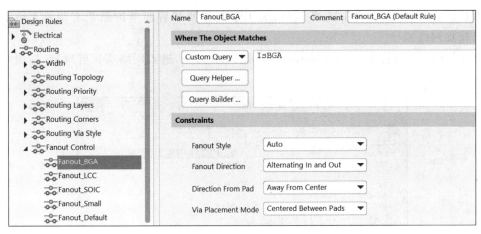

图 6-27 扇孔控制规则

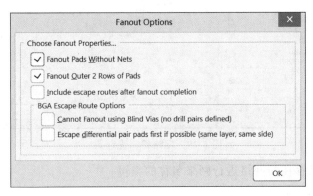

图 6-28 扇出选项设置

- 为满足国内制板厂的生产工艺能力要求,常规扇孔拉线线宽大于或等于 4mil,小于这个值会极大挑战工厂的生产能力,使报废率提高。

- 不能出现任意角度走线,任意角度走线会增加工厂的生产难度,导致经常在蚀刻铜线时出现问题,通常采用 45°或 135°走线。

- 同一网络不宜出现直角或锐角走线,直角或锐角走线一般是 PCB 布线中要求尽量避免的情况,这也几乎成为衡量布线好坏的标准之一。直角走线会使传输线的线宽发生变化,造成阻抗不连续和信号的反射,尖端产生 EMI 影响线路。

- 焊盘的形状一般都是规则的,如 BGA 的焊盘是圆形的,QFP 的焊盘是长圆形的,CHIP 元件的焊盘是矩形的。采用合理的布线方式,焊盘连线采用关于长轴对称的扇出方式,可以比较有效地减少 CHIP 元件贴装后的不良旋转,如果焊盘扇出的线关于短轴对称,那么还可以减少 CHIP 元件贴装后的漂移。

- 相邻焊盘是同网络的,不能直接连接,需要先连接外焊盘之后再进行连接,直连容易在手工焊接的时候造成连焊。

- 连接器引脚拉线需要从焊盘中心拉出再往外走,不可出现其他的角度,避免在连接器拔插的时候把线撕裂。

本例中对 STM32 元件进行扇孔即可。

(4)网络标号。对于网络简单且元件较少的电路可以直接绘制无网络的导线条进行

PCB 设计,对于复杂的 PCB 电路设计,为了绘制方便和后期维护通常需要给无网络的 PCB 添加网络编号。

在菜单栏中选择 Design→Netlist→Edit Nets 命令,进入网络编辑管理器,如图 6-29 所示。

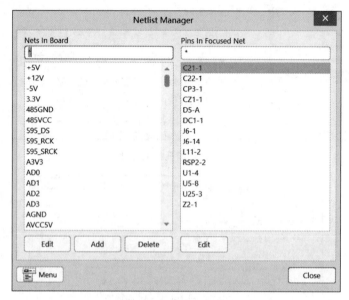

图 6-29 网络编辑管理器

- Edit:对已存在的网络进行网络名称的编辑。
- Add:添加一个新的网络。
- Delete:删除已经存在的某个网络。

单击 Add 按钮,可以添加一个新的网络,对新的网络名称进行定义,单击 OK 按钮可完成一个单独的网络添加,如图 6-30 所示。

注意:在添加网络名称时,电源和 GND 尽量不用流水号来添加,为了方便识别,直接添加 VCC、VDD、GND 等标识。

添加单个网络的速度相对较慢,可以批量自动生成网络,前提是需要对 PCB 进行强制连接,即已经设计好了板子,但是没有网络显示。

在菜单栏中选择 Design→Netlist→Configure Physical Nets 命令,进入网络配置界面管理器,如图 6-31 所示。

在 New Net Name 栏中,可以单击更改某个网络的名称,如 AGND。Update 更新网络完成之后,可以单击 Execute 按钮,系统提示有多少个网络进行了更新,单击 Continue 按钮更新即可。

为了方便识别信号走线,常常对网络类或者某单个网络进行颜色设置,这样可以很方便地厘清信号流向和识别网络。按照以下步骤操作:在 PCB 界面的右下角 Panels 面板中打开 PCB 面板,进入 Nets 编辑窗口,选择 All Nets 或者之前设置的网络类,如本例中的 PWR 网络类,在下面网络显示框中选中需要设置颜色的网络,如"—5V",按鼠标右键,从弹出的快捷菜单中选择 Change Net Color 命令,选中需要设置的颜色即可,如图 6-32 所示。

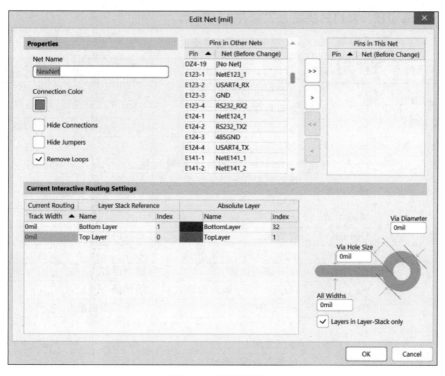

图 6-30 网络的添加

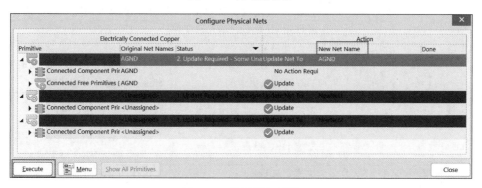

图 6-31 批量添加网络

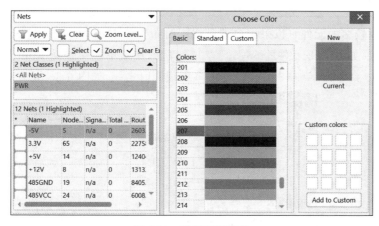

图 6-32 设置网络颜色

（5）PCB布线。常用的快捷方式如表 6-1 所示。

表 6-1　布线快捷说明

功　能	快 捷 键	说　明	备　注
查询与搜索	J＋C	查询与搜索器件	
	J＋N	查询与搜索器件	
显示	Shift＋E	可捕获至中点	
	Shift＋H	坐标信息的隐藏与显现	
	Shift＋D	切换悬浮的坐标显示风格	
	Shift＋S	切换层显示模式（单多层显示切换）	（＋或一）
	Shift＋M	板的洞察力镜头	
	Ctrl＋L	视图配置	查看层信息
	Ctrl＋D	object 的隐藏与显示	
	Ctrl＋G	PCB 格点设置	横格设置
	＊	Ctrl＋Shift＋鼠标滚动	层切换
	V＋B	板子翻转	顶层试图切换
	O＋G	背景和格点设置（PCB与原理图通用）	
标注所有器件	T＋N	位号重新编排窗口	
层叠管理	D＋K	层叠管理器	
多根走线	T＋T＋M	先选中，再走线	不可更改走线间距和线宽属性
	U＋M	多根相同间距走线，先选中，再 U＋M 走线	
	P＋M	先选中，再走线，走线时按下 Tab 键可以更改间距	可以更改间距走线（走线时按下 Shift＋W 键可设置线宽）
快速走线	Ctrl＋单击焊盘	走线状态下（在两个焊盘）	同一个网络快速走线
复位 DRC 检查	T＋M	复位 DRC 检查	T＋D 设置 DRC 后，按下 T＋M 键，即可刷新 DRC 检查
快速定义板框	D＋S＋D	快速定义板框	先选择一个封闭的区域
器件任意位置移动	M＋S	选择器件任意位置，就可以移动	

其中焊盘较多的元件可以采用多条导线同时布置的方式。首先通过 Shift 键选择元件的多个焊盘，如 STM2 元件的 55、56、57、58 焊盘，在菜单栏中选择 Route→Interactive Multi-Routing 命令后，单击 58 焊盘，即可多根线同时走线，如图 6-33 所示。

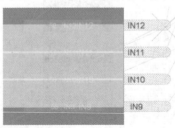

图 6-33　布置多线

布线过程中,按 Tab 键可设置多线间的距离(Bus Spacing)和拐角形状(Corner Style),如图 6-34 所示。

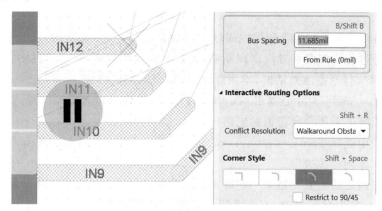

图 6-34　设置多线间距和拐角形状

注意:由于焊盘间的间距是确定的,多线与焊盘相连的线距无法改变,拐角后多线间的距离即为图 6-34 中 Bus Spacing 设置的值。只需将某个焊盘连接到对应焊盘(TR3~TR10)上,其余的焊盘自动连接其对应的焊盘。

遵循模块化布线原则,优先信号走线,重要、易受干扰或者容易干扰别的信号的走线进行包地处理。信号线根据线宽规则走线,电源主干道加粗走线,适当增加过孔,根据电流大小定义走线宽度,通常 1A 的电流设置 20mil 走线,走线间距不要过近,以免引起线与线之间的串扰,尽量做到 3W 原则。

本例布线结果如图 6-35 所示(为了使得观察方便,隐藏了丝印层,即 Top Overlay 和 Bottom Overlay)。

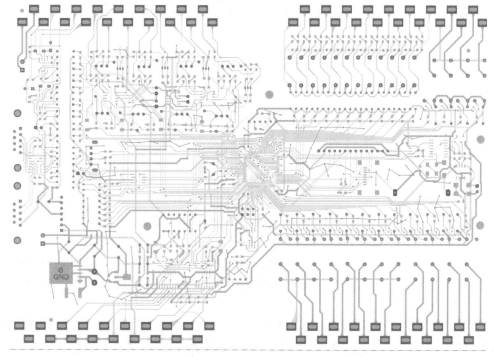

图 6-35　布线结果

6.1.7　后期处理

(1) 补泪滴。为了在焊盘和导线间增加过渡区,让焊盘更加坚固,防止在机械加工、安装和焊接等过程中焊盘和导线出现断裂,通常必须设置泪滴,在菜单栏中选择 Tools→Teardrops 命令,打开泪滴对话框,本例默认设置,单击 OK 按钮。

(2) 覆铜。在菜单栏中选择 Place→Polygon Pour 命令进入覆铜放置,对于非规则形状的电路板或者不需要全局覆铜的电路板,可以创建异形覆铜。

在菜单栏中选择 Tools→Convert→Create Polygon from Selected Primitives,即可根据选定的基本体创建多边形。

有时在覆铜之后还需要删除一些碎铜或尖岬铜皮,Cutout 的功能就是禁止覆铜放置 Cutout 区域,只针对覆铜有效,不作为独立的铜存在,放置完成后不用删除。

在菜单栏中选择 Place→Polygon Pour→Cutout,激活放置命令,然后和绘制铜皮一样进行放置操作,一般放置尖岬铜皮上重新灌铜一下,尖尖的覆铜就被删除了。

双击 Cutout 可以对其属性进行设置,如图 6-36 所示,在 Layer 中可以选择 Cutout 的应用范围,这里根据实际情况可以选择所放置的当前层,也可以适用所有层,即对所有层的覆铜都禁止。

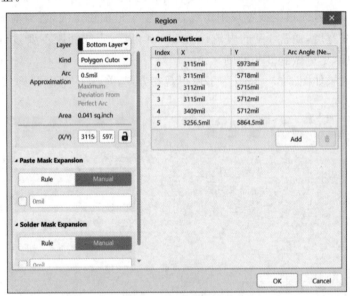

图 6-36　Cutout 属性设置

在实际应用中,覆铜完成之后,需要对所覆铜的形状等进行一些调整,如覆铜宽度的调整、钝角的修整等,直接编辑即可。选中需要剪辑的覆铜,即可看到此块覆铜区域的边界的一些拐点,将鼠标指针放在白色“小点”上拖动,可以对形状和大小进行调整,调整完成之后,需要对此部分进行刷新,按鼠标右键,从弹出的快捷菜单中选择 Polygon Actions Repour Selected 命令。

此外,在菜单栏中选择 Place→Slice Polygon Pour 命令可以分离铜皮。例如,在覆铜的直角处横跨绘制一条分割线,绘制之后,覆铜会分两块钢皮,删掉尖角那一块,即可完成当前覆铜钝角的修整。

覆铜完成以后，在菜单栏中选择 Tools→Polygon Pours→Polygon Manager 命令，进入覆铜管理器，覆铜管理器主要分为 4 个区，即视图编辑区、优先级设置区、命令栏和预览区，如图 6-37 所示。

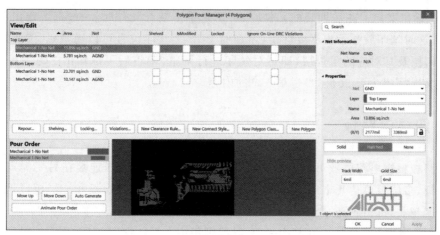

图 6-37　覆铜管理器

其中，View/Edit 可以对覆铜所在层和网络进行更改；覆铜管理操作命令栏可以对覆铜的动作进行管理；Pour Order 可以设置覆铜的优先级；在覆铜预览区可以看到覆铜之后的结果或者选择的覆铜。

本例覆铜如图 6-38 所示。

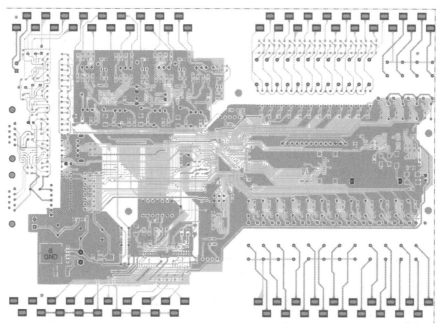

图 6-38　覆铜结果

（3）DRC 检查。DRC 主要是对设置规则的验证，看看设计是否满足规则要求。一般主要是对板子的开路和短路进行检查，如果有特殊要求，还可以对走线的线宽、过孔的大小、丝印和丝印之间的间距等进行检查。在菜单栏中选择 Tools→Design Rule Check 命令,选中需要检查的规则项,通常将 Online 和 Batch 列都打开,单击 Run Design Rule Check 按钮,即可进行 DRC,通过 Messages 面板查看检查结果,有错误或者警告的地方进行修改后再次运行 DRC 检查。

(4) 输出文档。在后期装配元件时,特别是手工装配元件时,一般都要输出 PCB 的装配图,这时丝印就显示出必要性了(生产时 PCB 上丝印位号可以隐藏)。按快捷键 L,打开丝印层及其对应的阻焊层,即可对丝印进行调整,调整后可以输出 PDF、Gerber、钻孔、IPC 和贴片坐标等文件,参考第 5 章的内容。

6.2 四层电路板

电路板根据电路层数可分为单面板(元件布置在一侧,导线连接在另一侧)、双面板和多层板,多层板可达几十层,常见的多层板一般为 4 层板、6 层板和 8 层板,层数越大,加工难度越大,价格越高。

(1) 单面板:零件集中在其中一面,导线则集中在另一面上(有贴片元件时和导线为同一面,插件元件在另一面),单面板在设计线路上有许多严格的限制,因为导线只出现在其中一面,布线间不能交叉而必须绕独自的路径。

(2) 双面板:电路板的两面都有布线,两面间的导线通过过孔连接,双面板的面积比单面板大了一倍,导线可以在 Top 层和 Bottom 层布线,双面板解决了单面板中因为布线交错的难点,它更适合用在比单面板更复杂的电路上。

(3) 多层板:为了增加可以布线的面积,多层板用上了更多单面或双面的布线板。用一块双面作内层、两块单面作外层,或者两块双面作内层、两块单面作外层的印制线路板,通过定位系统和绝缘黏结材料交替在一起且导电图形按设计要求进行互连的印制线路板就成为四层、六层印制电路板,也称为多层印制线路板。板子的层数并不代表独立布线层的层数,在特殊情况下会加入空层来控制板厚,通常层数都是偶数,包含外侧的两层。大部分的主机板都是 4～8 层的结构,大型的超级计算机大多使用相当多层的主机板,不过因为这类计算机已经可以用许多普通计算机的集群代替,超多层板已经渐渐不被使用了。

不管多少层电路板,封装的设计、原理图的设计都和双面板的绘制方式一样,本节主要学习绘制 4 层的蓝牙电路板中的 PCB 设计,该电路是 Altium Designer 22 的官方例程,保存在根目录下,文件路径为 AD22Documents\Examples\Bluetooth Sentinel。

双击 Bluetooth_Sentinel.PrjPcb 工程文件,即可打开该工程,如图 6-39 所示。PCB 设计如图 6-40 所示。

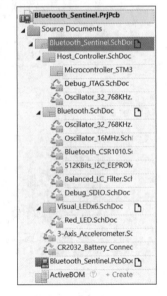

图 6-39 Bluetooth_Sentinel 工程

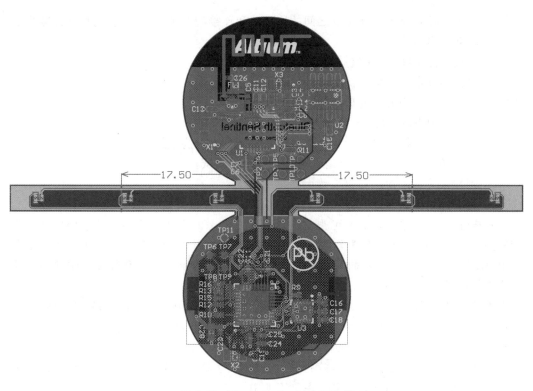

图 6-40　Bluetooth_Sentinel PCB 图

6.2.1　刚挠板简介

刚挠性 PCB 是一种在应用中结合使用了柔性和刚性电路板的技术。大部分刚挠性 PCB 包括不同层的挠性电路基板,这些挠性电路基板在远处附加在至少一个刚性板上,并取决于应用的设计。柔性基板旨在处于弯曲的稳定状态,并且通常在组装或安装期间形成未弯曲的弯曲部。

现代电子设备对数据传输速度和更小体积的需求与日俱增,不断推动柔性电路板的发展。刚柔结合印制电路板(PCB)由刚性母板和柔性电路组成,一些层上的柔性电路会直接连在刚性母板上。刚柔结合板的体积更小、质量更轻且成本更低,优越的弯曲度适合小空间和低制造成本,被广泛用于现代化的电子设备。与经典的刚性板设置相比,用于刚挠性 PCB 制造的设计要求更高,因为这些板是在 3D 空间设计的。此外,还提供了更显著的空间生产率。通过绘制刚柔性结合的 PCB,可以折叠、卷制和扭曲柔性板基板,以达到最终应用包装所需的形状。

虽然这种柔性电路的结构和交付成本可能会逐渐增加,但它具有各种显著的优势,而且即使在最恶劣的条件下,尤其是那些较热的条件下,柔性硬质 PCB 仍能表现良好。例如,即使在最严酷的环境下,特别是那些突出非凡保暖性的环境,刚挠性 PCB 仍能表现出色。刚柔板易于测试,使其适合原型设计。

刚挠性 PCB 的优点如下:
- 3D 的使用可能会限制空间需求。

- 通过消除对单个刚性组件之间的连接器和连接的要求,减小了板的尺寸并减小了框架的整体质量。
- 通过增加空间,零件数量通常较少。
- 更少的绑定关节可确保更高的关联可靠性。
- 与柔性片材相关联处理更加简单。
- 刚挠性PCB可以简化PCB组装过程。
- 集成的刚性板和柔性板为框架条件提供了基本的隐蔽接口。
- 测试条件得以简化,建立之前可以进行全面测试。
- 刚性板减少了物流和组装费用。
- 可以建立机械设计的多功能性,从而进一步增加设计的自由度。

刚挠性PCB是绝大多数在可视化电路板时要考虑的问题。这些薄片利用导电轨道和不同的组件对接在电气部件上,这些组件被编排在不导电的基板上。对于刚柔性结合的PCB,大多数非导电基板都包含玻璃,从而提高了电路板的硬度和强度。刚硬的电路板为组件提供了难以置信的支撑,就像合理的热阻一样。

柔性PCB的导电迹线包含在非导电基板上,此类板使用柔性基板(如聚酰亚胺)。柔性基座使柔性电路能够散热,承受振动并叠加成不同的形状。由于它们的基本特性,柔性电路逐渐被用于创新和紧凑的硬件中。

刚挠性PCB有许多用途。医疗行业中起搏器、手持显示器、人工耳蜗、成像设备、无线控制器、药物输送系统等的应用;军事工业中通信系统、武器制导系统、GPS、监视或跟踪系统、飞机导弹发射探测器等;航空航天业中GPS、雷达设备、控制塔系统、无线电通信系统、传感器、运动传感器、噪声和振动测试系统、环境和气候测试室;电信行业中手持设备、基站、通信卫星、信号处理系统、无线通信系统、路由器和服务器、传输介质、在线信号扩展系统等。

刚柔制造过程涉及的主要步骤如下:

(1)在铜层上施加黏合剂/涂层。刚柔性PCB制造中的第一步(也是最重要的一步)是在薄的铜层上施加合适的黏合剂(在环氧或丙烯酸黏合剂之间选择)。

(2)添加铜箔。使用层压或化学镀覆等工艺在黏合剂上添加一层薄薄的铜箔。

(3)钻孔。将超小到中到大尺寸的孔机械地钻入柔性基材中。技术的进步允许在柔性平台上进行激光钻孔,以形成从小到大的孔。准分子(紫外线)或YAG(红外)激光器用于实现高精度。

(4)电镀通孔。这是刚柔性PCB制造中的关键步骤,因为它需要特别小心和精确。在柔性平台上钻孔后,铜就会沉积到其中。一旦完成,就对铜进行化学镀。通常制造商将通孔电镀厚度设置为1mil,有时将其设置为0.5mil。

(5)涂层抗腐蚀涂层。通孔电镀后,在柔性表面上进行光敏抗腐蚀涂层。LPI(液体可成像图像)非常适合此目的。可以通过辊涂、喷涂或幕涂方法进行涂布。

(6)蚀刻和剥离。蚀刻铜膜后,从电路板上化学剥离抗蚀刻剂。

(7)Coverlay Layers。用作阻焊层的覆盖层被施加在柔性电路的顶部和底部,为PCB提供绝对保护。常用的覆盖材料之一是带有黏合剂的聚酰亚胺薄膜。

(8)剪切柔性线。此步骤涉及剪切柔性线,也称为下料。诸如液压冲头和模具之类的过程用于切割柔韧性。这些方法允许同时切割多个电路板。为了达到成本效益,使用了落料刀来精确地切割弯曲部分。

（9）层压。落料过程之后，将柔性电路层压在刚性部分之间。可以使用 PI 和玻璃制成薄而柔软的层压板。

（10）测试。然后对叠层挠性电路进行电气测试，以确保其效率和性能，遵循 IPC（国际电子工业连接协会）准则的标准化制造工艺可确保可靠且经济的刚柔性 PCB。

除此之外，在制造刚挠性 PCB 时还使用了一些其他可选材料来扩展其操作可靠性和卓越性。这些结合了防锈涂层和支撑基材。PCB 生产商会根据客户要求和精确的应用前提来选择这些材料。刚挠性 PCB 所用的材料特别决定了刚挠性板的质量和整体性能。如前所述，在研究了一些标准（包括保质期、成本和电路的电气前提条件等）之后，必须仔细挑选板材。这有助于生产能够提供多年无故障和可靠帮助的刚挠性 PCB。

6.2.2　设置 PCB 文件

（1）在过程中添加 PCB 文件。选择 Bluetooth_Sentinel 工程文件，然后右击，从弹出的快捷菜单中选择 Add New to Project→PCB 命令，保存该 PCB 文件，并命名为 Study. PcbDoc。

（2）叠层设计。通常需要根据设计要求、BGA 出线的深度、信号质量和飞线的密度，评估需要的 PCB 层数，本例绘制的四层板，需要两个走线层。Altium Designer 提供了一个板层管理器对各种板层进行设置和管理，在菜单栏中选择 Design→Layer Stack Manager 命令即可启动板层管理器。启动后的对话框如图 6-41 所示。

#	Name	Material	Type	Weight	Thickness	Dk	Df
	Top Overlay		Overlay				
	Top Solder	Solder Resist	Solder Mask		0.4mil	3.5	
1	Top Layer		Signal	1oz	1.4mil		
	Dielectric 1	FR-4	Dielectric		12.6mil	4.8	
2	Bottom Layer		Signal	1oz	1.4mil		
	Bottom Solder	Solder Resist	Solder Mask		0.4mil	3.5	
	Bottom Overlay		Overlay				

图 6-41　板层管理器

板层管理器默认双面板设计，即给出了两层布线层 Top Layer 和 Bottom Layer。单击 Add 按钮可以增加信号层（Signal Layer）、内层（Internal Plane）、芯板（Core）或者半固化片（Prepreg）。同理，单击 Delete 按钮可以删除对应的信号层、内层、芯板、半固化片等。选择某一层后，单击 Modify 按钮可以设置层参数。

本例中，先选择第二层 Bottom Layer，单击 Add 按钮，选择 Above 和 Signal，选中 Include Dielectrics 复选框，如图 6-42 所示。

单击 Ok 按钮即可在该层的上面添加两层信号层，并包括电介质，如图 6-43 所示。

图 6-42　在上面添加信号层

#	Name	Material	Type	Weight	Thickness	Dk	Df
✓	Top Overlay		Overlay				
✓	Top Solder	Solder Resist	Solder Mask		0.01mm	3.5	
✓ 1	Top Layer		Signal	1oz	0.036mm		
✓	Dielectric 1	FR-4	Dielectric		0.32mm	4.8	
✓ 2	Mid-Layer 1		Signal	1oz	0.036mm		
✓	Dielectric 2	FR-4	Dielectric		0.32mm	4.8	
✓ 3	Mid-Layer 2		Signal	1oz	0.036mm		
✓	Dielectric 3	Polyamide	Dielectric		0.0125mm	4.8	
✓ 4	Bottom Layer		Signal	1oz	0.036mm		
✓	Bottom Solder	Solder Resist	Solder Mask		0.01mm	3.5	
✓	Bottom Overlay		Overlay				

图 6-43　添加完信号层的层管理器

单击 Name、Material、Type、Weight、Thickness、Dk 和 Df 可以修改对应的参数,保存 PCB 文件,即可保存层的设置。

通常为了方便对层进行命名,可选中层名称,然后将其更改为比较容易识别的名称,如 TOP、GND02、PWR03、BOTTOM。

为了满足 20H 的要求,一般在叠层时让 GND 层内缩 20mil,让 PWR 层内缩 60mil。

(3) PCB 外形的设置。选择 Keep out Layer 后,在菜单栏中选择 Place→Arc→Arc (Center)命令,绘制两个圆弧,其中参数如图 6-44 所示。

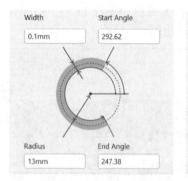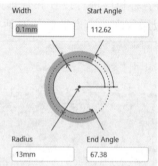

图 6-44　绘制圆弧

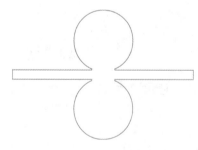

图 6-45　外形轮廓

在菜单栏中选择 Place→Line 命令,按照图 6-40 所示的尺寸大小依次绘制直线,并与圆弧相连,形成如图 6-45 所示的外形轮廓。

全部选中该线框,在菜单栏中选择 Design→Board Shape→Define Board Shape from Selected Objects 命令,即可从所选择的区域绘制电路板的形状。

(4) 设置电路板的刚挠性。在 PCB 文件中,选择 View→Board Planning Mode 命令,进入板子规划模式,此时 PCB 显示为绿色。

选择 Design→Define Split 命令,定义分割线(用蓝色的线显示),在圆弧末端处用两条分割线绘出要折弯的区域,如图 6-46 所示,将电路板分成 3 个区域。

选择 Design→Define Bending Line 命令,定义弯曲线(用黄色的线表示),在两条短

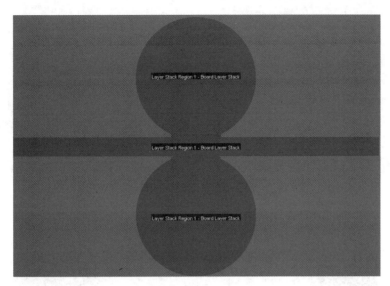

图 6-46　定义分割线

竖线中心处绘制弯曲的中心线,如图 6-47 所示。

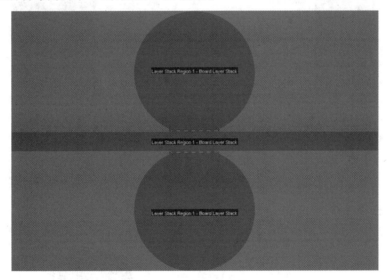

图 6-47　定义弯曲线

选择 Design→Layer Stack Manager 命令,打开层叠管理器,设置堆栈方式为 Rigid(刚性)、Flex(柔性),在 Features 中选择 Rigid/Flex,在左边添加两个 Stack,如图 6-48所示。

在右下角 Panels 面板中选择 Properties 面板,将新增的两个 Stack 分别更名为 Rigid和 Flex,在 Stack2 中选中 Is Flex,保存 Layer Stack Manager 的设置。

在 PCB 中,双击上下两部分,弹出 Board Region 设置,选中 3D Locked 复选框,将上下两个区域的 Name 分别设置为 Layer Stack Region 1 和 Layer Stack Region 3,将Layer stack 设置为 Rigid,如图 6-49 所示。将中间区域的 Name 设置为 Layer StackRegion 2,将 Layer stack 设置为 Flex 堆栈方式,不选中 3D Locked 复选框。

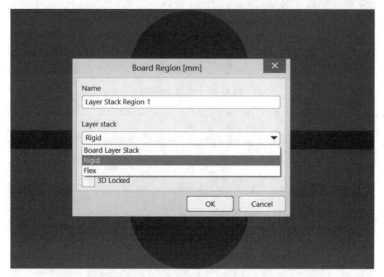

图 6-48　添加 Rigid/Flex

图 6-49　设置堆栈方式

双击黄色的弯曲线,设置弯曲角度、半径和受影响的区域,如图 6-50 所示。

在菜单栏中选择 View→3D Layer Mode 命令,或者按快捷键 3,可进入 3D 查看,如图 6-51 所示。

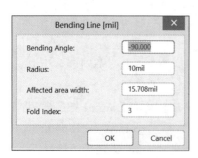

图 6-50　设置弯曲参数

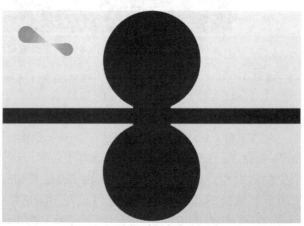

图 6-51　3D 显示

（5）放置标识。按快捷键 2 进入 2D 模式，选择 PCB 图纸中的 Mechanical（机械）层。

① 放置直线尺寸标注。在菜单栏中选择 Place→Dimension→Linear 命令，打开放置直线尺寸标注命令，单击需要标注距离的一端，确定一个标注箭头的位置，单击需要标注距离的另一端，确定另一个标注箭头位置，如果需要垂直标注，则可以按空格键旋转标注的方向。重复该步骤继续标注其他的直线尺寸，标注结束后，右击或按 Esc 键结束操作。

② 放置角度标注。在菜单栏中选择 Place→Dimension→Angular 命令，单击其中一条射线上的两个点，再单击另一条射线上的两个点，移动鼠标指针，调整标注文本位置，按 Tab 键调整参数设置，单击完成角度标注。

③ 放置文本。在菜单栏中选择 Place→String 命令，双击该文本，可以设置文本信息和文本的显示样式等。

此外，还可以放置多行文字、图形等，本例绘制的标注如图 6-52 所示。

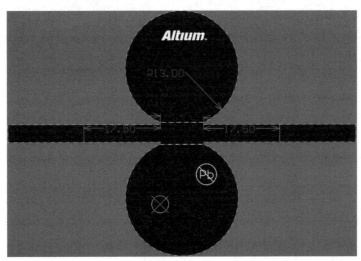

图 6-52　放置标识

6.2.3　模块化布局

（1）导入网表。在原理图中，在菜单栏中选择 Tools→Footprint Manager 命令，进入封装管理器，查看所有元件的封装信息。本节主要学习 PCB 的设计，没有进行相关原理图、元件符号和 PCB 封装的绘制，大多数元件会显示无效，可以创建该工程文件的集成库以便使用该元件，在原理图文件中，选择 Design→Make Schematic（Integrated）Library 命令创建元件符号（集成）库，在 PCB 文件中，选择 Design→Make PCB（Integrated）Library 命令创建封装（集成）库，加载、修改或选择库路径后，选择 Study.PcbDoc 文件，在菜单栏中选择 Design→Import Changes From Bluetooth_Sentinel.PrjPcb，依次单击 Validate Changes（校验）按钮和 Execute Changes（执行更改）按钮，即可将所有元件和飞线导入 PCB 文件中。

（2）修改布局原则。需要注意以下几点：

① 先布局体积较大的元件（如 J1）和功能特殊的元件（如 LED），滤波电容靠近 IC 引脚放置，BGA 滤波电容放置在 BGA 背面引脚处。电源模块和其他模块布局有一定的距

离,防止干扰。布局考虑走线就近原则,不能因为布局使走线太长,元件布局呈均匀化特点,疏密得当,布局要整齐美观。

② 元件最好单面放置。如果需要双面放置元件,在底层(Bottom Layer)放置插针式元件,就有可能造成电路板不易安放,也不利于焊接,所以在底层(Bottom Layer)最好只放置贴片元件,类似常见的计算机显卡 PCB 上的元件布置方法。单面放置时只需在电路板的一个面上做丝印层,便于降低成本。

③ 合理安排接口元件的位置和方向。一般来说,作为电路板和外界(电源、信号线)连接的连接器元件,通常布置在电路板的边缘,如串口和并口。如果放置在电路板的中央,显然不利于接线,也有可能因为其他元件的阻碍而无法连接。另外,在放置接口时要注意接口的方向,使得连接线可以顺利地引出,远离电路板。接口放置完毕后,应当利用接口元件的 String(字符串)清晰地标明接口的种类;对于电源类接口,应当标明电压等级,防止因接线错误导致电路板烧毁。

④ 高压元件和低压元件之间最好要有较宽的电气隔离带。也就是说,不要将电压等级相差很大的元件摆放在一起,这样既有利于电气绝缘,对信号的隔离和抗干扰也有很大好处。

⑤ 电气连接关系密切的元件最好放置在一起。

⑥ 对于易产生噪声的元件,如时钟发生器和晶振等高频元件,在放置的时候应当尽量把它们放置在靠近 CPU 的时钟输入端。大电流电路和开关电路也容易产生噪声,在布局的时候这些元件或模块也应该远离逻辑控制电路和存储电路等高速信号电路,如果可能的话,尽量采用控制板结合功率板的方式,利用接口来连接,以提高电路板整体的抗干扰能力和工作可靠性。

⑦ 在电源和芯片周围尽量放置去耦电容和滤波电容。去耦电容和滤波电容的布置是改善电路板电源质量、提高抗干扰能力的一项重要措施。在实际应用中,印制电路板的走线、引脚连线和接线都有可能带来较大的寄生电感,导致电源波形和信号波形中出现高频纹波和毛刺,而在电源和地之间放置一个 0.1F 或者更大的电容,以进一步改善电源质量。微法级别的去耦电容可以有效地滤除这些高频纹波和毛刺。如果电路板上使用的是贴片电容,应该将贴片电容紧靠元件的电源引脚。对于电源转换芯片,或者电源输入端,最好是布置一个 $10\mu F$ 的电容。

⑧ 元件的编号应该紧靠元件的边框布置,大小统一,方向整齐,不能与元件、过孔和焊盘重叠。元件或接插件的第 1 引脚表示方向;正负极的标志应该在 PCB 上明显标出,不允许被覆盖;电源变换元件(如 DC/DC 变换器、线性变换电源和开关电源)旁边应该有足够的散热空间和安装空间,外围留有足够的焊接空间等。

(3)模块化布局。根据原理图,将该电路分成 3 个模块,如图 6-53 所示,即主控制器 STM32 模块(上方)、蓝牙模块(左方)和 LED 模块(下方),为了方便原理图和 PCB 进行交互,在原理图和 PCB 中分别打开交互模式,快捷键为 Shift+Ctrl+X。

① 布局 LED 模块。观察到 LED 模块中有个特大电池元件 J1,结合 PCB 形状,该元件只能布局到上(下)两个圆弧面上,通常电池要远离主要芯片,将 J1 布置到下方区域的 Bottom 面,LED 和电阻均匀排布到中间的横板平面上,采用编辑中的对齐命令,使得相同类型的 LED、电阻对齐显示,如图 6-54 所示。

图 6-53　模块化分区

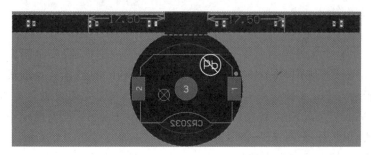

图 6-54　LED 模块布局

注意：该电阻电容的排布需要根据实际情况进行测试，否则影响蓝牙的性能，本处只学习绘制方法，电路知识不再讲解。

双击 LED 和电阻元件，打开 Comment 属性编辑器，将 Properties 栏中的 Layer 设置为 Layer 2，如图 6-55 所示，则该元件就位于 Layer 2 层。

② 布局蓝牙模块。蓝牙模块中的 U3 元件是 EEPROM（存储元件），通过 I2C 进行通信，该元件尽量靠近主控制器，将其放置于主控制模块中，剩下有两

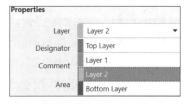

图 6-55　设置元件分布的层

个芯片和一些无源元件（如电阻、电容、电感）等。晶振相对来说是一个干扰源，应该离信号相对较远，注意晶振的匹配电容不能距离晶振较远。LC 滤波电路走线不能较长，电容尽可能分布在一起，对齐以便减少误差，所有测试点有一定的间距，所有元件布置在上方区域 Top 层，如图 6-56 所示。

③ 布局主控制器 STM32 模块。STM32 模块电路只能布局在下方的圆弧面上,该模块元件同样较少,先将 STM32 中心模块位于中心,周围布置相关的电阻、电容等,再布置 EEPROM。电源附近的滤波电容应放置于距离芯片电源引脚较近的位置,通常大电容放置在主控芯片背面,以保证电源纹波在 100mV 以内,避免在大负载情况下引起电源纹波偏大,小电容放置在芯片周围,本例中都是些小电容并且电路板面积相对较大,将所有元件位于 Top 层,采用对齐命令使得元件排列整齐,并调整丝印的位置,使得丝印清晰可见,如图 6-57 所示。

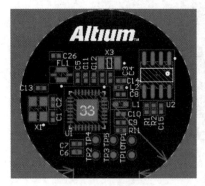

图 6-56 蓝牙模块布局

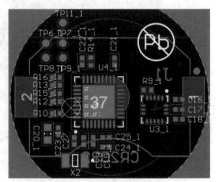

图 6-57 主控制器 STM32 模块

6.2.4 PCB 布线

(1) 规则设置。PCB 规则设置与 2 层板类似,电气规则中,将安全间距 Clearance 设置为 0.1mm;布线规则中,将过孔规则 Routing Via Style 的过孔直径的最小值、最大值和优先值设置为 0.5mm,将过孔孔径的最小值、最大值和优先值设置为 0.3mm,将各层的线宽规则 Width 的最小值、最大值和优先值设置为 0.1mm;覆铜规则中,将过孔采用全连接的方式,单击选择 Plane→Polygon Connect Style→单击 PolygonConnect,在右侧的 Connect Style 的下拉列表中选择 Direct Connect。

(2) 元件扇出。配置好扇出选项,在菜单栏中选择 Route→Fanout→Component 命令,对 IC 类、阻容类元件,实行手工元件扇出。过孔不要扇出在焊盘上面,扇出线尽量短,以便减少引线电感,扇孔注意平面分割问题,过孔间距不要过近造成平面割裂。

(3) 走线层。通常 4 层板,将元件布置于 Top 层或者 Bottom 层(元件不能布置于内层),信号线走 Top 或者 Bottom 层,电源线和地线走内层,信号很少走内层,一般两个内电层使用的是负片(一个电源,一个地),如果信号线比较多,要用到中间层,优先使用电源层,把电源层改成正片,用于走信号线,尽最大可能保持地平面的完整性。

对于电源层,根据走线情况,能在信号层处理的电源可以优先处理,同时考虑到走线的空间有限,有些核心电源需要通过电源平面层进行分割,平面分割需要充分考虑走线是否存在跨分割的现象,如果跨分割现象严重,则会引起走线的阻抗突变,引入不必要的串扰。尽量使重要的走线包含在当前的电源平面中。

本例中,内层是柔性板,与外层相隔离开,内层也布置了元件,也连接了信号线,信号最终回流的目的地是地平面,为了缩短回流路径,在一些空白的地方或打孔换层的走线附近放置地过孔,可以有效地对一些干扰进行吸收,也有利于缩短信号的回流路径。此外,还可以起到散热的作用。

本例中,在 Top 层、Bottom 层、Layer 2 层进行了信号线的连接,Layer 1 层作为 GND 层,为了增强射频信号,对蓝牙部分的天线进行了多段线的布置。

布线结果如图 6-58 所示。(为了显示方便,隐藏了 Overlay 层和 Mechanical 层)

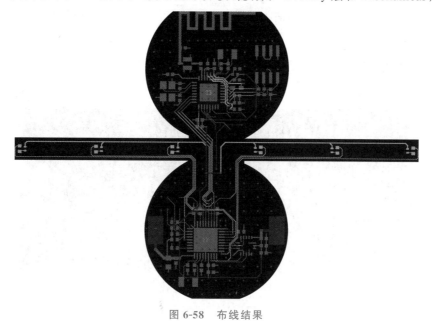

图 6-58 布线结果

6.2.5 覆铜

对于不规则的覆铜,在菜单栏中选择 Tools→Convert→Create Polygon from Selected Primitives 命令,即可根据选定的基本体创建多边形。

6.3 高速电路板

数字逻辑电路的频率达到或者超过 50MHz,而且工作在这个频率之上的电路已经占到了整个电子系统相当的分量,如 1/3,就称为高速电路。而实际上,信号边沿的谐波频率比信号本身的频率高,是信号快速变化的上升沿与下降沿引发了信号传输的各种问题。所以,当信号所在的传输路径长度大于 1/6 倍传输信号的波长时,信号被认为是高速信号。通常约定如果电路板上信号的传播延迟大于一半数字信号驱动端的上升时间,则认为此类信号是高速信号并产生传输线效应,这样的电路就是高速电路。

在高速系统中,高频信号很容易由于辐射而产生干扰,高速变化的数字信号会导致振铃(Ringing)、反射(Reflection)和串扰(Crosstalk)等问题,如果没有经过认真的检查,这些噪声将严重降低系统的性能。

高速电路板涉及高频电路的知识,本节主要学习绘制 8 层高速电路板,即小型双列

式直插内存板的绘制,该电路也是 Altium Designer 22 的官方例程,保存在根目录下,文

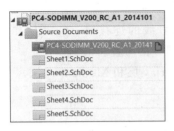

图 6-59　高速电路工程文件

件路径为 AD22\Examples\Mini PC\Mini PC-SODIMM。原理图和封装的绘制方式与前面类似,本节讲解 PCB 的设计。

打开文件名为 PC4-SODIMM_V200_RC_A1_20141015.PrjPcb 的工程文件,可以看到该工程包括 5 个原理图和 1 个 PCB 文件,如图 6-59 所示。

打开图 6-59 中的 PCB 文件,按键 3 可以看到 3D 类型图,如图 6-60 所示。

图 6-60　高速电路板 3D 效果

在该工程中添加 PCB 文件,并将其命名为 study. PcbDoc,PCB 尺寸设置为 70mm×30mm,并按图 6-60 所示尺寸进行板框的绘制,选择 Design→Board Shape→Define Board Shape from Selected Objects 命令,即可完成 PCB 形状的设置,如图 6-61 所示。

图 6-61　设置 PCB 板框

6.3.1　叠层设置

在高速 PCB 中,需要考虑的一个最基本的问题就是实现电路要求的功能需要多少个布线层、接地平面和电源平面,而 PCB 板的布线层、接地平面和电源平面的层数的确定与电路功能、信号完整性、EMI、EMC、制造成本等要求有关。PCB 的叠层设计通常是在考虑各方面的因素后折中决定的。高速数字电路和射频电路通常采用多层板设计层叠结构是影响 PCB 板 EMC 性能的一个重要因素,也是抑制电磁干扰的一个重要手段。

本例中采用8层板,选择 Design→Layer Stack Manager 命令,打开层叠管理器,设置叠层结构如图 6-62 所示。

#	Name	Material		Type	Weight	Thickness	Dk
	Top Overlay			Overlay			
	Top Solder	Solder Resist		Solder Mask		0.01mm	3.5
1	TOP			Signal	1oz	0.045mm	
	Dielectric 1	FR-4		Core		0.07mm	4.2
2	SPLIT2			Signal	1/2oz	0.015mm	
	Dielectric2	FR-4		Core		0.08mm	4.2
3	S3			Signal	1/2oz	0.015mm	
	Dielectric3	FR-4		Core		0.32mm	4.2
4	VDD4			Signal	1/2oz	0.015mm	
	Dielectric4	FR-4		Core		0.08mm	4.2
5	S5			Signal	1/2oz	0.015mm	
	Dielectric5	FR-4		Core		0.32mm	4.2
6	S6			Signal	1/2oz	0.015mm	
	Dielectric6	FR-4		Core		0.08mm	4.2
7	SPLIT7			Signal	1/2oz	0.015mm	
	Dielectric7	FR-4		Core		0.07mm	4.2
8	BOTTOM			Signal	1oz	0.045mm	
	Bottom Solder	Solder Resist		Solder Mask		0.01mm	3.5

图 6-62 叠层结构设置

6.3.2 PCB 布局

在高速电路板中,要使电路获得最佳性能,元器件合理的布局是很重要的。为了设计出质量高、造价低和性能佳的 PCB 板,应遵循以下原则:

(1)按照电路的流程安排各个功能电路单元的位置,以每个功能电路的核心元件为中心,围绕它来进行布局。元器件应均匀、整齐、紧凑地排列在 PCB 上,尽量减少和缩短各元器件之间的引线和连接,使布局便于信号流通,并使信号尽可能保持一致的方向。

(2)总的连线尽可能短,关键信号线最短。高电压、大电流信号与低电压、小电流信号的弱信号完全分开;模拟信号与数字信号分开;高频信号与低频信号分开;高频元器件的间距要充分。相同电路部分尽可能采用对称式模块化布局。在满足仿真和时序分析要求的前提下局部调整。

(3)综合考虑 PCB 的性能和加工的效率选择工艺加工流程(优先为单面 SMT;单面 SMT+插件;双面 SMT;双面 SMT+插件),并根据不同的加工工艺特点布局。

(4)尽可能缩短高频元器件之间的连线。设法减少高频元器件的分布参数和相互间的电磁干扰,易受干扰的元器件不能相互挨得太近,输入和输出元件应尽量远离。由于某些元器件或导线之间可能有较高的电位差,应加大它们之间的距离,以免放电引出意外短路。

(5)要考虑 PCB 板尺寸的大小。PCB 板尺寸过大时,印制线条长,阻抗增加,抗噪声能力下降,成本也增加;过小则散热不好,且邻近线条易受干扰。在确定 PCB 板尺寸后,确定特殊元件的位置。最后根据电路的功能单元,对电路的全部元器件进行布局。

(6)对于电位器、可调电感线圈、可变电容和微动开关等可调元器件的布局应考虑整机的结构要求,如限高、孔位大小和中心坐标等。

该例中原理图结构相对简单,主要包括 U1~U8 共 8 个内存芯片,以及一些电阻、电容、磁珠和插座等,总体结构比较对称。

选择 Design→Import Changes form PC4-SODIMM_V200_RC_A1_20141015. PrjPcb,将原理图中的所有元件和元件间的连接关系导入 PCB 文件中。

对于 PCB 边缘的元件,考虑到生产工艺,元件离边缘一般不小于 2mm,尽量大于 5mm。将 X1 放置于距离底边 2mm 的位置,并对准中间卡槽位置。将 U1~U4 依次放置在顶层的中间位置,并顶部对齐,如图 6-63 所示。

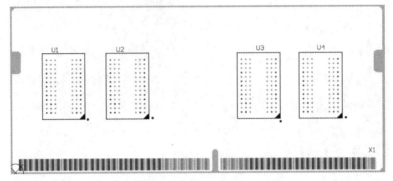

图 6-63　PCB 布局

旁路电容应该更靠近 VREF 电源引脚放置,如图 6-64 所示,将 C5 放置于 J1 焊盘处,其余旁路电容类似。

去耦电容应尽可能靠近电源引脚,使得电源引脚经过去耦电容到地引脚的环路尽可能短,如 C59 放置于 F9 焊盘处,如图 6-65 所示,其余去耦电容放置类似。

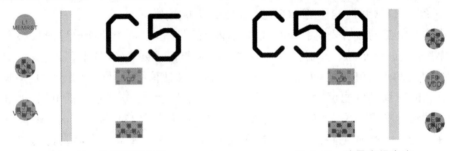

图 6-64　放置旁路电容　　　　　　　　图 6-65　放置去耦电容

其余电阻、磁珠对齐即可。本例中顶层布局如图 6-66 所示。

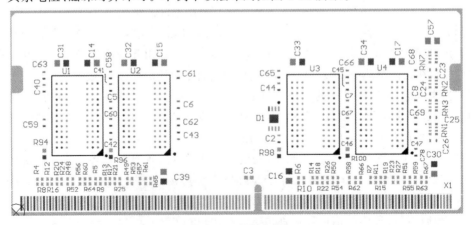

图 6-66　顶层布局

使用快捷键 Ctrl＋F 翻转 PCB，将 U5～U8 放置于 U4～U1 对应位置，其余元件与顶层完整对齐，有利于后续布线。本例中底层布局如图 6-67 所示。

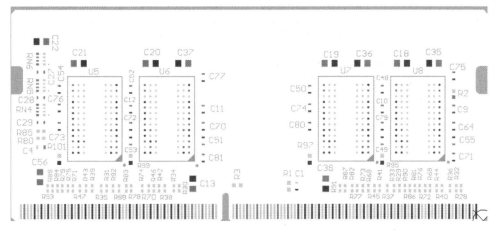

图 6-67 底层布局

6.3.3 创建类

高速电路板中信号较多，可以对信号进行分类。本例中创建以下几类：

- POWER：GND、VREF、VDD、VDDSPD、VPP、VREFCA、VTT。
- DQ：DQ01～DQ63、DQ01R～DQ63R、DQS0～DQS7。
- Control：CKE0、ODT0、S0。
- Address and Command(group1)：A00～A06、A0～A15、ACT、BG0、BG1、PARITY。
- Address and Command(group2)：A07、A08、A16、BA0、BA1。

选择 Design→Classes 命令，分别设置以上几类。本例中差分信号线已在原理图中设置，打开 PCB 面板可以看到差分信号对，如图 6-68 所示。

若原理图中没有添加差分信号的标识，则在图 6-68 中单击 Add 按钮依次添加即可。

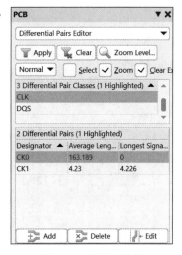

图 6-68 差分对编辑

6.3.4 PCB 规则

选择 Design→Rules 命令，即可打开规则编辑器。

（1）电气规则。安全间距规则主要用于在 PCB 电路板布置导线时，焊盘与焊盘、焊盘与导线、导线与导线间的最小距离，将间距规则设置为 0.1mm，其余规则采用默认设置即可。

（2）线宽规则。本例中由于连线较多，需要根据功能的差异设置不同的线宽。三个类 POWER、Address and Command 和 DQ 的线宽规则参数如图 6-69 所示。

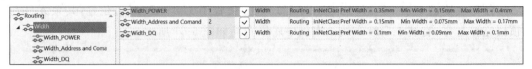

图 6-69　线宽规则

（3）过孔规则。高速 PCB 板需要很多过孔，孔径不宜设置过大或者过小，与信号线宽有一定关系，本例中采用的是 0.2/0.4mm 的孔径，如图 6-70 所示。

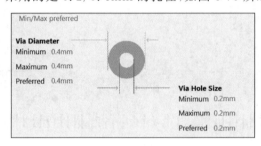

图 6-70　过孔规则

（4）差分对规则。设置 CLK 和 DQS 的差分对规则，如图 6-71 和图 6-72 所示。

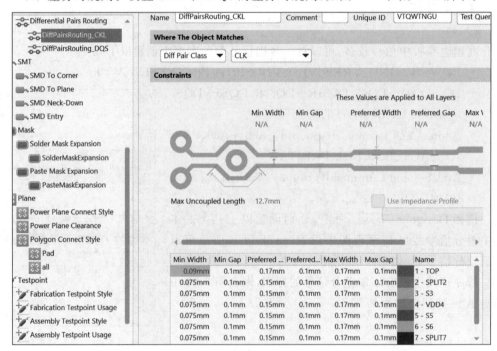

图 6-71　CLK 差分对规则

（5）高速规则（High Speed）。高速规则主要包括以下几项。

- Parallel Segment（平行铜膜线段间距限制规则）：此规则用来约束平行线走线的最大长度。在高速线路中，过长的平行线走线容易引起相互干扰，所以要控制其长度在一定范围内。
- Length（网络长度限制规则）：此规则用来约束网络的最小和最大长度。
- Matched Net Lengths（网络长度匹配规则）：此规则用来约束不同网络走线长度

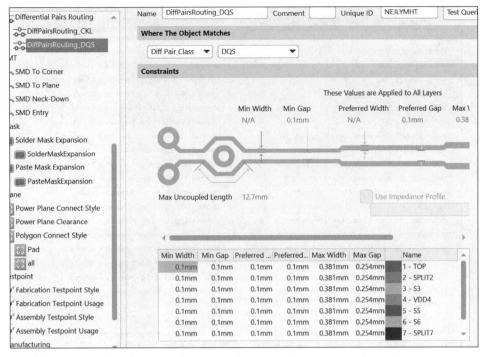

图 6-72　DQS 差分对规则

之间的允许差值，当网络走线之间的长度差值在设计规则约束的范围内时，可认为这些网络的长度是相互匹配的。

- Daisy Chain Stub Length（菊花状布线分支长度限制规则）：此规则用来约束采用雏菊链拓扑结构的网络的最大允许分支长度。
- Vias Under SMD（SMD 焊盘下过孔限制规则）：此规则用来约束焊盘内是否允许打孔。
- Maximum Via Count（最大过孔数目限制规则）：此规则用来约束板内过孔的数量。过孔会引起信号反射、寄生电容和寄生电感，应该限制过孔数量。
- Max Via Stub Length（Back Drilling）：最大过孔长度，主要设置背钻孔。
- Return Path（返回路径）：此规则用来约束信号线和参考层大铜皮边缘的间距大小。

本例中设置的网络匹配规则如图 6-73 所示。

6.3.5　PCB 布线

布线的好坏影响了 PCB 的信号质量，高速 PCB 布线应遵循以下原则：

（1）调整好 PCB 板的走线和焊盘。布线应尽可能地短。印制导线的拐弯应成圆角，而直角或尖角在高频电路和布线密度高的情况下会影响电气性能；当双面板布线时，两面的导线应相互垂直、斜交或弯曲走线，避免相互平行，以减少寄生耦合；作为电路的输入和输出用的印制导线应尽量避免相邻平行，在这些导线之间最好加接地线。保持整块 PCB 板上布线密度的大体平衡密度，以控制串扰，局部过密的布线对避免串扰显然是不利的。

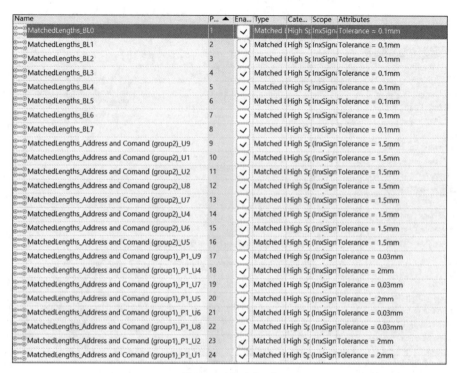

图 6-73　高速规则

（2）处理好印制导线的屏蔽与接地。印制导线的公共地线,应尽量布置在印制线路板的边缘部分。在印制线路板上应尽可能多地保留铜箔做地线,这样得到的屏蔽效果,比一长条地线要好,传输线特性和屏蔽作用将得到改善,另外起到了减少分布电容的作用。接地和电源的图形尽可能要与数据的流动方向平行,这样可以较好地抑制噪声;多层印制线路板可采取其中若干层作为屏蔽层,电源层、地线层均可视为屏蔽层,一般地线层和电源层设计在多层印制线路板的内层,信号线设计在外层。

（3）配置好去耦电容,尽可能缩短电容引线,确保电源充分去耦。

（4）尽量减少逻辑扇出,最好只有一个负载。

（5）在高速信号线的输出端和接收端之间尽量避免使用过孔,避免引脚图案纵横交错,尤其是时钟信号线需要特别注意。

（6）上下相邻层信号线应相互垂直,避免直角弯曲。

（7）尽量加宽电源、地线宽度,最好是地线比电源线宽,它们的关系是地线＞电源线＞信号线,通常信号线宽为低速板 10～12mil,一般高速板 5～6.5mil,高速高密度板 4～5mil,局部最细宽度可达 3mil(如 0.5mm Pitch 的 BGA 器件)。

（8）用大面积铜层作为地线用,在印制板上把没被用上的地方都与地相连接作为地线用,或是制作成多层板,电源和地线各占用一层。

（9）为了保持模拟电路和数字电路的分离,AGND 和 DGND 必须通过电感或磁珠连接在一起,并尽可能靠近 A/D 转换器。

（10）高频电路往往具有高集成度和高布线密度。使用多层板不仅是布线所必需的,也是降低干扰的有效手段。合理选择层数可以大大减少印制板的尺寸。充分利用中间层设置屏蔽,可以更好地实现。就近接地可以有效降低寄生电感,可以有效缩短信号的传输长度,可以大大降低信号之间的交叉干扰等,这些都有利于高频电路的可靠运行。

高速电路板尽量不采用自动布线,注意以下两种布线方式:

① 差分对布线。选择 Place→Interactive Differential Pair Routing 命令,打开差分对布线命令,在差分对布线状态下定义的差分对的网络会高亮显示,单击差分对任意一根网络,能够看到两条线可以同时走线,如图 6-74 所示,绘制效果如图 6-75 所示。同理,继续完成其余差分对的布线工作。

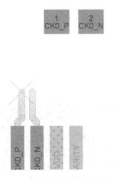

图 6-74　差分对布线过程

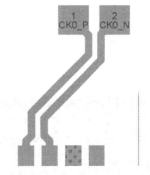

图 6-75　CLK 差分对布线结果

② 等长布线。并行总线往往有多个数据信号基于同一个时钟采样,每个时钟周期可能要采样多次,而随着芯片运行频率的提高,信号传输延迟对时序影响的比重越来越大,为了保证在数据采样点(时钟的上升沿或者下降沿)能正确采集所有信号的值,就必须对信号传输的延迟进行控制,等长走线的目的就是尽可能地减少所有相关信号在PCB上的传输延迟的差异。

在 PCB 图中选择 Route→Interactive Length Tuning命令,进入等长布线模式,按 Tab 键进行参数设置,Altium Designer 22 提供了 Accordion(手风琴)、Trombone(长号)和 Sawtooth(锯齿)三种等长方式,如图 6-76～图 6-78 所示,每种方式包括 Miterd Line(斜线)、Miterd Arcs(斜弧)和 Rounded(半圆)三种模式。

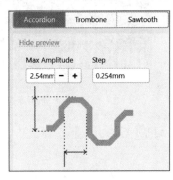

图 6-76　Accordion 等长方式

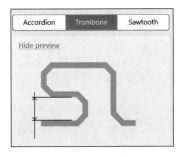

图 6-77　Trombone 等长方式

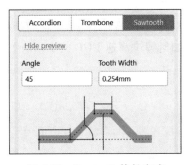

图 6-78　Sawtooth 等长方式

选择 Accordion 模式后,单击需要等长的走线,随着鼠标的移动出现矩形框,如图 6-79 所示,按 Tab 键在 Value 项中设置目标线长值,绘制成如图 6-80 所示的等长线。

图 6-79　等长走线框　　　　　　　　　　　图 6-80　等长走线效果

布线过程中,可按数字键 1 减少拐角幅度,可按数字键 2 增大拐角幅度,可按数字键 3 减少线距,可按数字键 4 增大线距;对等长走线结果不满意时,可单击矩形框周围的点调整选框的形状并重新布线。

将所有的飞线连接完成后,效果如图 6-81 所示。

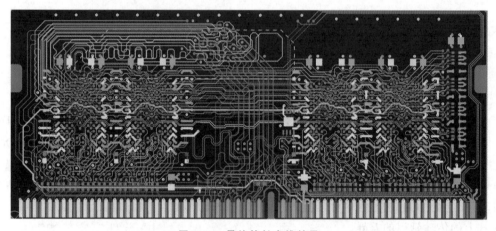

图 6-81　最终等长走线效果

习题 6

（1）为什么 PCB 多层板通常都是偶数层？奇数层能做吗？

（2）多层 PCB 电路板的设计有哪些注意事项？

（3）如何避免高速电路板打孔出现问题？

（4）在高速 PCB 设计中,如何解决信号的完整性问题？

（5）如何解决高速 PCB 的 EMI 问题？

如果在制作生产 PCB 电路板前对相关电路进行仿真,则可以更加精准地了解每一部分电路的性能和参数,以便进行适当调整,降低生产成本。利用 Altium Designer 22 软件可以设计和测试各类电路,包括模拟电路、数字电路、射频电路和控制电路等;可以对仿真的电路添加不同的环境,如断路、短路以及大电流、高电压、强磁等;可以监测各种环境下电路的工作情况,显示测试点的数据、波形等参数。此外,还具有速度快、效率高等特点。

电路仿真的内容主要有编辑仿真元件、绘制仿真电路原理图、设置仿真激励源、设置节点网络标号、设置仿真方式和参数、设置仿真命令和分析结果。仿真步骤如图 7-1 所示。

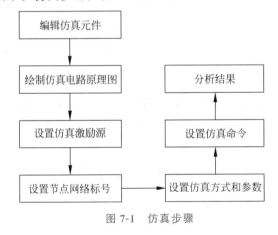

图 7-1　仿真步骤

7.1　仿真元件

用户进行电路仿真的元件,要求具有仿真属性,因此在对绘制好的原理图进行仿真之前,需要对原理图中的各个元件添加仿真模型,设置仿真参数。

7.1.1　常见的元件仿真设置

Altium Designer 22 软件中的 Miscellaneous Devices.IntLib 分离

元件库中包含了常用的元件,如电容、电阻、电感、晶振、二极管、三极管等,除了具有前面讲述的元件符号和PCB封装外,大多数元件都包含仿真模型,用户可直接使用仿真。

（1）电容。该元件库中有两类电容:无极性电容Cap和有极性电容Cap Pol2。

在仿真原理图中选择电容元件,双击该元件后打开Component元件属性器,如图7-2所示,在该对话框中可以设置电容的参数。

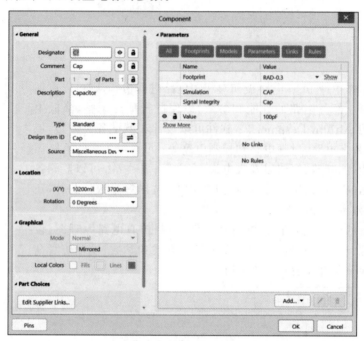

图7-2　Component元件属性器

在Parameters栏中双击Simulation选项后,打开Sim Model窗口,如图7-3所示。

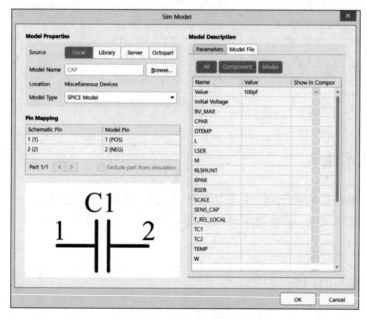

图7-3　电容仿真参数

在 Model Description 列的 Parameters 栏中可以设置电容的仿真参数。

由电路学知识可知,电容相关的主要参数有电容值和耐压值,因此一般仅设置 Value(电容值)和 Initial Voltage(初始电压)即可。Value 默认为 100pF,Initial Voltage 默认为 0V。

(2)电阻。该元件库中有三类电阻(固定电阻、可变电阻、半导体电阻)具有仿真属性,用户可以设置其仿真参数。其中固定电阻,只需要设置电阻值仿真参数即可,可变电阻需要设置电阻的总值和仿真使用阻值占总阻值的比例,半导体电阻需要设置的参数有阻值、电阻长度、电阻宽度和环境温度。

电阻的仿真参数设置方法与电容类似,在 Model Description 列的 Parameters 栏中可以设置电阻的仿真参数,如图 7-4 所示。

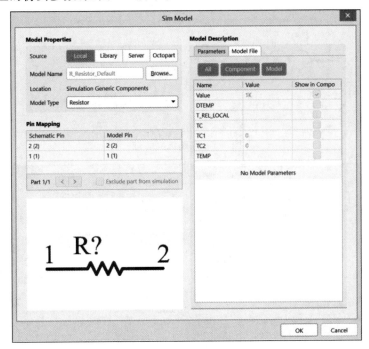

图 7-4　电阻仿真参数

- Value:电阻值,默认为 1K。
- DTEMP:温度系数。
- TC1 和 TC2 分别表示一阶和二阶温度系数。

(3)电感。该元件库中提供了多种电感,有 Inductor、Inductor adj、Inductor Iron 和 Inductor Isolated,仿真参数设置方式与电容类似,其中包括多个参数,如图 7-5 所示。

- Value:电感值,默认为 10mH。
- Initial Current:初速电流,系统默认为 0A。

(4)二极管。该元件库中提供了多种电二极管 Diode,仿真参数设置方式基本类似。二极管的仿真参数如图 7-6 所示。

- Area Factor:二极管的面积因子。
- Starting Condition:二极管的起始工作状态。
- Initial Voltage:二极管两端的初始电压。
- Temperature:二极管的工作温度。

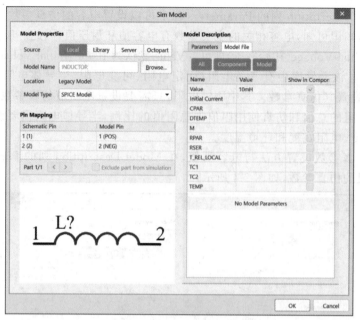

图 7-5　电感仿真参数

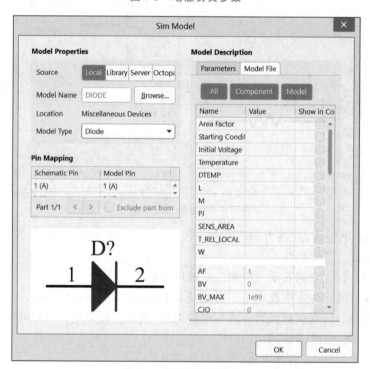

图 7-6　二极管仿真参数

（5）三极管。三极管主要分为 PNP 和 NPN 两类,参数设置基本类似。NPN 型三极管仿真参数如图 7-7 所示。

- Area Factor：晶体管的面积因子。
- Starting Condition：晶体管的起始工作状态。
- Initial B-E Voltage：晶体管 B、E 端的初始电压。

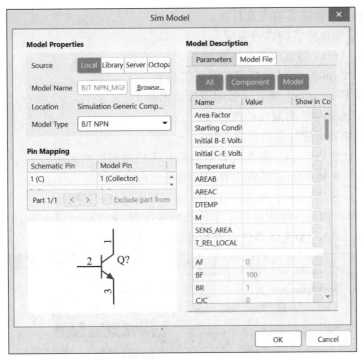

图 7-7　NPN 型三极管仿真参数

- Initial C-E Voltage：晶体管 C、E 端的初始电压。
- Temperature：晶体管的工作温度。

（6）场效应管。该元件库中提供了多种类型场效应管，如 MOSFET-N、MOSFET-P，仿真参数基本类似。MOSFET-N 型场效应管仿真参数如图 7-8 所示。

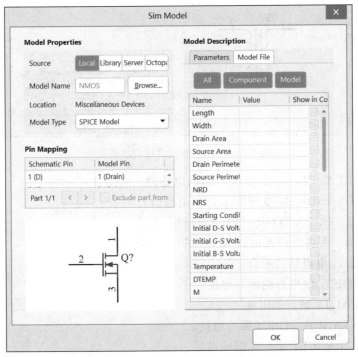

图 7-8　MOSFET-N 型场效应管仿真参数

- Length：场效应管的沟道长度。
- Width：场效应管的沟道宽度。
- Source Area：场效应管的源极面积。
- Drain Perimeter：场效应管的漏极结面积。
- Source Perimeter：场效应管的源极结面积。
- NRD：场效应管的漏极扩散长度。
- NRS：场效应管的源极扩散长度。
- Initial D-S Voltage：场效应管的漏极与源极间的初始电压。
- Initial B-S Voltage：场效应管的衬底与源极间的初始电压。
- Initial G-S Voltage：场效应管的栅极与源极间的初始电压。

（7）变压器。该元件库中提供了多种类型变压器，如 Trans、Trans Adj 等，仿真参数基本类似。Trans Adj 型变压器仿真参数如图 7-9 所示。

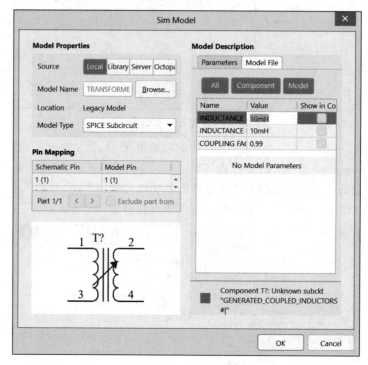

图 7-9　Trans Adj 型变压器仿真参数

- INDUCTANCE A：变压器 A 边的电感值。
- INDUCTANCE B：变压器 B 边的电感值。
- COUPLING FACTOR：变压器的耦合系数。

（8）继电器。元件库中继电器 Relay 的仿真参数如图 7-10 所示。
- PULLIN：继电器的吸合电压。
- DROPOFF：继电器的断开电压。
- CONTACT：触点的阻抗。
- RESISTANCE：工作线圈的阻抗。
- INDUCTANCE：工作线圈的电感。

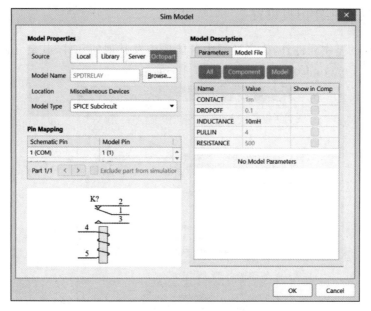

图 7-10　Relay 继电器仿真参数

（9）晶振。该元件库中仅含有一种晶振 XTAL，其仿真参数如图 7-11 所示。

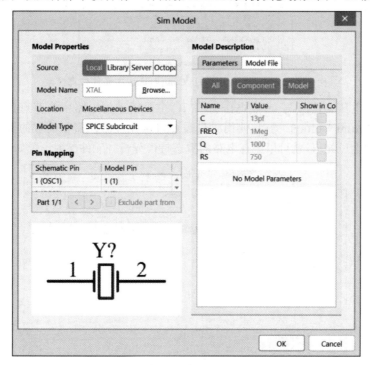

图 7-11　晶振仿真参数

- FREQ：晶振的振荡频率。
- RS：晶振的串联电阻值。
- C：晶振的等效电容。
- Q：晶振的品质因数。

7.1.2　其他的元件仿真设置

除了上述的基本元件外,仿真过程中可能还涉及其他的元件,其余元件仿真模型位于 Simulation Generic Components,如图 7-12 所示。

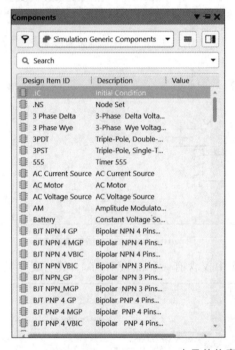

图 7-12　**Simulation Generic Components** 中元件仿真模型

(1) 节点电压初值.IC。节点电压初值.IC 主要用于为电路中某节点提供电压初值,与电容中的 Initial Voltage 类似,使用时只需要将该元件放在需要设置的节点上,为该节点添加相应的电压初值,就可以进行电路的瞬态特性分析。元件参数设置如图 7-13 所示。

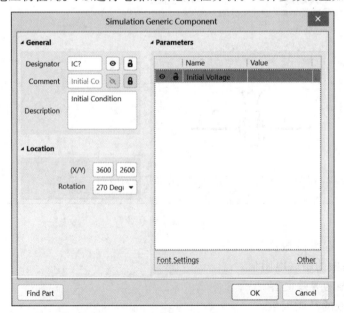

图 7-13　**IC 仿真参数**

注意：若电路中的储能元件已有电压，则通过 IC 设置的电压初始值不生效。

（2）节点电压.NS。节点电压.NS 用来设定某节点的电压收敛值，通常用于单稳态电路或双稳态电路的瞬态特性分析中。若仿真程序计算出该节点电压小于预设的收敛值，则去掉.NS 设置的收敛值，继续计算，直到算出真正的收敛值，.NS 元件是求节点电压收敛值的一种辅助方法。

在仿真图中添加.NS 到需要的节点上，双击该元件即可设置仿真参数，即电压收敛值，如图 7-14 所示。

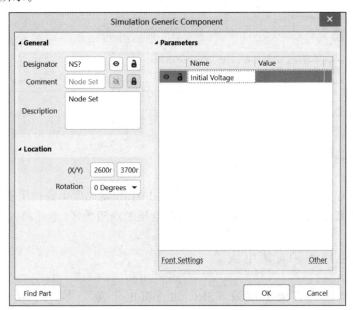

图 7-14　NS 仿真参数

注意：若某节点同时放置.IC 和.NS 时，.IC 的优先级高于.NS。

该库中还包括了其他的元件，如 3Phase（三相电）、3PDT（三刀双掷开关）、3PST（三极单投刀开关）、555（555 定时器）、AC Current Source（交流电流源）、AC Voltage Source（交流电压源）等。

（3）数学函数元件。在 Components 面板中单击 File-based Libraries Preferences，如图 7-15 所示，在打开的对话框中单击 Install 按钮安装 Simulation Math Function.IntLib 库文件，如图 7-16 所示。默认路径为 AD22Documents \ Library \ Simulation。

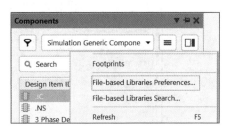

图 7-15　已安装库浏览

该库文件中集成了大多数的数学函数元件，主要用于对两个节点信号进行合成运算仿真。可以完成加、减、乘、除等数学运算，也可以对某单一节点进行变换，如正弦变换、余弦变换等。使用时只需将对应的数学函数元件放置到仿真电路原理图中需要进行处理的信号上，仿真参数不需要用户进行设置。

图 7-16　安装数学函数库

7.2　电源和仿真激励源

Altium Designer 22 的 Simulation Sources. IntLib 集成库中提供了多种电源和仿真激励源,这些仿真源都默认是理想的激励源,即电压源内阻为零,电流源内阻无穷大。

7.2.1　直流电压源和直流电流源

仿真库中提供的直流电压源 VSRC 和直流电流源 ISRC 的符号如图 7-17 所示,分别给电路提供一个直流电压信号和直流电流信号。需要设置的仿真参数如图 7-18 所示。

图 7-17　直流电压源和直流电流源符号

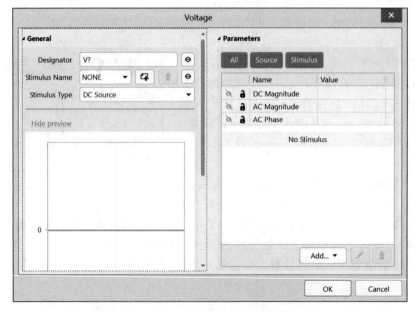

图 7-18　直流电压源/直流电流源参数设置

- DC Magnitude：直流电源电压值。
- AC Magnitude：交流小信号分析的电压值。
- AC Phase：交流小信号分析的相位值。

7.2.2 正弦电压源和正弦电流源

仿真库中提供的正弦电压源 VSIN 和正弦电流源 ISIN 的符号如图 7-19 所示，分别给电路提供一个正弦电压信号和正弦电流信号。需要设置的仿真参数如图 7-20 所示。

图 7-19 正弦电压源和正弦电流源符号

- DC Magnitude：信号源的直流参数。
- AC Magnitude：交流小信号分析的电压值。
- AC Phase：交流小信号分析的电压初始相位。
- Offset：幅值偏移量，即在正弦电压源信号上叠加的直流分量。
- Amplitude：正弦电压源信号的幅值。
- Frequency：正弦电压源信号的频率。
- Delay：正弦电压源信号初始的延迟时间。
- Damping Factor：正弦电压源信号的阻尼因子。
- Phase：正弦电压源信号的初始相位。

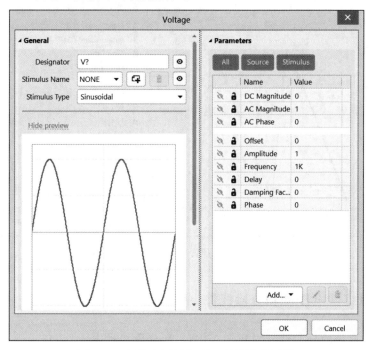

图 7-20 正弦电压源/正弦电流源参数设置

7.2.3 脉冲电压源和脉冲电流源

仿真库中提供的脉冲电压源 VPULSE 和脉冲电流源 IPULSE 的符号如图 7-21 所

图 7-21　脉冲电压源和脉冲电流源符号

示,分别给电路提供周期性的脉冲电压信号和脉冲电流信号。需要设置的仿真参数如图 7-22 所示。

- DC Magnitude:信号源的直流参数。
- AC Magnitude:交流小信号分析电压值。
- AC Phase:交流小信号分析的电压初始相位。
- Initial Value:脉冲电压信号的初始电压值。
- Pulsed Value:脉冲电压信号的电压幅值。
- Time Delay:脉冲电压信号的初始时刻的延迟时间。
- Fall Time:脉冲电压信号的下降时间。
- Pulse Width:脉冲电压信号的高电平宽度。
- Period:脉冲电压信号的周期。
- Phase:脉冲电压信号的初始相位。

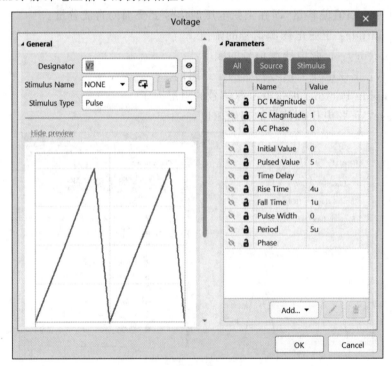

图 7-22　脉冲电压源/脉冲电流源参数设置

7.2.4　分段线性电压源和分段线性电流源

仿真库中提供的分段线性电压源 VPWL 和分段线性电流源 IPWL 的符号如图 7-23 所示,分别给电路提供分段线性的电压信号和分段线性的电流信号,分段线性信号是由若干条直线组成的不规则信号,具有随机性。需要设置的仿真参数如图 7-24 所示。

图 7-23　分段线性电压源和分段线性电流源符号

- DC Magnitude:信号源的直流参数,通常设置为 0。

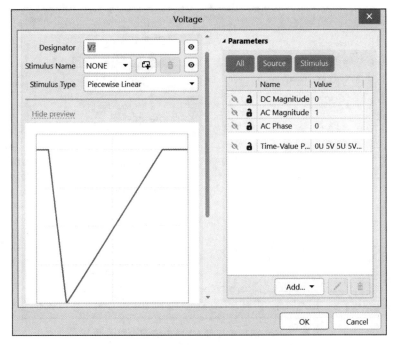

图 7-24　分段线性电压源/分段线性电流源参数设置

- AC Magnitude：交流小信号分析电压值，通常设置为 1。
- AC Phase：交流小信号分析的电压初始值，通常设置为 0。
- Time-Value Pairs：相位时间/数值对，分段线性信号在分段点的时间值和电压值或电流值，其中时间为横坐标，电压或电流为纵坐标，单击 Add 按钮，可以添加一个分段点，单击 Delete 按钮，可以删除一个分段点。

7.2.5　指数电压源和指数电流源

仿真库中提供的指数电压源 VEXP 和指数电流源 IEXP 的符号如图 7-25 所示，分别给电路提供指数上升沿或者下降沿的电压信号和指数的电流信号，指数信号通常用于高频电路的分析。需要设置的仿真参数如图 7-26 所示。

图 7-25　指数电压源和指数电流源符号

- DC Magnitude：信号源的直流参数。
- AC Magnitude：交流小信号分析电压值。
- AC Phase：交流小信号分析的电压初始相位。
- Initial Value：指数电压信号的初始电压值。
- Pulsed Value：指数电压信号的跳变电压值。
- Rise Delay Time：指数电压信号的上升延迟时间。
- Rise Time Constant：指数电压信号的上升时间。
- Fall Delay Time：指数电压信号的下降延迟时间。
- Fall Time Constant：指数电压信号的下降时间。

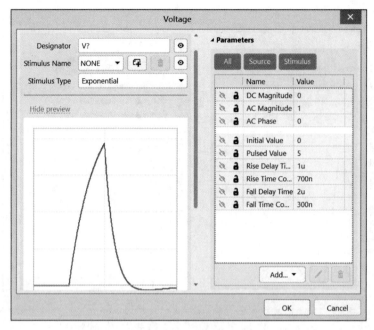

图 7-26　指数电压源/指数电流源参数设置

7.2.6　调频电压源和调频电流源

仿真库中提供的调频电压源 VSFFM 和调频电流源 ISFFM 的符号如图 7-27 所示,分别给电路提供调频的电压信号和电流信号,调频信号通常用于高频电路的分析。需要设置的仿真参数如图 7-28 所示。

图 7-27　调频电压源和调频电流源符号

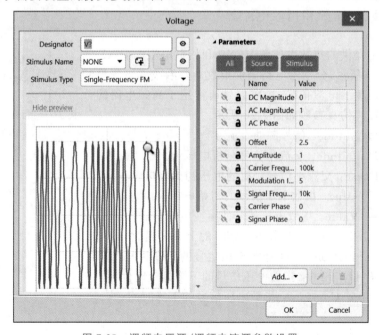

图 7-28　调频电压源/调频电流源参数设置

- DC Magnitude：信号源的直流参数。
- AC Magnitude：交流小信号分析电压值。
- AC Phase：交流小信号分析的电压初始相位。
- Offset：幅值偏移量，即在调频正弦电压源信号上叠加的直流分量。
- Amplitude：调频正弦电压源信号的载波幅值。
- Carrier Frequency：载波频率。
- Modulation Index：调制系数。
- Signal Frequency：调制信号的频率。

7.2.7 电流控制电压源和电压控制电流源

仿真库中提供的电流控制电压源 HSRC 和电压控制电流源 ESRC 的符号如图 7-29 所示。需要设置的仿真参数如图 7-30 所示。

该仿真模型中只需要设置 Gain（增益）的大小，输出信号大小取决于增益和输入信号的值。

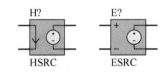

图 7-29 电流控制电压源和电压控制电流源符号

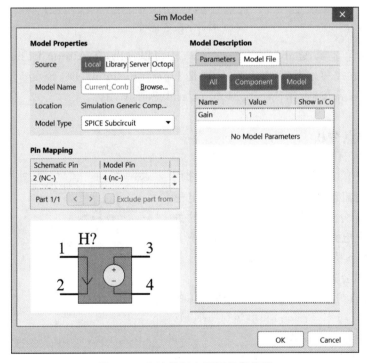

图 7-30 电流控制电压源参数设置

7.3 仿真分析参数

在电路仿真中，选择合适的仿真方式是仿真运行得出有效结果的前提。在原理图编辑器中，选择 Design→Simulate→Mixed Sim 命令后，打开仿真设置对话框，如图 7-31 所示。

图 7-31　仿真设置

从图 7-31 第 3 项 Analysis Setup & Run 中可以看出，在 Altium Designer 22 中共列出了 4 类仿真方式和 4 类高级设置，分别是 Operating Point、DC Sweep、Transient、AC Sweep，以及 Temp. Sweep、Sweep、Monte Carlo、Sensitivity。

7.3.1　工作点分析

Operating Point 是静态工作点分析，选用该种方式时，交流源信号置零，电容开路，电感短路，通常用于分析放大电路，只有合适的静态工作点，放大电路才会正常工作，没有失真。

在进行瞬态特性分析和交流小信号分析时，仿真程序都会先执行工作点分析。

使用该仿真方式时，用户只需选择显示的电压(Voltage)、功率(Power)和电流(Current)即可，不需要进行参数设置。

此外，高级设置中还包括传递函数(Transfer Function)和极-零点分析(Pole-Zero Analysis)两种仿真方式，如图 7-32 所示。

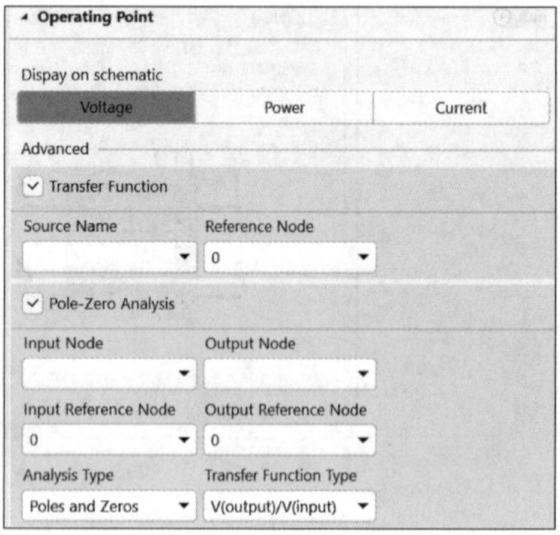

图 7-32　工作点分析的参数设置

1. 传递函数

Transfer Function 方式可以分析 1 个源与 2 个节点的输出电压，也可以分析 1 个源与 1 个电流输出变量之间的直流小信号传递函数，用于计算输入和输出阻抗，该种方式又被称为直流小信号分析，主要用于分析电路中每个电压节点上的 DC 输入阻抗、DC 输出阻抗和 DC 增益。

该种方式只需要设置两个选项即可。

- Source Name：设置参考的输入信号源。
- Reference Node：设置参考节点。

2. 极-零点分析

通过计算电路的交流小信号传递函数完成分析。可以通过极-零点分析来确定单输入、单输出线性系统的稳定性。采用该种方式前，通常需要进行直流工作点分析，对非线性元件求得线性化的小信号模型，在此基础上再进行极-零点分析。

- Input Node：用来设置输入节点。
- Input Reference Node：用来设置输入参考节点，通常设置为 0。
- Output Node：用来设置输出节点。
- Output Reference Node：用来设置输出参考节点，通常设置为 0。
- Analysis Type：用来设置分析方式，可选择仅极点（Poles Only）、仅零点（Zero Only）和极-零点（Poles and Zeros）。
- Transfer Function Type：设置传递函数类型，可选择输出电压/输入电压[V(output)/V(input)]或者输出电压/输入电流[V(output)/I(input)]。

7.3.2 直流扫描

DC Sweep 方式用于分析直流传输特性，输入在一定范围变化时，输出一条曲线轨迹。分析时，利用一个或两个直流电源，分析电路中某些节点上的直流工作点的数值变化情况。当在预先设定的步长下自动改变选定的信号源的电压，最后给出一个 DC（直流）传递曲线，也可以指定一个可选择的第二信号源进行分析。直流扫描分析的参数设置如图 7-33 所示。

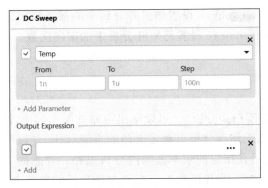

图 7-33　直流扫描分析的参数设置

- From：设置电源信号的起始值。
- To：设置电源信号的停止值。
- Step：设置电源信号扫描的步长。
- Add Parameter：用于增加电源信号。

7.3.3 瞬态分析

Transient(瞬态)分析类似于一个真实的示波器显示输出波形,是一种时域仿真分析的方式。在用户指定的时间间隔内,处理随时间变化的变量(电压或电流)的瞬时输出。在瞬态分析时,直流电源保持常数,交流信号源随时间变化,电容和电感都是能量存储的元件。

在进行瞬态分析之前,除使用了初始的条件参数,系统会自动完成对静态工作点的分析以确定电路中的DC(直流)偏压。

瞬态分析的高级选项中包括傅里叶分析,这是一种频域仿真分析的方式。通常用于分析时域信号的直流分量、基频分量、谐波分量的振幅和相位,把被测节点的时域变化转换成频域变化。在进行傅里叶分析之前,需要选择被分析的节点,通常将电路中的交流激励源的频率设置为基频,若有多个交流频率时,将基频设置为多个频率的最小公因数。瞬态分析的参数设置如图7-34所示。

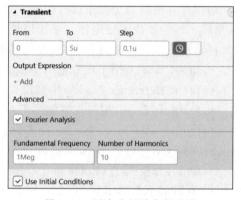

图 7-34 瞬态分析的参数设置

- From:设置仿真分析的起始时间,通常设置为0,用户可根据信号的幅值等设置其余的时间。
- To:设置仿真分析的终止时间,根据电路的周期等进行适当调整,设置过小时,无法观测到整个周期的仿真过程;设置过大时,信息相对"拥挤",不利于分析。
- Step:设置仿真分析的时间步长,设置过小,仿真计算量大;设置过大,仿真结果误差较大,无法反映信号的细微变化。
- Add:用于仿真节点。
- Fundamental Frequency:设置傅里叶分析中的基波频率。
- Number of Harmonics:设置傅里叶分析中的谐波次数。

7.3.4 交流扫描

(1) AC Sweep(交流扫描分析)。可以输出电路的频率响应,即输出的信号是频率的函数。它首先执行静态工作点分析以确定电路的直流偏压,并以一个固定振幅的正弦波发生器替代信号源,然后在指定的频率范围内分析电路。理想的交流信号的输出通常是一个传递函数,如电压增益、跨导倒数等。交流扫描分析的参数设置如图7-35所示。

- Start Frequency:用于设置交流信号的起始频率。
- End Frequency:用于设置交流信号的终止频率。
- Points/Dec:用于设置交流信号的测试点的数目。
- Type:用于设置交流扫描方式,有Decade、Linear、Octave三种方式。
- Decade:扫描频率采用10倍频变化的方式进行对数扫描。当前频率乘以10得

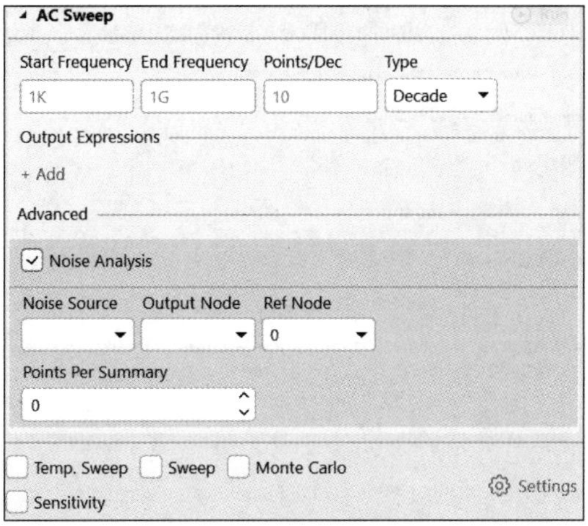

图 7-35　交流扫描分析的参数设置

到下一个频率值,通常用于频率带宽较大的信号。

- Linear:扫描频率采用线性变化的方式进行扫描。当前频率加上一个固定偏值得到下一个频率,通常用于频率带宽较小的信号。
- Octave:扫描频率采用倍频变化的方式进行对数扫描。当前频率乘以一个固定偏值得到下一个频率,通常用于频率带宽较大的信号。

(2) Noise Analysis(噪声分析)。交流扫描的高级选项中包含 Noise Analysis(噪声分析)方式,噪声分析通常与交流扫描分析同时选择,该方式主要用于监测电路输出信号的噪声功率幅度。通过测绘噪声谱密度来测量电阻和半导体元件的噪声,单位为 V^2/Hz。电容和电感经过处理认为是没有噪声的元件。

在实际电路中,存在着多种噪声,而且分布的频率宽带较大,每个元件对不同频段的噪声敏感程度也不相同,分析时假定各个噪声源是相对独立的,各自分开计算,噪声分析可以分析输入噪声、输出噪声和元件噪声。噪声分析方式的参数设置如图 7-35 所示。

- Noise Source:选择用于计算噪声的信号源。
- Output Node:设置噪声分析的输出节点。
- Ref Node:设置噪声分析的参考节点,默认设置为 0,表示接地点为参考节点。

7.3.5　高级分析方式

高级分析方式的参数设置如图 7-36 所示。

(1) Temp. Sweep 温度扫描分析。用于分析在指定的温度内每个温度点的电路特性,相当于该元件取不同的温度值进行多次仿真,输出一系列曲线,每条曲线对应一个温度,在其他的分析中(如交流扫描分析、直流扫描分析、瞬态分析等)都可以进行温度扫描分析。

- From:设置扫描起始温度。
- To:设置扫描终止温度。
- Step:设置扫描温度步长。

(2) Sweep 参数扫描分析。用于分析元件的参数,在指定的元件参数范围按照指定的参数增量进行扫描,分析电路的性能。这种分析方法在电机中非常有用,可以帮助我

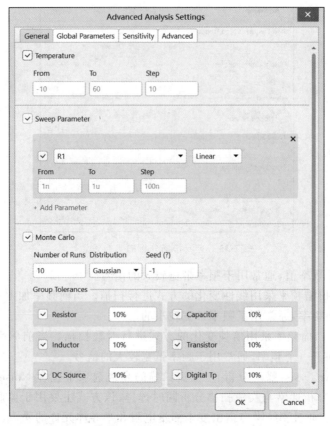

图 7-36　高级分析方式的参数设置

们分析电路达到最佳性能时元件的参数。选择需要参数分析的元件后,选取扫描方式以及扫描初始值、结束值、步长即可。

（3）Monte Carlo 蒙特卡洛分析。这是一种采用数学统计方式进行的模拟分析。它是在给定电路元件参数容差的统计分布规律条件下,采用随机数求得元件参数的随机抽样序列,然后对这些随机抽样进行直流、交流小信号和瞬态分析,并通过多次分析的结果估算出电能的统计分布规律,以及电路的合格率和成本等。

- Resistor：用于设置电阻容差,默认值为 10%。
- Capacitor：用于设置电容容差,默认值为 10%。
- Inductor：用于设置电感容差,默认值为 10%。
- Transistor：用于设置晶体管容差,默认值为 10%。
- DC Source：用于设置直流电源容差,默认值为 10%。
- Digital Tp：用于设置数字元件容差,默认值为 10%。

（4）Sensitivity 灵敏度分析。灵敏度分析帮助用户找到电路中对直流工作点影响最大的元件。该分析的目的是尽量减少电路对元件参数变化或温度漂移的敏感程度。灵敏度分析计算出节点电压或电流对所有元件（直流灵敏度）或一个元件（交流灵敏度）的灵敏度。灵敏度以数值或百分比的形式表示。当电路中每个元件独立变化时,输出电压或电流也随之改变。直流灵敏度的计算结果保存于表格中,而交流灵敏度分析则绘出相应的曲线。灵敏度分析参数设置与蒙特卡洛分析参数设置类似。

实验 12：电路仿真

（1）建立正弦交流电压下的电阻分压电路，如图 7-37 所示，并对其仿真。

① 新建工程和原理图文件后，从 Miscellaneous Devices.IntLib 库中选择 Res 电阻，从 Simulation Sources.IntLib 库中选择 VSIN，连接成图 7-37 所示的电路。

② 设置电阻 R1 和 R2 的值分别为 1K，VSIN 的名称设置为 V1，最大电压值为 12V，频率为 100Hz，相位为 0。本题中 VSIN 的具体参数如图 7-38 所示。

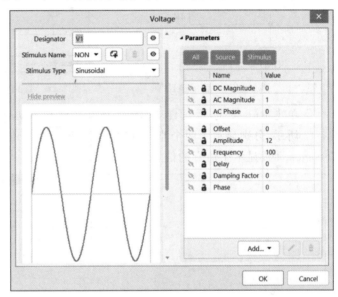

图 7-37 电阻分压电路　　　　　　　　　　图 7-38 VSIN 的参数设置

③ 在菜单栏中选择 Design → Simulate → Mixed Sim 命令，打开 Simulation Dashboard 对话框，如图 7-39 所示。其中，Verification 检查选项通过，Preparation 准备工作中，Simulation Sources 显示仿真激励源 V1，在 Probes 栏中单击 Add 按钮，依次添加两个监测点，为了更好地区分这两个监测点，将其设置为红色和绿色，此时电路如图 7-40 所示。

注意：Verification 栏中包括两项，Electrical Rule Check 和 Simulation Models 分别为电气规则检查和仿真模型检查，只有当这两项都通过时，才可以进行后续的仿真，所以在电路仿真运行之前，应对绘制好的电路仿真原理图进行 ERC 校验，以确保电气连接的正确性。

④ 在 Simulation Dashboard 对话框的 Analysis Setup & Run 栏中选择 Transient 瞬态分析的周

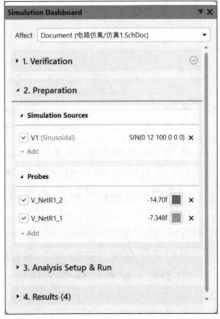

图 7-39 Simulation Dashboard 对话框

275

期模式,并设置分析起始时间为 0,分析周期数为 10,每个周期中的点数为 50(设置越大,曲线越平滑),如图 7-41 所示。

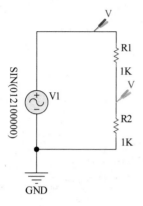

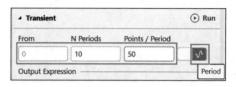

图 7-40　添加监测点后的电路图　　　图 7-41　Transient 瞬态分析的参数设置

⑤ 单击 Run 按钮,运行自动生成的仿真文件并自动打开,后缀名为. sdf。波形图如图 7-42 所示,分别显示了两个监测点的幅值随时间的变化曲线(分别用上述颜色标记),Messages 面板显示了仿真的信息。

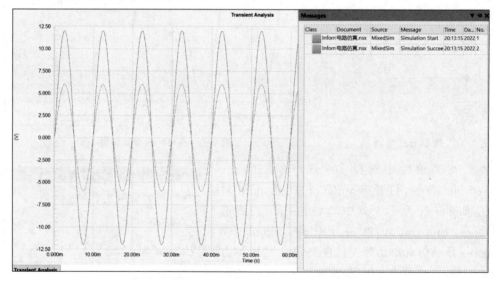

图 7-42　仿真波形

注意:在原理图中,单击上述标记的监测点,也可以查看波形图。

(2) 仿真测试 NPN 管 2N3904 的跨导 gm,仿真电路图如图 7-43 所示。

由模拟电路知识可知,三极管的跨导 gm 的公式为

$$gm = \frac{d_{ic}}{d_{u_{be}}} \tag{7-1}$$

可以采用直流扫描的方式,通过输出特性曲线求解。

① 新建工程和原理图文件后,从 Miscellaneous Devices. IntLib 库中选择三极管 2N3904Q3,从 Simulation Sources. IntLib 库中选择 VSRC,连接成图 7-43 所示的电路。

② 在菜单栏中选择 Simulate 命令打开 Simulation Dashboard 仿真面板,或者在界面

右下角单击 Panels 同样也可以打开 Simulation Dashboard 对话框,在 Analysis Setup & Run 栏中选择 DC Sweep 直流扫描分析的方式,并设置两个扫描源(通过单击 Add Parameter 按钮)和一个输出量(通过单击 Output Expression 中的 Add 按钮),其中 V2 的起始电压值为 0,终止电压值为 15,步长为 1;V1 的起始电压值为 0.6,终止电压值为 0.7,步长为 0.01;输出量选择 ic(Q3)。具体参数设置如图 7-44 所示。

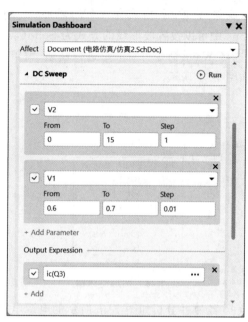

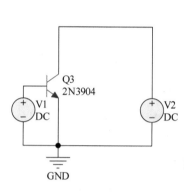

图 7-43　三极管仿真电路图

图 7-44　直流扫描的参数设置

③ 单击 Run 按钮,打开仿真波形图,如图 7-45 所示。

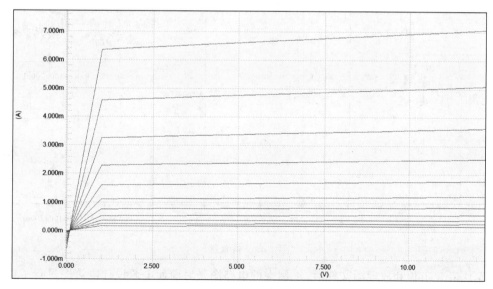

图 7-45　仿真图

图 7-45 中有多条曲线,分别表示当 V1 取不同值时,V2 值与 ic 值的关系图。若求跨导 gm 的值,只需取相同横坐标(即 V2 值恒定)时,相邻的两条曲线的差值(相邻曲线的步长为 0.01,即 V1 值为 0.01,也就是 Uce 值为 0.01)和纵坐标(ic)差值的比值的倒数即可。具体数值读者可通过放大图 7-45 得到,此处不再叙述。

④ 波形设置。在仿真. sdf 界面中,选择 Plot 命令可对绘制的图形进行新建、删除、增加(删除)Y 轴线、格式化 Y(X)轴线、绘制图形设置,如图 7-46 所示。其中在 Plot Options 中可以设置波形线的方式为 Solid(实线)或者 Dotted(点)。

选择 Wave 命令可对波形进行新建、编辑、删除,以及对波形中最小值、最大值等的选择,如图 7-47 所示。

图 7-46　图形的编辑

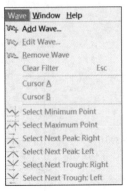

图 7-47　波形的设置

(3) 绘制并分析如图 7-48 所示的电源电路。

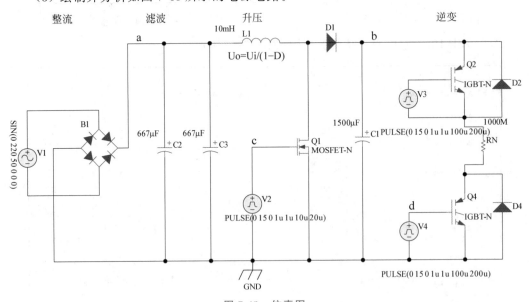

图 7-48　仿真图

① 新建工程和原理图文件后,本例中的电路图是对前面电源设计电流图进行了简要修改,从 Simulation Sources. IntLib 库中选择 VSIN 和 VPULSE 两种激励源,连接成图 7-48 所示的电路。(读者也可以从 Miscellaneous Devices. IntLib 库中选择变压器、电阻、电容、电感、整流桥、二极管、MOS 管等元件,连接绘制。)

② 为元件添加仿真模型，否则后续运行仿真会出现错误，Miscellaneous Devices. IntLib 库中的元件自带仿真模型，用户绘制库的元件需要手动添加仿真模型。双击该元件，在 Component 对话框的 Parameters 栏右下角单击 Add 按钮，在弹出的列表中选择 Simulation，如图 7-49 所示。

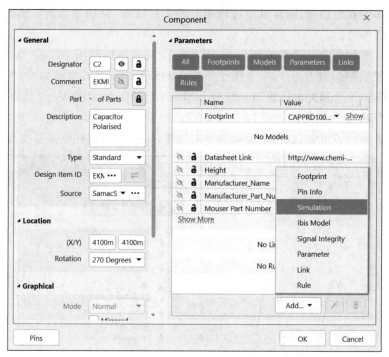

图 7-49　元件添加仿真模型

在打开的 Sim Model 对话框的 Model Properties 栏的 Model Type 行选择 Capacitor（电容模型），并且在 Model Description 栏的 Parameters 列中将 Value 值设置为 667μF，如图 7-50 所示。依次为变压器、电阻、电容、电感、整流桥、二极管、MOS 管等元件选择对应的仿真模型即可。

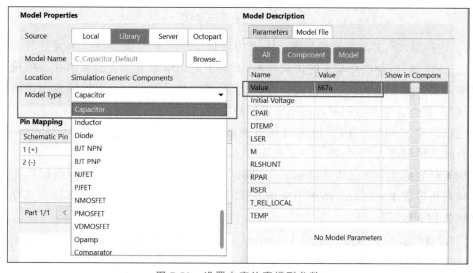

图 7-50　设置电容仿真模型参数

③ 放置电源和仿真激励源。在电路仿真原理图中,电源与仿真激励源并不是同一个概念。电源是用来对电路进行供电的,以保证整个电路的正常工作,而仿真激励源则是在仿真过程中,提供给电路的一种特殊的激励信号,专用于对电路的测试,也可以看作是一种比较特殊的仿真元件。根据不同的测试要求,可以选择不同的仿真激励源。对于所添加的电源和仿真激励源,同样也要进行相应的参数设置,特别是仿真激励源,一定要认真设置其各项参数。

本例中需要使用到 4 个仿真激励源,其中一个正弦电压源用于模拟 220V 的交流电(V1 参数设置如图 7-51 所示),一个用于模拟 MOSFET-N 管的驱动信号(V2 参数设置如图 7-52 所示),一个脉冲电压源用于模拟上端 IGBT 的驱动信号(V3 参数设置如图 7-53 所示),另一个脉冲电压源用于模拟下端 IGBT 的驱动信号(V4 参数设置如图 7-54 所示),由电路分析知识可知,这两个驱动信号对地电压不一致,此外还需要接地。

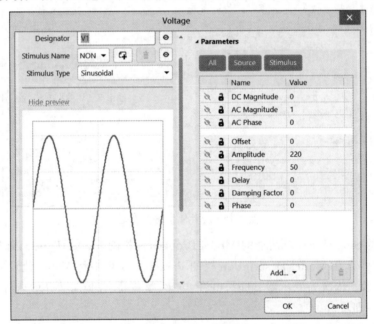

图 7-51　V1 参数设置

④ 选择测试点并放置网络标签。由于仿真程序中只自动提供每一个元件两端的电压、流过的电流,以及消耗功率的仿真显示,而对于电路中节点位置的表示并不明确。若电路中需要对多个测试点进行仿真分析,则应该在需要观测的电路关键位置添加明确的网络标签,放置方法与电路原理图中放置网络标签的方法是一样的。

也可以在 Simulation Dashboard 仿真面板的 Preparation 列中添加多个 Probe,以便在仿真结果中清晰查看,如第 1 个示例所示。

放置网络标签和测试点的区别在于,测试点对所有仿真分析有效,网络标签需要在每一种分析里面单独添加。本例中采用放置网络标签的方式,按照图 7-48 依次选择多个网络标签放置即可。

⑤ 设置仿真分析参数。采用 Transient 瞬态分析的周期模式,并设置分析起始时间为 0,分析周期数为 1(即正弦电压激励源的一个周期,本例为 20ms),每个周期中的点数

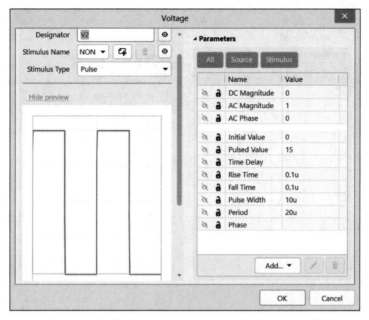

图 7-52　V2 参数设置

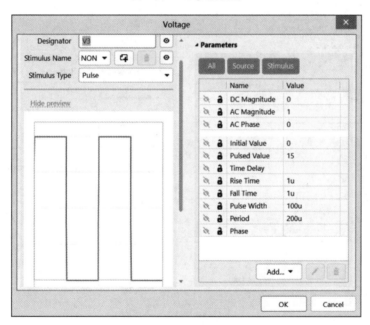

图 7-53　V3 参数设置

为 5,单击 Output Expression 栏中"…",打开增加输出选项对话框,在 Wave Setup 栏的 Waveforms 列中选择测试点,单击 Color 按钮可以设置测试点波形的颜色,如图 7-55 所示,单击 Create 按钮完成当前波形的设置。单击 Add 按钮可增加其他测试点波形。

　　⑥ 运行仿真。在菜单栏中选择 Design→Simulate→Mixed Sim 命令,系统即可开始电路仿真,如果电路仿真原理图没有错误,系统就会给出电路仿真的结果,并把该结果存放在后缀名为".sdf"的文件中;若有错误,则仿真结束,同时弹出 Messages 面板显示出电路板原理图中的错误信息,从中可以进行查看,修改后可再次仿真。

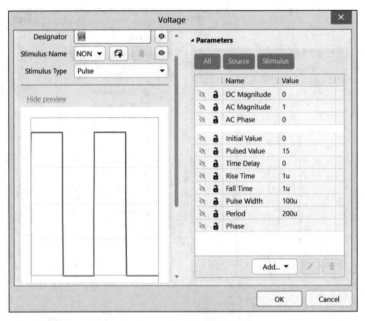

图 7-54　V4 参数设置

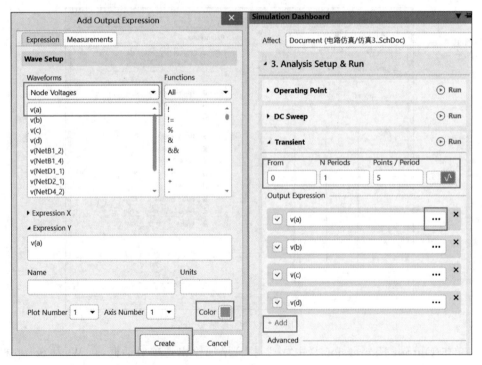

图 7-55　设置分析参数

　　该种方式会同时进行工作点分析、直流扫描分析、瞬态分析、交流扫描分析等 4 种分析方式,若电路复杂,则可能用时较长。

　　本例中只需要对多个点进行瞬态分析,可在 Simulation Dashboard 仿真面板的 Transient 栏中单击 Run 按钮直接运行,输出仿真波形和数据。输出波形如图 7-56 所示。

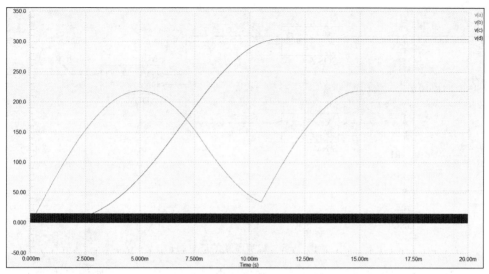

图 7-56　输出波形

单击图 7-56 右上角的 v(a)，可高亮显示 a 测试点的波形，在菜单栏中选择 Wave→
Cursor B 可添加 Y 轴方向测量线，在图中单击某点后，将结果显示在波形图形下方，如
图 7-57 所示。

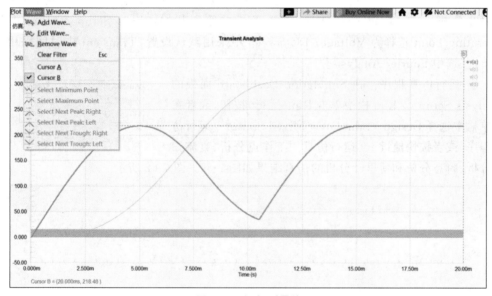

图 7-57　添加测量线

此外，也可以添加 X 轴测量线。选中某点后，按住 Ctrl＋鼠标齿轮上下滑动，以当前
点为中心，对显示的波形进行放大或者缩小，更加直观。

（4）绘制数字函数的仿真图，如图 7-58 所示。

① 新建工程和原理图文件后，从 Simulation Sources．IntLib 库中选择正弦电压激励
源 V1，从 Miscellaneous Devices．IntLib 库中选择电阻 R1 和 R2，从 Simulation Math
Function．IntLib 库中选择电压余弦变换函数（COSV）M1、电压正弦变换函数（SINV）M2
和电压相加函数（ADDV）M3，放置 GND 后，连接成图 7-58 所示的电路。

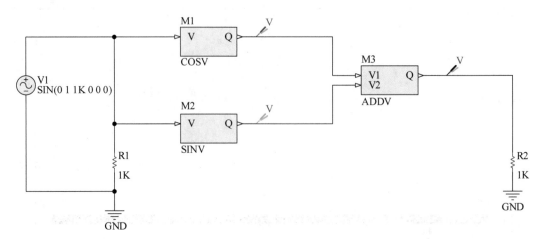

图 7-58　数字函数的仿真图

② 修改元件和仿真激励源的参数。本例中电阻改为 1K,正弦激励源采用默认参数。

③ 设置监测点。在菜单栏中选择 Simulate→Simulation Dashboard 命令,打开放置设置面板,在第二栏 Preparation 的 Probes 行,单击 Add 按钮在原理图中相应位置添加测试点,并修改测试点颜色,依次添加三个测试点,位置如图 7-58 所示。

④ 设置仿真方式。本例中选择工作点分析(电压)、直流扫描分析和瞬态分析(包括傅里叶分析),在 Simulation Dashboard 面板的第三栏 Analysis Setup & Run 中将 Operating Point 选择为 Voltage;DC Sweep 中采用默认设置,Transient 中时间采用默认值,并选中 Fourier Analysis。

⑤ 运行仿真程序。在 Simulation Dashboard 面板的 Analysis Setup & Run 栏中单击 Run(运行)按钮,或者在菜单栏中选择 Design→Simulate→Mixed Sim 命令运行仿真程序,或者按快捷键 F9 运行仿真。工作点分析、直流扫描分析、瞬态分析和傅里叶分析的仿真结果如图 7-59～图 7-62 所示。

V(NetM3_3)	1.000 V
V(NetM2_2)	0.000 V
V(NetM1_2)	1.000 V

图 7-59　工作点分析的仿真图

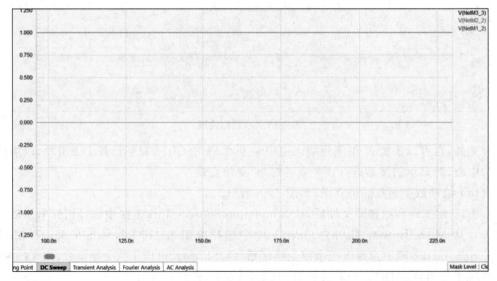

图 7-60　直流扫描分析的仿真图

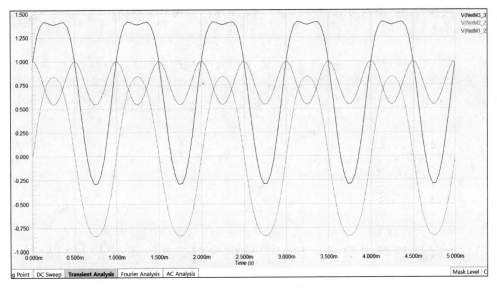

图 7-61 瞬态分析的仿真图

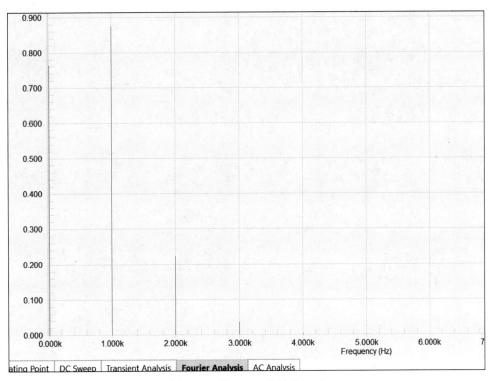

图 7-62 傅里叶分析的仿真图

习题 7

（1）常用的仿真激励源有哪些？分别用什么符号表示？

（2）仿真分析方式有哪几种？分别用于什么情况的电路分析？

（3）选择合适的仿真方式,分析如图 7-63 所示的共射放大电路。

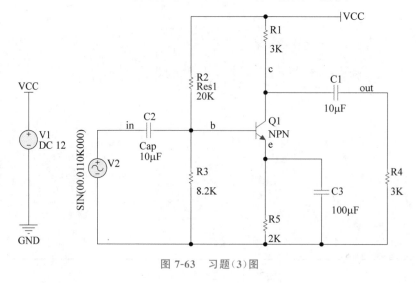

图 7-63　习题(3)图

SI(Signal Integrity)即信号完整性,就是指电路系统中信号的质量,如果在要求的时间内,信号能不失真地从源端传送到接收端,就称该信号是完整的。信号完整性包含两方面的内容:一个是独立信号的质量,另一个是正确的时序。在电子设计的过程中不得不考虑两个问题:信号有没有到达目的地?信号到达目的地后的质量如何?当信号不能正常响应时就出现信号完整性问题。

数字电路刚出现的时候,由于传输信号速率很低,在电路分析时采用低频和直流的方法就可以。随着高频数字电路的不断发展,数字信号频率越来越高,电路的模拟特性越来越显现出来,SI问题变得越来越引人注目,数字电路的频率越高,出现问题的可能性就越大,对设计工程师的挑战也就越大。数字电路工程师已经需要大量的射频和微波电路基础理论来分析数字电路,所以进行信号完整性分析的目的就是确认高频数字传输的可靠性。高端的信号完整性实验室都需要同时配备示波器和网络分析仪。

Altium Designer 22 提供具有较强功能的信号完整性分析器和实用的 SI 专用工具,能够在软件上模拟出整个电路板中各个网络的工作情况,同时还提供了多种补偿方案,方便用户进行设计。其功能特性如下:

- 设置简单,可以像在 PCB 编辑器中定义设计规则一样定义设计参数。
- 通过运行 DRC,可以快速定位不符合设计需求的网络。
- 无须特殊的经验,可以从 PCB 中直接进行信号完整性分析。
- 提供快速的反射和串扰分析。
- 利用 I/O 缓冲器宏模型,无须额外的 SPICE 或模拟仿真知识。
- 信号完整性分析的结果采用示波器形式显示。
- 采用成熟的传输线特性计算和并发仿真算法。
- 用电阻和电容参数值对不同的终止策略进行假设分析,并对逻辑块进行快速替换。
- 提供 IC 模型库,包括校验模型。
- 宏模型逼近使得仿真更快、更精确。

- 自动模型连接。
- 支持 I/O 缓冲器模型的 IBIS 工业标准子集。
- 利用信号完整性宏模型可以快速地自定义模型。

8.1　信号完整性概述

信号完整性设计的知识面较广,相关术语如下。

(1) 信号完整性(Signal Integrity):指信号未受到损伤的一种状态,它表示信号质量和信号传输后仍保持正确的功能特性。

(2) 传输线(Transmission Line):由两个具有一定长度的导体组成回路的连接线,有时也被称为延迟线。

(3) 集总电路(Lumped Circuit):在一般的电路分析中,电路的所有参数,如阻抗、容抗、感抗都集中于空间的各个点上、各个元件上,各点之间的信号是瞬间传递的,这种理想化的电路模型称为集总电路。

(4) 分布式系统(Distributed System):实际的电路情况是各种参数分布于电路所在空间的各处,当这种分散性造成的信号延迟时间与信号本身的变化时间相比已不能忽略的时候,整个信号通道是带有电阻、电容和电感的复杂网络,这就是一个典型的分布参数系统。

(5) 上升/下降时间(Rise/Fall Time):信号从低电平跳变为高电平所需要的时间,通常是量度上升/下降沿在 $10\%\sim90\%$ 电压幅值之间的持续时间,记为 t_r。

(6) 截止频率(Knee Frequency):表征数字电路中集中了大部分能量的频率范围 $(0.5/t_r)$,记为 F_{knee},一般认为超过这个频率的能量对数字信号的传输没有任何影响。

(7) 特征阻抗(Characteristic Impedance):交流信号在传输线上传播中的每一步遇到不变的瞬间阻抗就被称为特征阻抗,也称为浪涌阻抗,记为 Z_0。可以通过传输线上输入电压对输入电流的比率值(V/I)来表示。

(8) 传输延迟(Propagation Delay):指信号在传输线上的传播延时,与线长和信号传播速度有关,记为 t_{PD}。

(9) 微带线(Micro-Strip):指只有一边存在参考平面的传输线。

(10) 带状线(Strip-Line):指两边都有参考平面的传输线。

(11) 趋肤效应(Skin Effect):指当信号频率提高时,流动电荷会渐渐向传输线的边缘靠近,甚至中间将没有电流通过。与此类似的还有集束效应,现象是电流密集区域集中在导体的内侧。

(12) 反射(Reflection):指由于阻抗不匹配而造成的信号能量的不完全吸收,反射的程度可以用反射系数 ρ 表示。

(13) 过冲/下冲(Over Shoot/Under Shoot):过冲就是指接收信号的第一个峰值或谷值超过设定电压——对于上升沿是指第一个峰值超过最高电压;对于下降沿是指第一个谷值超过最低电压,而下冲就是指第二个谷值或峰值。

(14) 振荡:在一个时钟周期中,反复地出现过冲和下冲,就被称为振荡。振荡根据表现形式可分为振铃(Ringing)和环绕振荡,振铃为欠阻尼振荡,而环绕振荡为过阻尼振荡。

（15）匹配（Termination）：指为了消除反射而通过添加电阻或电容元件来达到阻抗一致的效果。因为通常采用在源端或终端，所以也称为端接。

（16）串扰：指当信号在传输线上传播时，因电磁耦合对相邻的传输线产生的不期望的电压噪声干扰，这种干扰是由于传输线之间的互感和互容引起的。

（17）信号回流（Return Current）：指伴随信号传播的返回电流。

（18）自屏蔽（Self-Shielding）：信号在传输线上传播时，靠大电容耦合抑制电场，靠小电感耦合抑制磁场来维持低电抗的方法称为自屏蔽。

（19）前向串扰（Forward Crosstalk）：指干扰源对被干扰源的接收端产生的第一次干扰，也称为远端干扰（Far-end Crosstalk）。

（20）后向串扰（Backward Crosstalk）：指干扰源对被干扰源的发送端产生的第一次干扰，也称为近端干扰（Near-end Crosstalk）。

（21）屏蔽效率（SE）：是对屏蔽的适用性进行评估的一个参数，单位为分贝。

（22）吸收/反射损耗：吸收损耗是指电磁波穿过屏蔽罩的时候能量损耗的数量。反射损耗是指由于屏蔽的内部反射导致的能量损耗的数量，它随着波阻和屏蔽阻抗的比率而变化。

（23）校正因子：表示屏蔽效率下降情况的参数，由于屏蔽物吸收效率不高，其内部的再反射会使穿过屏蔽层另一面的能量增加，所以校正因子是一个负数，而且只适用于薄屏蔽罩中存在多个反射的情况分析。

（24）差模 EMI：传输线上电流从驱动端流到接收端的时候和它回流之间耦合产生的 EMI。

（25）共模 EMI：当两条或者多条传输线以相同的相位和方向从驱动端输出到接收端的时候，就会产生共模辐射。

（26）发射带宽：即最高频率发射带宽，当数字集成电路从逻辑高低之间转换的时候，输出端产生的方波信号频率并不是导致 EMI 的唯一成分。该方波中包含频率范围更宽广的正弦谐波分量，这些正弦谐波分量是工程师所关心的 EMI 频率成分，而最高的EMI 频率也称为 EMI 的发射带宽。

（27）电磁环境：存在于给定场所的所有电磁现象的总和。

（28）电磁骚扰：任何能引起装置、设备或系统性能降低，或者对有生命、无生命物质产生损害作用的电磁现象。

（29）电磁干扰：电磁骚扰引起设备、传输通道和系统性能的下降。

（30）电磁兼容性：设备或者系统在电磁环境中能正常工作且不对该环境中任何事物构成不能承受的电磁骚扰的能力。

（31）系统内干扰：系统中出现由本系统内部电磁骚扰引起的电磁干扰。

（32）系统间干扰：其他系统产生的电磁干扰对一个系统造成的电磁干扰。

（33）静电放电：具有不同静电电位的物体相互接近或者接触时而引起的电荷转移。

（34）建立时间（Setup Time）：就是接收元件需要数据提前于时钟沿稳定存在于输入端的时间。

（35）保持时间（Hold Time）：为了成功地锁存一个信号到接收端，元件必须要求数据信号在被时钟沿触发后继续保持一段时间，以确保数据被正确地操作，这个最小的时间就是我们说的保持时间。

（36）飞行时间（Flight Time）：指信号从驱动端传输到接收端，并达到一定的电平之间的延时，与传输延迟和上升时间有关。

（37）Tco：指元件的输入时钟边缘触发有效到输出信号有效的时间差，这是信号在元件内部的所有延迟总和，一般包括逻辑延迟和缓冲延迟。缓冲延迟（Buffer Delay）：指信号经过缓冲器达到有效的电压输出所需要的时间。

（38）时钟抖动（Jitter）：指时钟触发沿的随机误差，通常可以用两个或多个时钟周期之间的差值来量度，这个误差是由时钟发生器内部产生的，和后期布线没有关系。

（39）时钟偏移（Skew）：指由同样的时钟产生的多个子时钟信号之间的延时差异。

（40）假时钟：指时钟越过阈值（Threshold）无意识地改变了状态（有时在 VIL 或 VIH 之间）。通常由过分的下冲（Undershoot）或串扰（Crosstalk）引起。

（41）电源完整性（Power Integrity）：指电路系统中的电源和地的质量。

（42）同步开关噪声（Simultaneous Switch Noise）：指当元件处于开关状态，产生瞬间变化的电流（di/dt），在经过回流途径上存在的电感时，形成交流压降，从而引起噪声，简称 SSN，也称为 Δi 噪声。

（43）接地反弹（Ground Bounce）：指由于封装电感而引起地平面的波动，造成芯片地和系统地不一致的现象。同样，如果是由于封装电感引起的芯片和系统电源差异，就称为电源反弹（Power Bounce）。

常见的信号完整性问题主要有上升时间、传输延迟、串扰、反射、接地反弹等。

8.1.1 上升时间

对于数字电路，输出的通常是方波信号。方波的上升边沿非常陡峭，根据傅里叶分析，任何信号都可以分解成一系列不同频率的正弦信号，方波中包含了非常丰富的频谱成分。一个非理想的信号上升时间如图 8-1 所示。

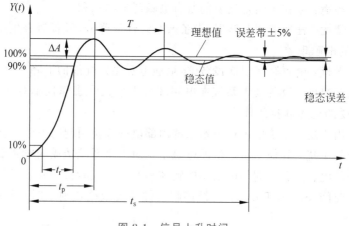

图 8-1　信号上升时间

- 上升时间 t_r：输出由稳态值的 10% 变化到稳态值的 90% 所用的时间。
- 稳定时间 t_s：指信号从输入开始到信号稳定在稳态值的给定百分比时所需的最小时间。（图中为 5%）
- 峰值时间 t_p：阶跃响应曲线达到第一个峰值所需时间。

t_r 和 t_s 都是反映系统响应速度的参数，在数字信号电路中，上升时间和稳定时间通常是纳秒级。随着信号上升时间的减少，从频谱分析的角度来说，相当于信号带宽的增加，也就是信号中有更多的高频分量，反射、串扰、轨道塌陷、电磁辐射、地弹等问题变得更严重，噪声问题更难以解决。

例如，如果 Δt 比较小，电流可以用 $\Delta i / \Delta t$ 来表示，即数学上 di/dt 来进行计算，在高速数字电路中，Δt 为上升时间时，就会引起信号完整性的问题，很多信号完整性问题都是由信号上升时间短引起的。

8.1.2　传输延迟

传输延迟表明数据或时钟信号没有在规定的时间内以一定的持续时间和幅度到达接收端。信号延时是驱动过载或走线过长的传输线效应引起的。传输线上的等效电容和电感会对信号的数字切换产生延时，影响集成电路的建立时间和保持时间，集成电路只能按照规定的时序来接收数据，延时过长会导致集成电路无法正确判断数据，则电路将不能正常工作，甚至完全不能工作。

信号的传播速度与材料的介电常数平方根成反比，即

$$v_p = \frac{C}{\sqrt{\varepsilon}} \tag{8-1}$$

式中，C 为光速，v_p 为信号的传播速度；ε 为材料的介电常数。

PCB 的传播延迟时间取决于电路材料的介电常数和通路的几何结构。通路的几何结构会影响电路板上电场的分布情形。如果整个电力线都包覆在 PCB 里面，则其有效的介电常数会变大，因而导致传播速度变慢。

对于典型的 FR-4 PCB 材料来说，如果一个电路通路采用所谓的 strip line 结构，则其电场和电力线的分布只存在于上下两个接地层中间，所产生的有效介电常数为 4.5。而位于 PCB 外层的通路所形成的电场一端在空气中，另一端则在 PCB 材料里面，其所产生的有效的介电常数为 1～4.5。

氧化铝是一种用来组成高密度电路板的陶瓷材料，其优点是具有非常低的热膨胀系数，容易形成较薄的电路层，但它的制造成本较高，常在微波电路系统中使用。

介电常数的传输线效应中"最大长度"（单位：mm）代表的是进入"离散模型"领域的最小通路长度。以 PCB 为例，当其介电常数为 3 时，对于一个 100MHz 的信号，通路长度超过 106mm 就会进入"离散模型"领域。而对于陶瓷材料，由于其介电常数为 10，若有一个 100MHz 的信号，当其通路长度超过 64mm 就会进入"离散模型"领域。

在高频电路设计中，信号的传输延时是一个无法完全避免的问题。为此引入了一个延迟容限的概念，即电路能够正常工作的前提下，所允许的信号最大时序变化量。

8.1.3　串扰

串扰是没有电气连接的信号线之间的感应电压、感应电流所导致的电磁耦合。这种耦合会使信号起到天线的作用。其容性耦合会引发耦合电流,其感性耦合会引发耦合电压,并且随着时钟频率的升高和设计尺寸的缩小而加大。这是由于信号线上有交变的信号电流通过时,会产生交变磁场,处于该磁场中其他信号线会感应出信号电压。高频电路的分布参数电路等效模型如图 8-2 所示。

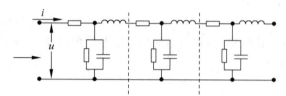

图 8-2　高频电路的分布参数电路等效模型

印制电路板层的参数、信号线的距离、驱动端和接收端的电器特性,以及信号线的端接收方式等都对串扰有一定的影响。

两条微带线之间的互阻抗沿着相邻导线呈均匀分布,串扰在数字门电路向串扰线输出脉冲信号的上升沿时产生,并沿着走线进行传播。其特点如下:

(1) 互电容和互电感都会向相邻的被干扰线上串扰一个耦合电压。

(2) 串扰电压以宽度等于干扰在线脉冲上升时间的窄脉冲形式出现在被干扰线上。

(3) 在被干扰线上,串扰脉冲一分为二,然后开始向两个相反的方向传播,这就将串扰分成了两部分,沿原干扰脉冲传播方向传播的前向串扰和沿相反方向向信号源传播的后向串扰。

根据前面讨论的模型,下面将介绍串扰的耦合机制,并讨论前向和后向这两种串扰类型。电容耦合机制是电路中的电容引起的干扰机制,包括:干扰线的脉冲到达电容时,会透过电容向被干扰线上耦合一个窄脉冲,该耦合脉冲的振幅由互电容的大小决定,然后耦合脉冲一分为二,并开始沿被干扰线向两个相反的方向传播。

电感或变压器耦合机制是电路中的电感所引起的干扰,包括:在干扰线传播的脉冲将对呈现电流尖峰的下个位置进行充电,这种电流尖峰会产生磁场,然后在被干扰线感应出电流尖峰,变压器会被干扰在线产生两个极性相反的电压尖峰(负尖峰按前向传播,正尖峰按后向传播)。

(1) 后向串扰。上述模型导致的电容和电感耦合串扰电压会在被干扰线的串扰位置产生累加效应。所导致的后向串扰包含以下特性:后向串扰是两个相同极性脉冲之和,由于串扰位置随干扰脉冲边沿传播,后向干扰在被干扰线源端呈现为低电平、宽脉冲信号,并且其宽度与走线长度存在对应关系,后向串扰振幅独立于干扰线脉冲上升时间,但取决于互阻抗值。

(2) 前向串扰。前向串扰包括以下一些特性:前向串扰是两个反极脉冲之和。因为极性相反,因此结果取决于电容和电感的相对值,前向串扰在被干扰线的末端呈现为宽度等于干扰脉冲上升时间的窄尖峰,前向串扰取决于干扰脉冲的上升时间。上升沿越快,振幅越高,宽度就越窄,前向串扰振幅还取决于线对长度,随着串扰位置随干扰脉冲边沿的传播,被干扰线的前向串扰脉冲将获得更多的能量。

由于实际设计中各种因素的影响,串扰是一个非常普遍的现象。串扰不能消除,只能减少。常见的方式如下:

(1) 在串扰较严重的两条线之间插入一条地线或地平面,可以起到隔离的作用而减少串扰。

(2) 若无法避免平行分布,可在平行信号线的反面布置大面积"地"来大幅减少干扰。

(3) 在布线空间许可的前提下,可加大相邻信号线间的间距,减少信号线的平行长度。

(4) 如果同一层内的平行走线无法避免,在相邻两个层,走线的方向相互垂直。

(5) 时钟线宜用地线包围起来,并多打地线孔来减少分布电容,从而减少串扰。

(6) 对高频信号时钟尽量使用低电压差分时钟信号并包地方式。

(7) 闲置不用的输入端不要悬空,而是将其接地或接电源。

8.1.4　反射

反射就是传输线上的回波,反射是在单网络中多数 SI 问题产生的主要原因。信号功率的一部分经传输线传给负载,另一部分则向源端反射。在高速设计中可以把导线等效为传输线,而不再是集总参数电路中的导线。如果阻抗匹配(源端阻抗、传输线阻抗和负载阻抗相等),则反射不会发生。反之,若负载阻抗与传输线阻抗失配就会导致接收端反射。

布线的某些几何形状、不适当的端接、经过连接器的传输和电源平面不连续等因素均会导致信号的反射。反射会导致传送信号出现严重的过冲或下冲现象,致使波形变形、逻辑混乱。

只要信号遇到瞬态阻抗突变,反射就会发生,反射可能发生在线末端,或者是互连线拓扑结构发生改变的地方,如拐角、过孔、T 形结构和接插件等处,因此设计互连线的目的就是尽可能保持信号受到的阻抗恒定。

8.1.5　接地反弹

接地反弹是指由于电路中较大的电流涌动,在接地平面间产生大量噪声的现象。如更换大量芯片时,会产生一个较大的瞬态电流从芯片与电源间流过,芯片封装与电源间的寄生电感、电容和电阻会引发电流噪声,使得零电位平面上产生较大的波动(可能高达 2V),足以造成其他元件误动作。

由于接地平面的分割(分为数字接地、模拟接地、屏蔽接地等),可能引起数字信号传到模拟接地区域会产生接地平面回流反弹。同样,电源平面分割可能出现类似危害。负载容性的增大、阻性的减少、寄生参数的增大、切换速度的增高,以及同步切换数目的增加,都可能导致接地反弹的增加。

除上述问题之外,在高频电路设计中还存在其他一些与电路功能本身无关的信号完整性问题,如电路板上的网络阻抗、电磁兼容性等。

在实际制作 PCB 印制板之前,应该进行信号完整性分析,以提高设计的可靠性,降低设计成本。

8.2　信号完整性分析规则

Altium Designer 22 包含了很多信号完整性规则,在 PCB 设计中,在菜单栏中选择 Design→Rules 命令,打开 PCB 规则和约束编辑器,再选择 Design Rules→Signal Integrity,可看到 13 条信号完整性规则,如图 8-3 所示。

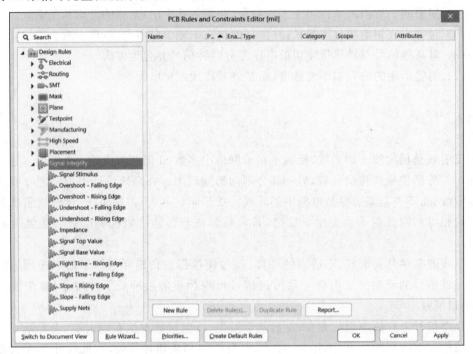

图 8-3　PCB 规则和约束编辑器

选择对应的完整性规则,单击下方的 New Rule 按钮,即可添加新的规则。同理,选择某条规则后,单击 Delete Rule(s)按钮,可删除该规则。

8.2.1　Signal Stimulus

信号激励规则用于设置信号完整性分析时使用的激励信号的参数,如图 8-4 所示。
- Name:参数名词,用来设置该规则的名称,默认为 SignalStimulus,在 DRC 检查时,若电路板布线违反该规则,就以参数名称显示错误。
- Comment:注释,用来设置该规则的注释说明。
- Unique ID:用来为该参数提供一个独特的 ID 号。
- Where The Object Matches:优先匹配对象的位置,第一类对象的设置范围,用来设置激励信号规则所适用的范围,一共有 6 个选项。
- All:所有,规则在指定的 PCB 上都有效。

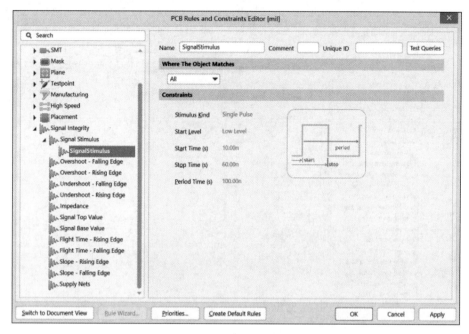

图 8-4　信号激励规则参数设置

- Net：网络，规则在指定的电气网格中有效。
- Net Class：网络类，规则在指定的网络类中有效。
- Layer：层，规则在指定的某一电路板层上有效。
- Net and Layer：网络和层，规则在指定的网络和指定的电路板层上有效。
- Custom Query：高级设置选项，选择该选项后，可以单击其右边的 Query Builder 按钮，自行设计规则使用范围。
- Constraints：约束，用于设置激励信号规则，一共有 5 个选项。
- Stimulus Kind：激励类型，用来设置激励信号的种类，包括 3 种选项，即 Constant Level（固定电平）表示激励信号为某个常数电平；Single Pulse（单脉冲）表示激励信号为单脉冲信号；Periodic Pulse（周期脉冲）表示激励信号为周期性脉冲信号。
- Start Level：开始级别，用来设置激励信号的初始电平，仅对 Single Pulse（单脉冲）和 Periodic Pulse（周期脉冲）有效，设置初始电平为低电平时选择 Low Level，设置初始电平为高电平时选择 High Level。
- Start Time(s)：开始时间，用来设置激励信号高电平脉宽的起始时间。
- Stop Time(s)：停止时间，用来设置激励信号高电平脉宽的终止时间。
- Period Time(s)：时间周期，用来设置激励信号的周期。

设置激励信号的时间参数，在输入数值的同时，要注意添加时间单位，以免设置出错。

8.2.2　Overshoot-Falling Edge

信号过冲的下降沿规则用于设置信号完整性分析时信号过冲的下降沿的参数设置，如图 8-5 所示。

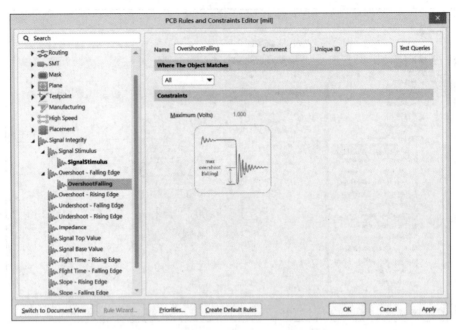

图 8-5　信号过冲的下降沿规则参数设置

其中,Maximum(Volts)定义了信号下降边沿允许的最大过冲位,也即信号下降沿上低于信号基值的最大阻尼振荡,系统默认单位是 V。

8.2.3　Overshoot-Rising Edge

信号过冲的上升沿规则用于设置信号完整性分析时信号过冲的上升沿的参数设置,如图 8-6 所示。

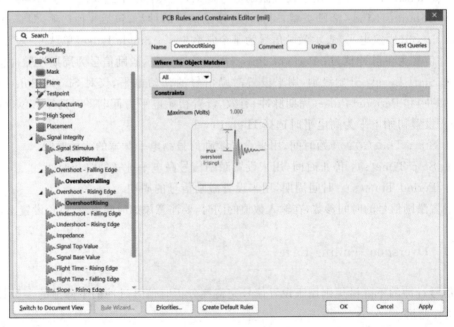

图 8-6　信号过冲的上升沿规则参数设置

"信号过冲的上升沿"与"信号过冲的下降沿"是相对应的,它定义了信号上升边沿允许的最大过冲值,也即信号上升沿上高于信号上位值的最大阻尼振荡,通过设置 Maximum(Volts)的值即可。

8.2.4 Undershoot-Falling Edge

信号下冲的下降沿规则用于设置信号完整性分析时信号下冲的下降沿的参数设置,如图 8-7 所示。

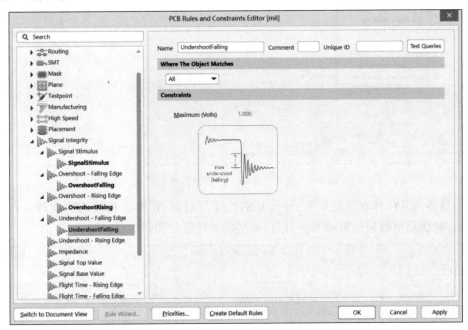

图 8-7 信号下冲的下降沿规则参数设置

"信号下冲的下降沿"与"信号过冲的下降沿"略有区别,定义了信号下降边沿允许的最大下冲值,也即信号下降沿上高于信号基值的阻尼振荡,通过设置 Maximum(Volts)的值即可,系统默认单位是 V。

8.2.5 Undershoot-Rising Edge

信号下冲的上升沿规则用于设置信号完整性分析时信号下冲的上升沿的参数设置,如图 8-8 所示。

"信号下冲的上升沿"与"信号下冲的下降沿"是相对应的,它定义了信号上升边沿允许的最大下冲值,也即信号上升沿上低于信号上位值的阻尼振荡,设置方式同上。

8.2.6 Impedance

阻抗规则用来定义电路板上所允许的电阻的最大和最小值,参数设置如图 8-9 所示。

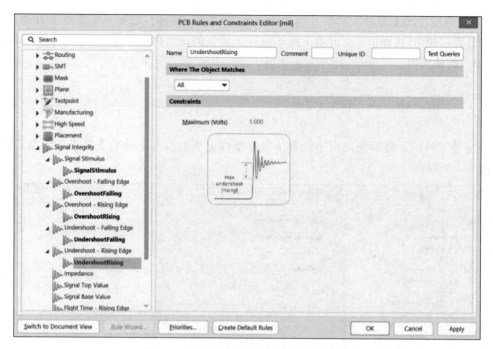

图 8-8　信号下冲的上升沿规则参数设置

阻抗与导体的几何外观和电导率、导体外的绝缘层材料、在电路板的几何物理分布形状等相关,绝缘层材料包括板的基本材料、多层间的绝缘层和焊接材料等。

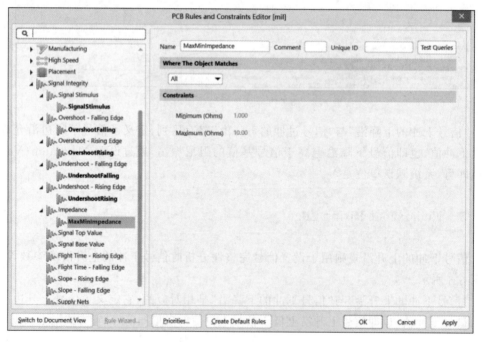

图 8-9　阻抗规则参数设置

Minimum(Ohms)和 Maximum(Ohms)分别用于设置电阻的最小和最大值,系统默认单位是欧姆。

8.2.7　Signal Top Value

　　信号高电平规则用于设置线路上信号在高电平状态下所允许的最小稳定电压值,是信号上位值的最小电压,如图 8-10 所示。

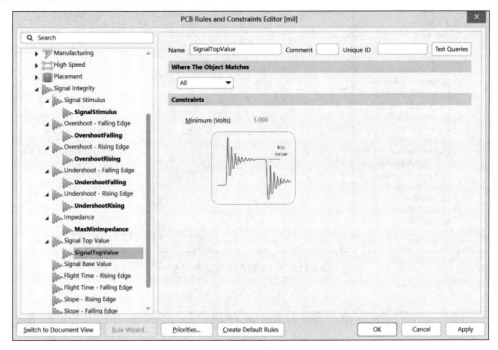

图 8-10　信号高电平规则参数设置

　　Minimum(Volts)用于设置最小稳定电压值,系统单位是 V,系统默认设置为 5V。

8.2.8　Signal Base Value

　　信号基值规则用于设置线路上信号在低电平状态下所允许的最大稳定电压值,是信号的最大基值,与"信号高电平"是相对应的。参数设置如图 8-11 所示。

　　Maximum(Volts)用于设置最大稳定电压值,系统单位是 V,系统默认设置为 0V。

8.2.9　Flight Time-Rising Edge

　　上升沿的飞行时间规则用于设置信号上升边沿到达信号设定值的 50% 时所需的时间,如图 8-12 所示。

　　Maximum(seconds)用于设定信号上升边沿允许的最大飞行时间,系统默认单位是秒。

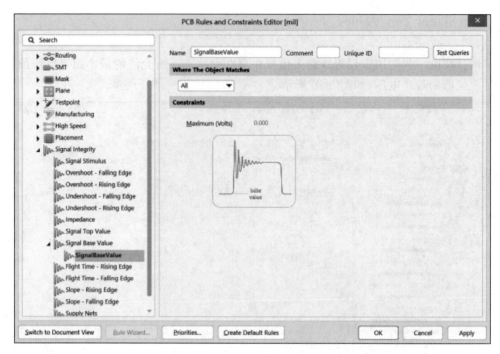

图 8-11 信号基值规则参数设置

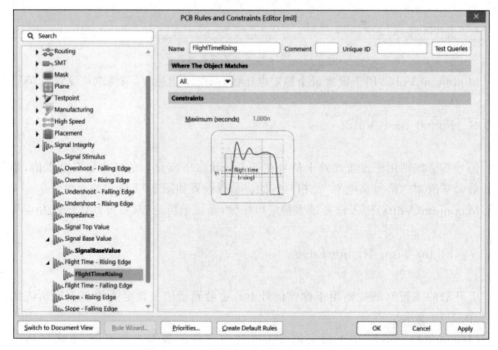

图 8-12 上升沿的飞行时间规则参数设置

8.2.10　Flight Time-Falling Edge

下降沿的飞行时间规则用于设置信号下降边沿允许的最大飞行时间,如图 8-13 所示。相互连接的结构的输入信号延迟,它是实际的输入电压到门限电压之间的时间,小于这个时间将驱动一个基准负载,该负载直接到达信号设定值的 50% 时所需的时间。

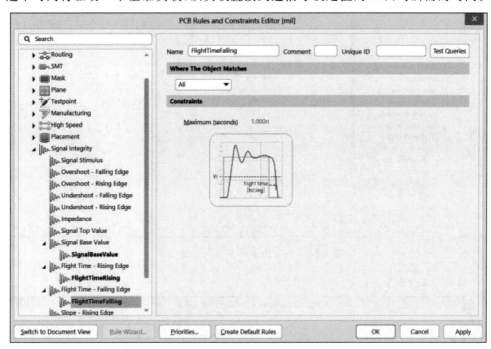

图 8-13　下降沿的飞行时间规则参数设置

Maximum(seconds)用于设定信号下降边沿允许的最大飞行时间,默认单位是秒。

8.2.11　Slope-Rising Edge

上升边沿斜率规则用于设置信号从门限电压上升到一个有效的高电平时所允许的最大时间,如图 8-14 所示。

Maximum(seconds)用于设定信号上升到有效的高电平时所允许的最大时间,系统默认单位是秒。

8.2.12　Slope-Falling Edge

下降边沿斜率与上升边沿斜率相对应,此规则用于设置信号从门限电压下降到一个有效的低电平时所允许的最大时间,如图 8-15 所示。

Maximum(seconds)用于设定信号下降到有效的低电平时所允许的最大时间,系统默认单位是秒。

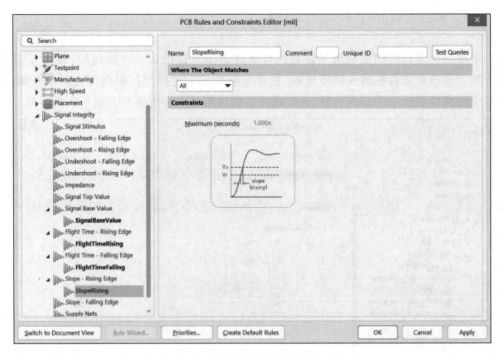

图 8-14　上升边沿斜率规则参数设置

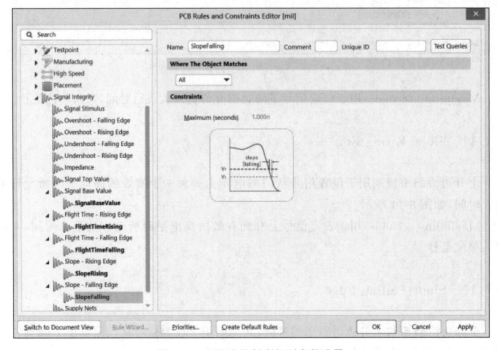

图 8-15　下降边沿斜率规则参数设置

8.2.13　Supply Nets

信号完整性分析器需要了解电源网络标号的名称和电压位。电压网络规则用于设置电路板上的电源网络标号,如图 8-16 所示。

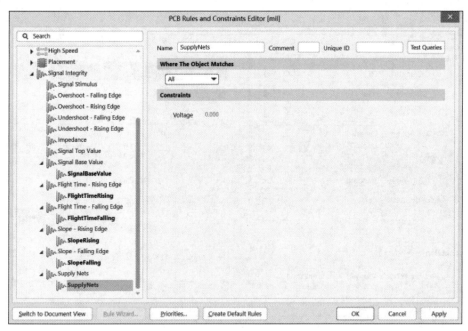

图 8-16　电压网络规则参数设置

选择合适的电压网络,在 Constraints 中可以设置电压值,单位是 V。

在设置好完整性分析的各项规则后,在工程文件中,打开某个 PCB 设计文件,系统即可根据信号完整性的规则设置进行 PCB 印制电路板的板级信号完整性分析。

8.3　信号完整性分析模型

使用 Altium Designer 22 进行信号完整性分析是建立在信号完整性模型的基础上的。与元件的封装模型和仿真模型同理,信号完整性模型也是元件的表现形式,很多元件的 SI 模型与相应的元件符号、封装模型、仿真模型一起被系统存放在集成库文件中。在进行信号完整性分析时,也需要对元件的信号完整性模型进行设定,按照设定的先后,可以分为两类,一类是在信号完整性分析前设定元件的信号完整性模型,另一类是在信号完整性分析的过程中设定元件的信号完整性模型。

8.3.1　信号完整性分析前设定元件的信号完整性模型

在 Altium Designer 22 系统中,提供了若干种可以设定 SI 模型的元件类型,如 IC、Resistor、Connector、Diode 和 BJT,对于不同类型的元件,其设定方法是不同的。单个的无源元件,如电阻和电容,设定比较简单。

(1) 无源元件的 SI 模型设定。单个无源元件,如电阻、电容等,设定比较简单。在电路原理图中,双击所放置的无源元件,即可打开相应的元件属性对话框,单击元件属性对话框下方的 Add 按钮,在系统弹出的模型添加对话框中,选择 Signal Integrity,如图 8-17 所示。

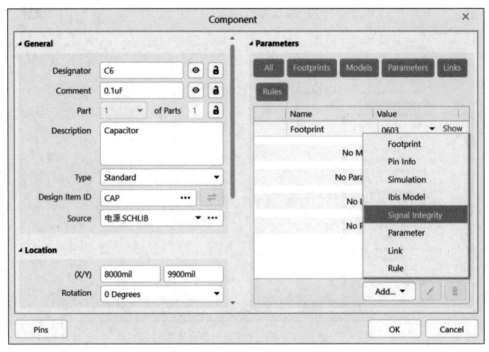

图 8-17　在元件中添加 SI 属性

单击 OK 按钮后,系统弹出信号完整性模型设定对话框,如图 8-18 所示。在 Type 列表中选中相应的类型,在 Value 文本框中输入适当的数值即可。

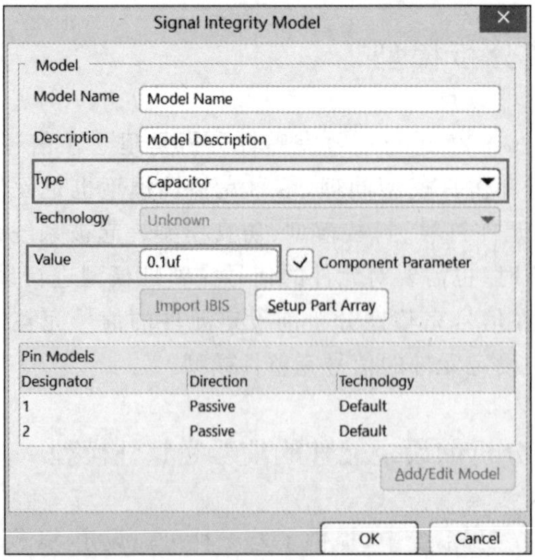

图 8-18　元件信号完整性模型参数

若在 Model 栏的类型中,元件的 SI 模型已经存在,则双击后,系统同样弹出如图 8-18 所示的对话框。

单击 OK 按钮,即可完成该无源元件的 SI 模型的参数设置。

(2) IC 元件的 SI 模型设定。对于 IC 类的元件,其 SI 模型的设定同样是在信号完整性模型对话框中完成的。一般来说,只需要设定其技术特性就够了,如 CMOS、TTL 等。但是在一些特殊的应用中,为了更为准确地描述引脚的电气特性,还需要进行一些额外的设定。在 Signal Integrity Model 对话框的 Pin Models(引脚模式)部分列出了元件的所有引脚。在这些引脚中,电源性质的引脚是不可编辑的。对于其他引脚,则可以直接用后面的下拉列表框完成简单功能的编辑,如图 8-19 所示。

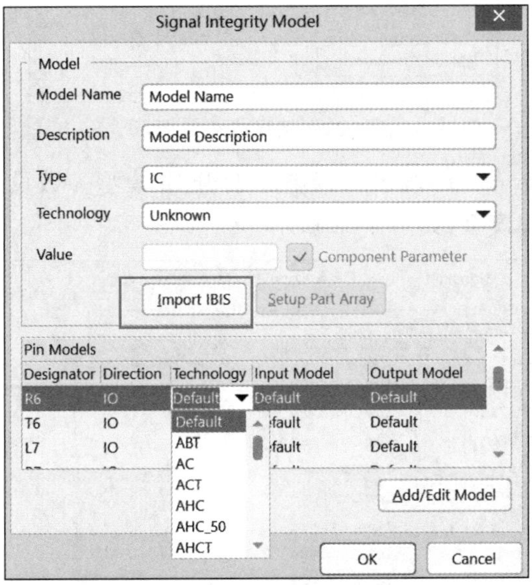

图 8-19　元件引脚的参数设置

也可以使用已有的引脚模型,只需单击图 8-19 中的 Import IBIS 按钮,导入 IBIS 文件。此外,也可以单击 Add/Edit Model 按钮打开引脚编辑器进行设置,如图 8-20 所示。

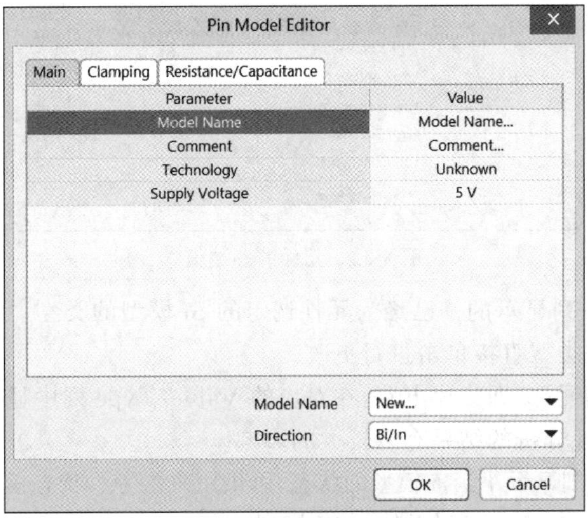

图 8-20　引脚编辑器

8.3.2　信号完整性分析中设定元件的信号完整性模型

打开实验 10 完成的驱动设计.PcbDoc 文件后,在菜单栏中选择 Tools→Signal Integrity 命令,系统运行信号完整性分析器前,首先会检查各个元件的 SI 模型,提示 Not all components have Signal Integrity models set up(并非所有组件都设置了信号完整性模型),如图 8-21 所示。

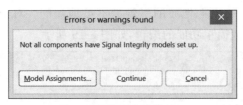

图 8-21　错误或警告提示

单击 Model Assignments 按钮后,系统会打开 SI 模型参数设定对话框,显示所有元件的参数信息,包括 SI 模型,如图 8-22 所示。

	Signal Integrity Model Assignments for 驱动设计.PcbDoc				
Drag a column header here to group by that column					
Type	Designator	Value/Type	Status	Update Schematic	
Capacitor	C18	100nF	Low Confidence		
Capacitor	C19	10uF/6.3V	Low Confidence		
Capacitor	C20	4.7UF/35V	Low Confidence		
Capacitor	C21	10uf	Low Confidence		
Capacitor	C22	10uF/6.3V	Low Confidence		
Capacitor	C23	100nF	Low Confidence		
Capacitor	C24	100nF	Low Confidence		
Capacitor	C25	10uF/6.3V	Low Confidence		
Capacitor	C26	4.7UF/35V	Low Confidence		
Capacitor	C27	10uf	Low Confidence		
Capacitor	C28	10uF/6.3V	Low Confidence		
Capacitor	C29	100nF	Low Confidence		
Capacitor	C30	10uF/6.3V	Low Confidence		
Diode	D12		Low Confidence		
Diode	D13		High Confidence		
Diode	D14		Low Confidence		
Diode	D15		Low Confidence		
Diode	D16		High Confidence		
Diode	D17		Low Confidence		

D12

2D

Comment
SS54

Library Reference
SS54

Description
肖特基二极管

Update Models in Schematic　　　　　　　Analyze Design...　Cancel

图 8-22　元件的参数信息

显示框中 Type 列显示的是已经为元件选定的 SI 模型的类型,用户可以根据实际情况,对不合适的模型类型直接单击进行更改。

对于 IC 类型的元件,即集成电路,在对应的 Value/Type 列中显示了其工艺类型,该项参数对信号完整性分析的结果有着较大的影响。

在 Status 列中,则显示了当前模型的状态,可供用户参考。状态信息一般有如下几种。

• Model Found:已经找到元件的 SI 模型。

- High Confidence：自动加入的模型是高度可信的。
- Medium Confidence：自动加入的模型可信度是中等。
- Low Confidence：自动加入的模型可信度较低。
- No Match：没有合适的 SI 模型类型。
- User Modified：用户改变了元件的 SI 模型类型。
- Model Saved：原理图中的对应元件已经保存了与 SI 模型相关的信息。

在显示框中完成了需要的设定以后，这个结果应该保存到原理图源文件中，以便下次使用。选中要保存元件后面的复选框后，单击 Update Models in Schematic 按钮，将修改后的模型更新到原理图中，即可完成 PCB 与原理图中 SI 模型的同步更新保存。保存了的模型状态信息均显示为 Model Saved(保存的模型)。单击右下角的 Analyze Design 按钮，系统弹出 SI 选项设置的窗口，如图 8-23 所示。采用默认值，然后单击 Analyze Design 按钮，系统开始进行分析。

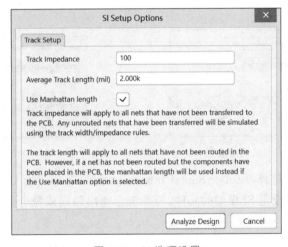

图 8-23 SI 选项设置

实验 13：信号完整性分析

对 6.2 节绘制的电路板进行信号完整性分析。

(1) 设置完整性分析规则。打开 PCB 文件后，在菜单栏中选择 Design→Rules 命令，在 Signal Integrity 项中 Signal Stimulus(激励信号)栏右击，从弹出的快捷菜单中选择 New Rule 命令，打开参数设置界面，如图 8-24 所示。

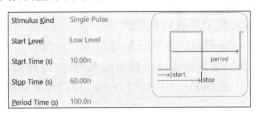

图 8-24 参数设置

- Stimulus Kind 栏：用来设置激励信号的信号种类。单击选择栏右侧的下拉按钮，可以选择 Constant Level(直流信号)、Single Pulse(单脉冲信号)和 Periodic Pulse(周期脉冲信号)三种信号类型。
- Start Level 栏：用来设置激励信号的起始电平。单击选择栏右侧的下拉按钮，可以选择 Low Level(低电平)或者 High Level(高电平)。
- Start Time(s)栏：用来设置激励信号的开始时间。
- Stop Time(s)栏：用来设置激励信号的结束时间。
- Period Time(s)栏：用来设置激励信号的周期。

本实验采用默认设置。

（2）设置电源和地网络。在 Signal Integrity 项中 Supply Net(激励信号)栏右击，从弹出的快捷菜单中选择 New Rule 命令，将 GND 网络的电压设置为 0，如图 8-25 所示，同理再添加 VCC 规则，将 VCC 网络的参数值设置为 5，如图 8-26 所示，单击 OK 按钮退出。

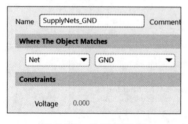

图 8-25　地网络设置

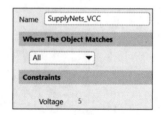

图 8-26　电源网络设置

（3）在菜单栏中选择 Tools→Signal Integrity 命令，开始运行信号完整性分析器，若设计文件中存在没有设定 SI 模型的元件，则系统会弹出错误或警告信息提示框，如图 8-27 所示。

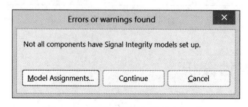

图 8-27　错误或警告信息提示框

单击 Model Assignments 按钮，系统弹出 Signal Integrity(信号完整性)对话框，如图 8-28 所示。

对于没有完整性分析模型的元件，依次单击进行修改。最后单击 Update Models in Schematic 按钮将修改后的模型更新到原理图中。

（4）单击 Analyze Design 按钮，系统开始进行分析。分析后如图 8-29 所示。

从左侧部分可以看到网络是否通过了相应的规则，如过冲幅度等。选择 DIN 网络后右击，从弹出的快捷菜单中选择 Details(细节)命令，可以查看此网络的详细分析结果，如图 8-30 所示。

（5）单击 Reflections 按钮，可以以图形的方式演示过冲和串扰结果。显示分析的波形如图 8-31 所示。

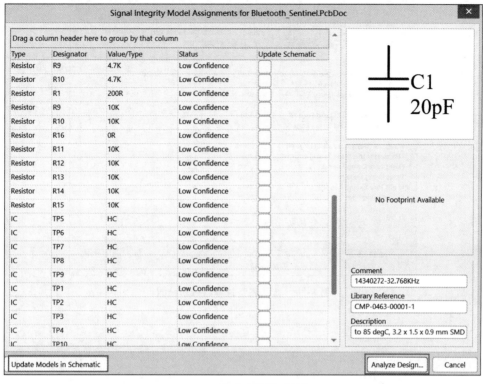

图 8-28　信号完整性对话框

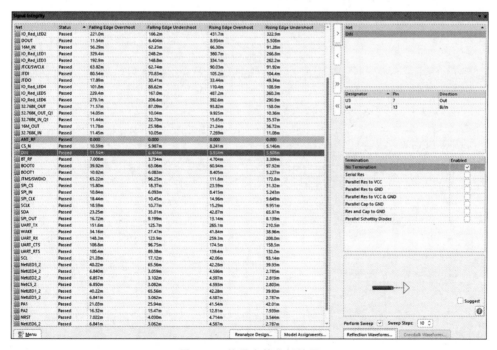

图 8-29　信号完整分析结果

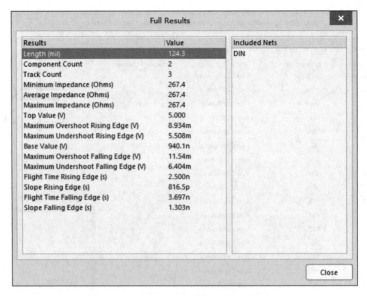

图 8-30　信号完整性详细分析结果

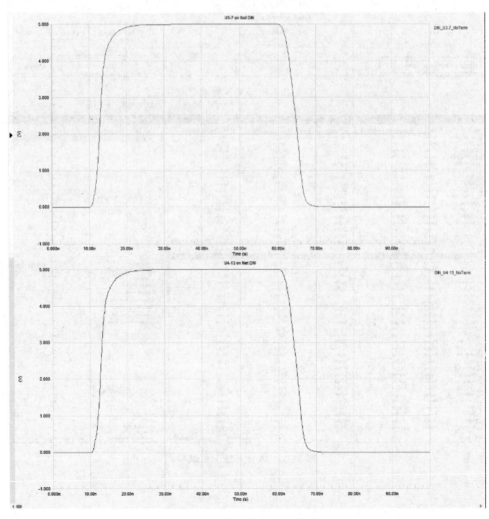

图 8-31　信号分析波形结果

习题 **8**

（1）信号完整性分析规则有哪些？

（2）简述信号完整性分析流程。

（3）对实验 11 的电源电路 PCB 文件进行信号完整性分析。

附 录

本附录包括 3 项内容,可扫描下方二维码获取。

- 附录 A　Altium Designer 与其他软件的相互转换;
- 附录 B　常用快捷键;
- 附录 C　元件中英文名称对照。

扫码获取附录详情

参 考 文 献

［1］ 高歌. Altium Designer 电子设计应用教程［M］. 北京：清华大学出版社，2011.

［2］ 黄杰勇，林超文. Altium Designer 实战攻略与高速 PCB 设计［M］. 北京：电子工业出版社，2015.

［3］ 郑振宇，姚遥，刘冲. Altium Designer 17 电子设计速成实战宝典［M］. 北京：电子工业出版社，2017.

［4］ 毛琼，李瑞，胡仁喜. Altium Designer 18 从入门到精通［M］. 北京：机械工业出版社，2019.

［5］ 段荣霞. Altium Designer 20 标准教程（视频教学版）［M］. 北京：清华大学出版社，2020.

［6］ 刘松，及力. Altium Designer 14 原理图与 PCB 设计教程［M］. 北京：电子工业出版社，2019.